职业教育精品系列教材

数控机床编程与加工实训教程

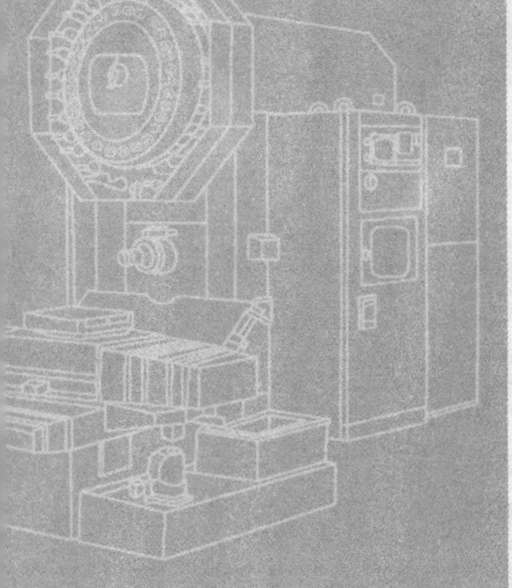

主　编　周　芸
副主编　张雪峰　胡银花
编　者　窦元军　朱　勇　龚　杰
　　　　朱　斌　黄高峰　孟富森
主　审　郑民章　马晓云

中国人事出版社

图书在版编目(CIP)数据

数控机床编程与加工实训教程/周芸主编. —北京：中国人事出版社，2011
职业教育精品系列教材
ISBN 978-7-5129-0215-2

Ⅰ.①数… Ⅱ.①周… Ⅲ.①数控机床-程序设计-职业教育-教材②数控机床-加工-职业教育-教材 Ⅳ.①TG659

中国版本图书馆 CIP 数据核字(2011)第 136035 号

中国人事出版社出版发行
(北京市惠新东街 1 号 邮政编码：100029)
出 版 人：张梦欣
*
北京宏伟双华印刷有限公司印刷装订 新华书店经销
787 毫米×1092 毫米 16 开本 18.75 印张 386 千字
2011 年 7 月第 1 版 2011 年 7 月第 1 次印刷
定价：32.00 元

读者服务部电话：010-84643933/64929211/64921644
发行部电话：010-64961894
出版社网址：http://www.renshipublish.com

内 容 简 介

本教材根据上海市教育委员会教研室数控专业课程标准及上海市职业培训研究发展中心1+X数控铣工（四级）、数控车工（四级）、加工中心操作工（四级）职业技能鉴定考核细目组织编写，为《数控机床编程与加工》的配套实训教程。

本教材在编写中突出了数控专业与相关职业的工作特点，并兼顾了职业技能鉴定考核的要求。全书共分为4章，内容包括：数控编程方法、数控机床仿真加工、数控机床加工、数控机床仿真与加工练习题。

本教材可作为中、高等职业院校数控专业的教材，也可作为社会培训班的培训教材，还可作为数控从业人员提高自身技能和水平的参考教材。

本教材仿真与加工练习题的参考程序及理论要点可在http：www.class.com.cn/datas/20101061091.rar下载。

编 者 的 话

数控机床是现代制造业的重要技术装备，体现先进制造技术的发展方向。数控机床紧随着电子技术、计算机技术、自动控制技术的发展，是典型机电一体化的产品。目前，几乎所有传统机床都能升级为数控机床，数控机床已成为机械制造业的主流设备。

四级数控车工、数控铣工和加工中心操作工的培养目标是掌握编程技巧与熟练操作数控机床加工零件。本书内容包括数控编程方法、数控机床仿真加工、数控机床加工、数控机床仿真与加工习题，其核心内容与技能围绕培养目标有着直接的指导作用。

本书是有关数控机床编程与加工的实训教程，有着两个鲜明的特点：

本书特点之一，讲解案例具有代表性，实用性强、可操作性强，围绕图样的加工要求，在分析零件结构特点与加工方法的基础上制定工艺卡片，包括选用刀具与切削参数，设定工件坐标系与走刀轨迹，计算基点坐标，编写加工程序以及仿真与加工。精选例题在工艺类比基础上有进一步的拓展，有利于读者学习操作技能。在学习时达到事半功倍的效果。

本书特点之二，精选例题有完整答案，包括数控车床、数控铣床与加工中心操作工中级职业资格考核的相关应知习题和参考答案，读者可以在中国劳动社会保障出版社网站搜查与获取，极大方便读者的学习。

本书由周芸任主编并统稿，张雪峰、胡银花任副主编。编写人员具体分工为：周芸（第二章第8、9节，第三章第4、7节，第四章第2节）、张雪峰（第一章第1节，第二章第4节）、胡银花（第一章第2、4节）、窦元军（第三章第8、9节，第四章第1节）、朱勇（第三章第1、2、3节）、龚杰（第1章第3、5节）、朱斌（第二章第1、2、3节）、黄高峰（第三章5、6节）、孟富森（第二章第5、6、7节）。全书由郑民章、马晓云审稿。

本书编写以上海市职业教育数控技术应用专业教学标准和国家职业资格鉴定标准

为指导，适用于上海市职业培训和职业资格鉴定考核，也适合各类院校作为数控机床操作技能培训的实训教材。同时，也可为全国其他省市开展新职业、新技术职业培训和鉴定考核提供借鉴或参考。

编　者

2011年3月

目　录

第 1 章
数控编程方法

1.1 建立数控机床工件坐标系

1.1.1 建立数控车床工件坐标系

1. T 功能指令

指令格式：T × × × ×；

指令功能：指定刀具号与刀具补偿号，刀具回参考点换刀有设定工件坐标系的功能。

指令说明：在 T 功能指令中，其前 2 位数字表示选择刀具号，指定换取的刀具，后 2 位数字表示选择刀具补偿号，具体表示选定刀具的长度补偿、刀尖圆弧半径补偿及刀位号的补偿，如果刀具补偿号为 00 则表示取消刀具的补偿。

2. 试切削法建立工件坐标系（见图 1—1）

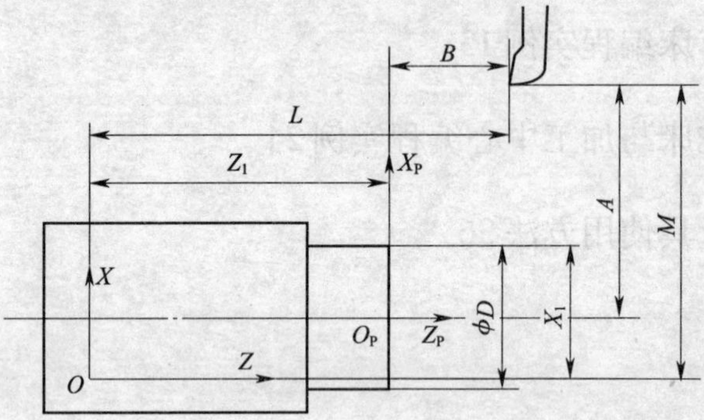

图 1—1 试切削法建立工件坐标系

图 1—1 中 XOZ 是数控车床的机床坐标系，$X_PO_PZ_P$ 是用试切削法建立的工件坐标系，当刀具在回参考点时，M、L 为刀具在机床坐标系中的坐标值，A、B 为刀具在工件坐标系中的坐标值，即 $A = M - (X_1 - D/Z)$，$B = L - Z_1$，运用试切削法建立数控车床工件坐标系的操作步骤见表 1—1。

表 1—1 数控车床建立工件坐标系的操作步骤

序号	示图	操作步骤
1	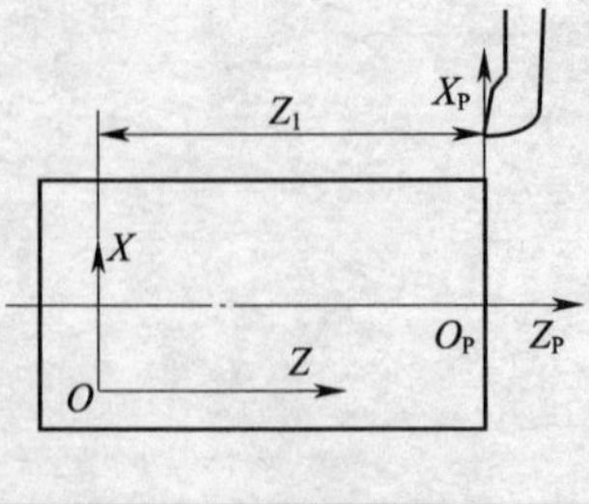	刀具车削工件端面，Z 坐标保持不变，通过 OFFSET SETTING，在刀具参数几何表中输入 Z 坐标偏置值 0，点击测量选项，即 $Z = Z_1 - 0$，建立工件坐标系 Z_P 轴原点在机床坐标系中的坐标值

续表

序号	示图	操作步骤
2	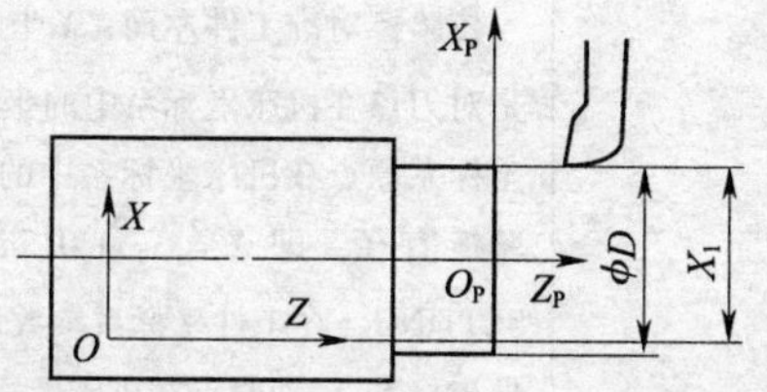	刀具车削工件外圆，X 坐标保持不变，通过 OFFSET SETTING，在刀具参数几何表中输入 X 坐标偏置值 $D/2$，即 $X=X_1-D/2$，点击测量选项，建立工件坐标系 X_P 轴原点在机床坐标系中的坐标值
3	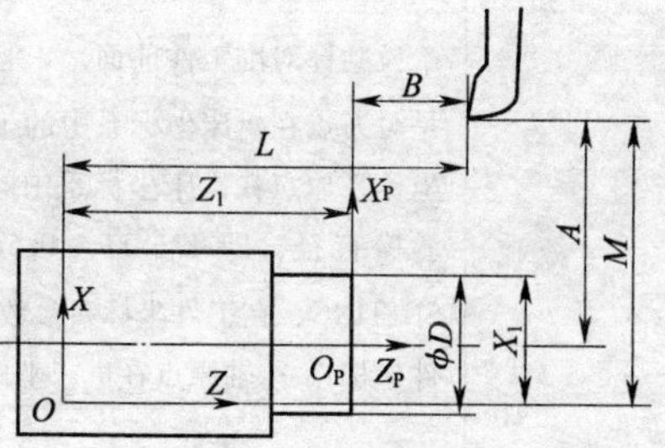	如果刀具回参考点，如左图所示，L、M 为刀具在机床坐标系中的坐标值，A、B 为刀具在工件坐标系中的坐标值，推算即得：$A=M-(X_1-D/2)$，$B=L-Z_1$

1.1.2 建立数控铣床与加工中心工件坐标系

1. 工件坐标系指令 G54

指令格式：G54；

指令功能：数控铣床建立工件坐标系指令。

指令说明：在执行程序之前，数控铣床通过对刀法测定工件坐标系原点在机床坐标系中的坐标值，并存储在 OFFSET SETTING 功能键打开的工件坐标系的参数表中。

2. 对刀法建立工件坐标系

(1) 对刀法建立板类零件工件坐标系

如果板类零件轮廓非对称布置，一般把零件的左面基准与前面基准的交线作为工件坐标系的 Z 轴，板类零件的上表面与 Z 轴的交点为工件坐标系的原点。如图 1—2 所示，XOY 是数控铣床的机床坐标系，$X_PO_PY_P$是板类零件用对刀法建立的工件坐标系，X、Y 是工件坐标系原点在机床坐标系中的坐标值，X_1、Y_1 是对刀点在机床坐标系中的坐标值，d 为校验棒直径，即 $X=X_1+0.5d$，$Y=Y_1+0.5d$，运用对刀法建立板类零件工件坐标系的操作步骤见表 1—2。

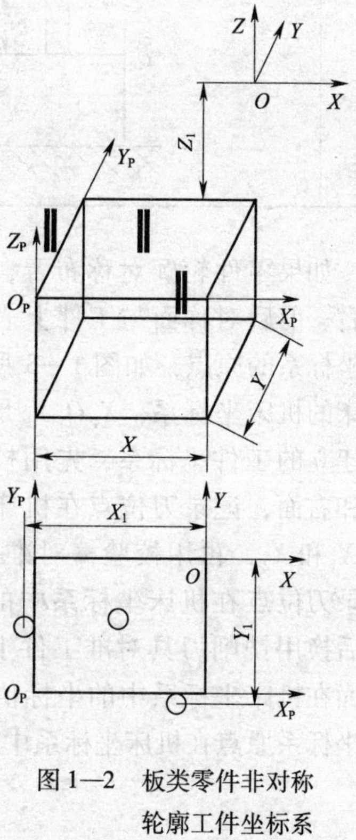

图 1—2 板类零件非对称轮廓工件坐标系

表 1—2　　对刀法建立板类零件工件坐标系

序号	示　图	操作步骤
1	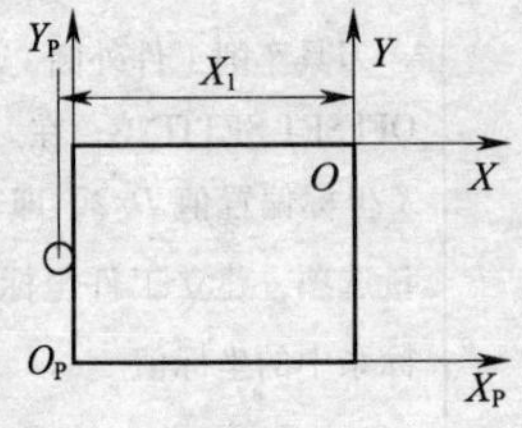	校验棒对准工件左面，X 坐标保持不变，X_1 是对刀点在机床坐标系中的坐标值，X 是工件坐标系原点在机床坐标系中的坐标值，d 为校验棒直径，即 $X = X_1 + 0.5d$，通过 OFFSET SETTING，在工件坐标系参数表中输入 G54 工件坐标系 X_P 轴原点在机床坐标系中的坐标值
2	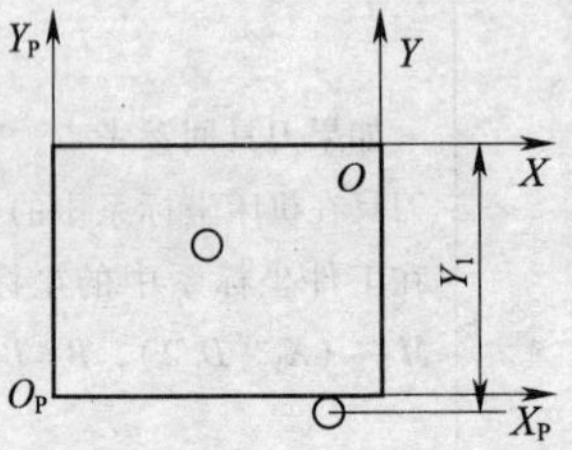	校验棒对准工件前面，Y 坐标保持不变，Y_1 是对刀点在机床坐标系中的坐标值，Y 是工件坐标系原点在机床坐标系中的坐标值，d 为校验棒直径，即 $Y = Y_1 + 0.5d$，通过 OFFSET SETTING，在工件坐标系参数表中输入 G54 工件坐标系 Y_P 轴原点在机床坐标系中的坐标值
3	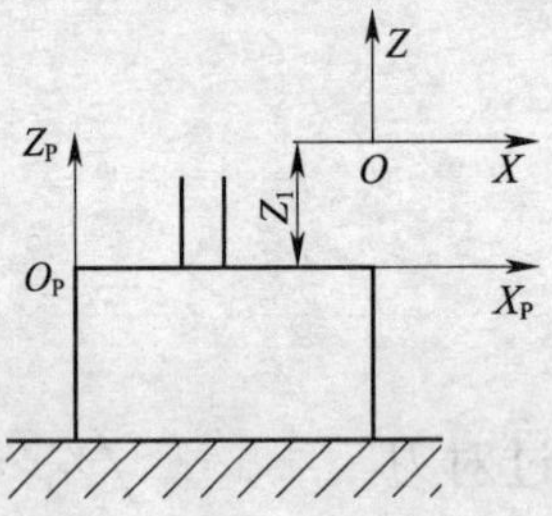	更换校验棒为铣削刀具，铣削刀具端面对准工件上表面，Z 坐标保持不变，Z_1 是对刀点在机床坐标系中的坐标值，Z 是工件坐标系原点在机床坐标系中的坐标值，即 $Z = Z_1$，对刀点与工件坐标系 Z 轴原点重合，通过 OFFSET SETTING，在工件坐标系参数表中输入 G54 工件坐标系 Z_P 轴原点在机床坐标系中的坐标值

如果零件轮廓对称布置，一般把工件轮廓左右、前后对称面与工件上表面的交点作为工件坐标系的原点，如图 1—3 所示，XOY 是数控铣床的机床坐标系，$X_PO_PY_P$ 是板类零件用对刀法建立的工件坐标系，先用校验棒对准工件左面和右面，记录刀位点在机床坐标系中的坐标值 X_1 和 X_2，再用校验棒对准工件前面和后面，记录刀位点在机床坐标系中的坐标值 Y_1 和 Y_2，然后换用铣削刀具对准工件上表面，记录刀具端面在机床坐标系中的坐标值 Z_1，接着推算工件坐标系原点在机床坐标系中的坐标值。

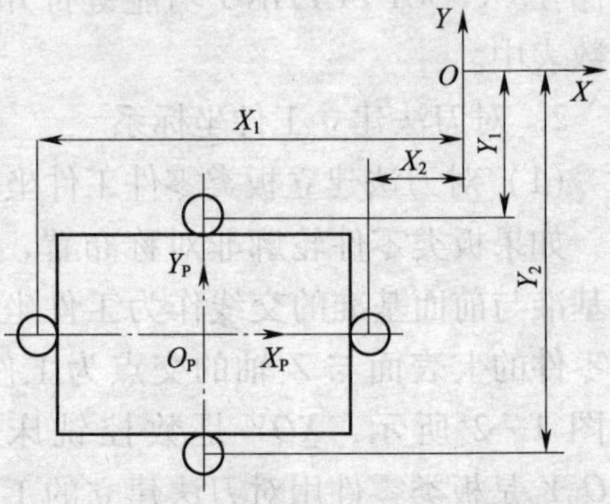

图 1—3　板类零件对称轮廓工件坐标系

$$X = (X_1 + X_2)/2$$
$$Y = (Y_1 + Y_2)/2$$

$$Z=Z_1$$

上式中 X、Y、Z 为工件坐标系原点在机床坐标系中的坐标值，通过 OFFSET SETTING，在工件坐标系参数表中输入 G54 工件坐标系原点在机床坐标系中的坐标值。

（2）对刀法建立盘类零件工件坐标系

盘类零件对刀方法如图 1—4 所示，工件夹持在三爪自定心卡盘或四爪单动卡盘中，百分表通过磁性表座安装在主轴上，百分表的表头对准盘类零件的回转表面，如图 1—5 所示。XOY 是数控铣床机床坐标系，$X_PO_PY_P$ 是盘类零件用对刀法建立的工件坐标系，盘类零件均把工件轴线与零件端面的交点作为工件坐标系原点，根据一个平面内不在一条直线上的三点能确定一条圆弧与同圆曲率半径相等的原理，通过安装在主轴上百分表对刀方法确定工件坐标系 X 轴与 Y 轴的原点，通过铣刀端面对准工件上表面设定工件坐标系 Z 轴原点，表 1—3 为数控铣床盘类零件建立工件坐标系的操作步骤。

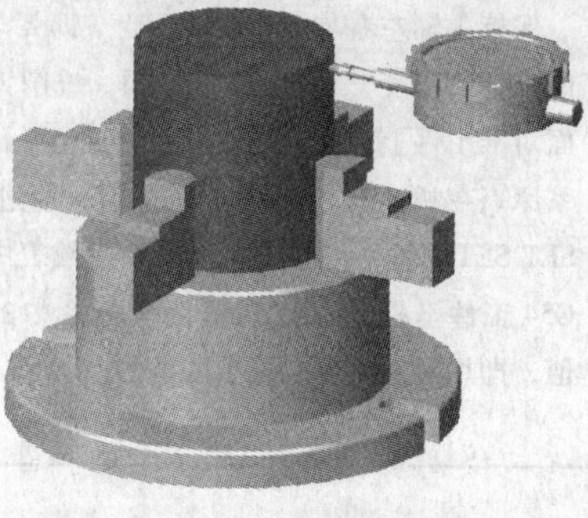

图 1—4 盘类零件对刀方法

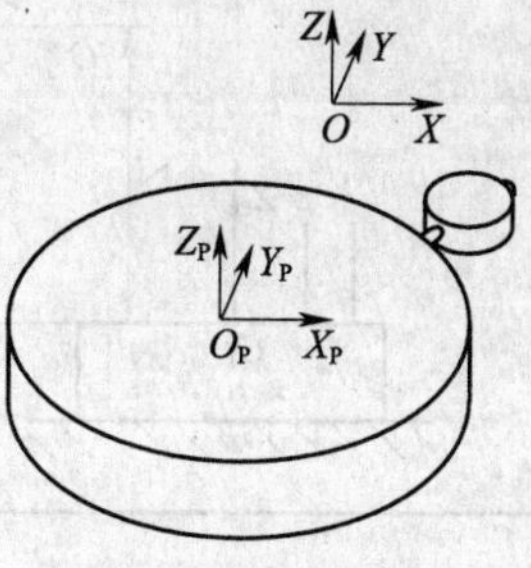

图 1—5 对刀法建立盘类零件工件坐标系

表 1—3 对刀法建立盘类零件工件坐标系

序号	示图	操作步骤
1	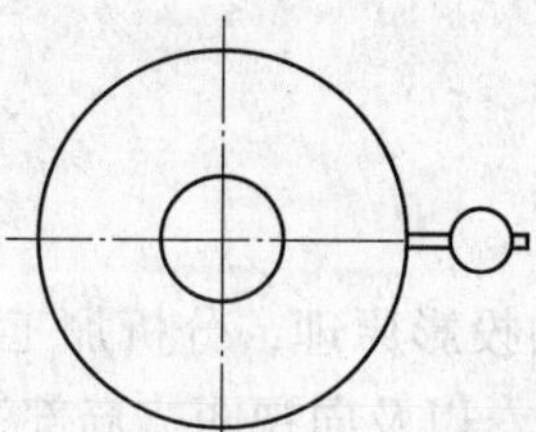	百分表通过磁性表座安装在主轴上，百分表的表头对准盘类零件的回转表面的右侧，百分表对零位
2	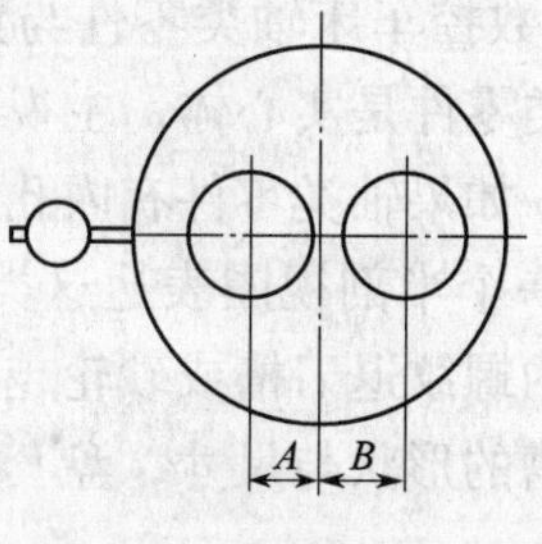	主轴旋转 180°至回转表面的左侧，如果主轴向右偏置 B，表示百分表指针逆时针转动了一个角度，则操作手轮使主轴向左移动距离 B，使百分表指针顺时针转动这个角度的 1/2；如果主轴向左偏置 A，表示百分表指针顺时针转动了一个角度，则操作手轮使主轴向右移动距离 A，使百分表指针逆时针转动这个角度的 1/2

续表

序号	示　图	操 作 步 骤
3	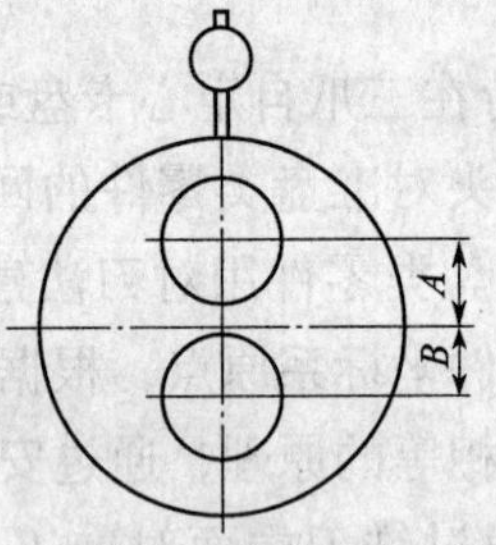	主轴再旋转 90°，如果主轴向下偏置 B，表示百分表指针逆时针转动了一个角度，则操作手轮使主轴向上移动距离 B，使百分表指针顺时针转动这个角度的 1/2；如果主轴向上偏置 A，表示百分表指针顺时针转动了一个角度，则操作手轮使主轴向下移动距离 A，使百分表指针逆时针转动这个角度的 1/2 通过上述对刀操作，刀具所在位置的坐标可表示为工件坐标系 X 与 Y 方向的原点在机床坐标系中的坐标值
4	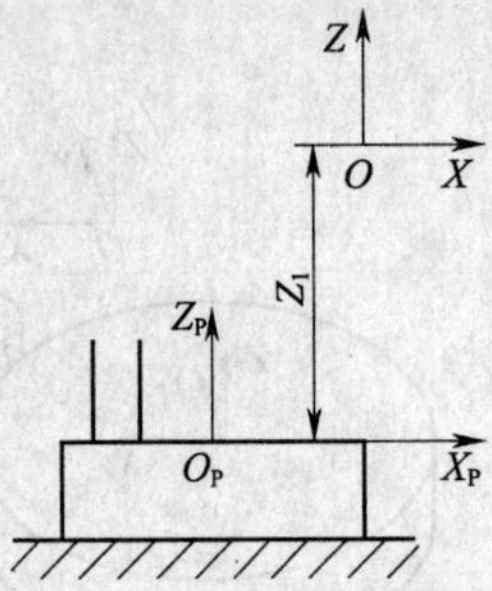	保持主轴左右与前后位置不变（即 X 与 Y 轴的坐标值不变），安装铣削刀具，铣削刀具端面对准工件上表面，刀具所在位置是工件坐标系原点在机床坐标系中的坐标值，通过 OFFSET SETTING，可在工件坐标系参数表中输入 G54 工件坐标系原点在机床坐标系中的坐标值，即用对刀法建立了工件坐标系

1.2　数控机床编程

1.2.1　数控机床编程方法

1．加工图样分析

（1）加工图样的图形分析

根据三视图“长对正、高平齐、宽相等”的投影原理，分析加工零件的组合形体，对于复杂零件再通过剖视图分析零件的内部结构，以及向视图、局部视图分析零件相关部分的外部结构。

1）数控车床轴类与盘套类零件图形分析。数控车床轴类零件与盘套类零件都是回转体，其内外轮廓具有轴对称的特点，如果轴类零件是实心体，主视图与俯视图表达的轴类零件轮廓几乎一样，可以用一个视图表达；如果轴类零件有内孔或者盘套类零件则需要用剖视图表达零件的内部结构，也可以用一个半剖视图表达这类零件的内外轮廓，这样可省略绘制俯视图；轴类与盘套类零件上的螺纹退刀槽或砂轮越程槽可用局部放大图表达其形状与尺寸，键槽用断面视图表达键槽的形状与尺寸，盘套类零件上的环与孔需要标注其定位尺寸与定形尺寸。

2）铣削类零件的图形分析。主视图主要表达零件的主要特征，如零件的凸台、型腔、圆柱与圆孔等，但不能区分轮廓形状的凹、凸性，俯视图与侧视图能表达封闭外轮廓的形状，只有通过剖视图或局部剖视图才能表达封闭内轮廓的形状。

（2）加工轮廓的几何条件

加工图样上的零件图由基本几何体或多个基本几何体组合而成，图形上的基点指零件图形几何元素之间的交点或切点，这些基点构成了零件轮廓，形成数控机床加工刀具运行的轨迹，如果表达零件图几何体元素的几何条件不完整，缺少定位尺寸或定形尺寸，则无法推算编程需要的图形基点坐标。

（3）图样加工要求分析

1）加工尺寸精度要求。加工尺寸精度通过尺寸段、基本偏差、精度等级查阅手册，从而确定尺寸的极限偏差与等级公差，通过计算尺寸的中间值推算基点坐标。

2）形状位置公差要求。合理安排加工工艺，减少装夹次数，采用一次装夹完成多道工序的加工方法，能保证零件形位公差的加工要求。

3）加工质量要求。根据零件的材质与热处理条件，合理选用刀具材料、刀具几何参数以及加工工艺切削参数以满足零件表面粗糙度要求等，是提高零件加工质量的根本保证。

2. 制定零件的加工工艺

（1）加工工艺分析的一般方法

1）根据零件形状与轮廓尺寸合理选择加工的机床、工夹量具与切削刀具。

2）根据零件加工尺寸与加工精度合理选择加工方法。

3）根据零件加工质量要求，以及工件材料、刀具材料及工件加工要求合理选用切削刀具几何参数与刀具切削参数。

（2）数控车床加工方法（见表1—4）

表1—4　　数控车床加工方法　　mm

加工方法	径向尺寸	轴向尺寸	备注
粗加工余量	0.5	0.2	指令设定
半精加工余量	0.15	0.1	磨耗设定
精加工余量	0	0	测量调整

（3）数控铣床加工方法（见表1—5）

表1—5　　数控铣床加工方法　　mm

加工方法	轮廓尺寸补偿量	铣削深度补偿量	备注
粗加工余量	0.2	0.2	指令设定
半精加工余量	0.1	0.1	磨耗设定
精加工余量	0	0	测量调整

(4) 按加工工艺原则制订加工方案，确定加工工艺的顺序

1) 加工工艺卡（见表1—6）

表1—6　　数控机床加工工艺卡

数控机床加工工艺卡		零件代号			材料名称	零件数量
设备名称	系统型号	夹具名称			毛坯尺寸	
工序号	工序内容	刀具号	主轴转速（r/min）	进给量（mm/r）	背吃刀量（mm）	备注

2) 刀具选用卡（见表1—7）

表1—7　　刀具选用卡

序号	刀具号	刀具名称	刀片/刀具规格	刀具（刀尖）半径	刀具材料

(5) 特殊要求拟定加工质量保障措施

3. 编写加工程序

(1) 基点中间尺寸计算（见表1—8）

表1—8　　基点中间尺寸计算

尺寸种类	公称尺寸	上偏差	下偏差	公差	中间偏差	中间值
定位尺寸						
定形尺寸						
定位尺寸						
定形尺寸						

（2）数控车削加工零件基点坐标（见表1—9）

表1—9　　数控车削加工零件基点坐标

刀位点	X坐标	Z坐标	圆弧半径		
			R	I	K
定位点					
进刀中间点					
轮廓1					
……					
轮廓n					
退刀中间点					
返回定位点					

（3）数控铣削加工零件基点坐标（见表1—10）

表1—10　　数控铣削加工零件基点坐标

刀位点	X坐标	Y坐标	Z坐标	圆弧半径			
				R	I	J	K
定位点							
进刀中间点							
轮廓1							
……							
轮廓n							
退刀中间点							
返回定位点							

（4）编写加工程序

4. 校核程序

（1）编辑加工程序。

（2）数控机床仿真软件校核加工程序。

（3）数控机床空运行校核加工程序。

（4）数控机床加工零件校核加工程序。

1.2.2　数控车床编程格式

1. 数控车床编程方法

把数控车床加工零件作为一个工艺过程，则刀具加工零件每一个部位可视做工艺过程的一道工序，每道工序包括设置刀具参数（包括换刀）、定位、编写精加工走刀路线循环体（包括建立与取消刀尖圆弧半径补偿）、退刀等，形成一个独立的加工模块，用粗加工循环指令调用走刀路线循环体，组成粗加工的加工方式，如果改变刀具参数的设置，由精加工循环指令调用走刀路线循环体，则形成半精加工或精加工的加工方式。

2. 数控车床编程模式（见表 1—11）

表 1—11　　　　数控车床编程模式

程　　序	注　　释
O0001；	程序名
G28 U0；	设置切削参数
G28 W0；	
T0101；	
M04 S_ ；	
M08；	
G00 X_ （毛坯直径 +2.）；	刀具定位
G00 Z5.；	
G71 U1. R0.5；	粗加工切削模块
G71 P10 Q20 U0.5 Z0.2 F0.2；	
N10 G42 G00 X_ （轮廓第一点 *X* 坐标）F0.1；	
……；	
N20 G40 G00 X_ （毛坯直径 +2.）；	
T0100；	刀具退刀
G28 U0；	
G28 W0；	
M09；	
M05；	
M00；	
T0101；	设置切削参数
M04 S1000；	
M08；	
G00 X_ （毛坯直径 +2.）；	刀具定位
G00 Z5.；	
G70 P10 Q20；	半精加工与精加工（通过磨耗设置加工余量）
T0100；	刀具退刀
G28 U0；	
G28 W0；	
M09；	
M05；	
M00；	
T0202；	换刀后车削加工另一个加工模块
……；	
M30；	程序结束

1.2.3 数控铣床编程格式

1. 数控铣床编程方法

把数控铣床加工零件作为一个工艺过程，则刀具加工零件每一个部位可视做工艺过程的一道工序，每道工序包括设置刀具参数（包括换刀）、定位、编写精加工走刀路线子程序（包括建立与取消刀具半径补偿）、退刀等，形成一个独立的加工模块，如果改变了刀具的切削参数与刀具参数的补偿量（加工余量），再分别由主程序调用子程序，则形成粗加工、半精加工或精加工的加工方式。

2. 数控铣床编程模式（见表1—12）

表1—12　　数控铣床编程模式

程　序	注　释
O0001；	程序名
G54；	设置切削参数
M03 S1000；	
M08；	
G00 X_ （A）Y_ （B）；	刀具定位 A、B、C为定位点的 X、Y、Z 坐标
G00 Z5.；	
G01 Z_ （C）F30.；	
G41（G42）G01 X_ （D）Y_ （E）D01 F60.；	切削模块 D、E为切入模块中间点
……；	
G40 G01 X_ （A）Z_ （B）；	
G01 Z5.；	刀具退刀
G91 G28 Z0；	
G28 X0 Y0；	
M09；	
M05；	
M00；	
……；	铣削加工另一个加工模块
M30；	程序结束

1.2.4 加工中心编程格式

1. 选刀与换刀指令

指令格式：T XX M06；

指令功能：具有加工中心选刀与换刀功能。

指令说明：T功能指令2位数字表示选择刀具号，M06为换刀指令。

2. 刀具长度补偿与取消指令

指令格式：G43（G44）HXX；

……；

G49；

指令功能：具有刀具长度补偿与取消功能。

指令说明：G43 表示刀具长度的正补偿；G44 表示刀具长度的负补偿；G49 表示取消刀具长度补偿；H 后面的 2 位数字表示刀具长度补偿号。

3．加工中心编程方法

加工中心编程方法与数控铣床编程方法相似，但加工中心具有自动换刀的功能、刀具长度补偿与补偿取消的功能。加工中心编程模式见表 1—13。

表 1—13　　加工中心编程模式

程　序	注　释
O0001；	程序名
G91 G28 Z0；	设置切削参数（建立刀具长度补偿）
G54；	
T01 M06；	
M03 S_ ；	
M08；	
G90 G43（G44）G00 Z100. H01；	
G00 X_ （A）Y_ （B）；	刀具定位 A、B、C 为定位点的 X、Y、Z 坐标
G00 Z5.；	
G01 Z_ （C）F30.；	
M98 P0010；	调用切削模块（子程序）
G49 G00 Z100.；	（取消刀具长度补偿）刀具退刀
G91 G28 Z0；	
G28 X0 Y0；	
M09；	
M05；	
M00；	
T02 M06；	换刀后加工另一个加工模块
……；	
M30；	程序结束
O0010；	子程序名
G41（G42）G01_ （D）Y_ （E）F60.；	子程序 D、E 为切入模块中间点 A、B 为定位点的 X、Y 坐标
……；	
G40 G01 X_ （A）Y_ （B）；	
G01 Z5.；	
M99；	子程序返回

1.3　数控车床编程实例

1.3.1　轴类零件车削编程

1. 轴类零件车削特点

轴类零件是回转体零件，其长度大于直径，一般由同轴的外圆柱面、圆锥面、内孔和螺纹及相应的台阶组成，轮廓母线多为直线和圆弧。加工时多数采用轴线及端面定位方式，单端装夹或一夹一顶装夹方式。

2. 车削轴类零件相关指令与应用

（1）圆柱/圆锥车削单一循环指令 G90

指令格式：G90 X（U）_　Z（W）_　R_　F_　；

指令功能：实现内外圆柱面和圆锥面循环切削。

指令说明：

1）X、Z 为切削终点绝对坐标值。

2）U、W 为切削终点相对循环起点的坐标增量。

3）R 为切削始点相对切削终点的 X 向坐标增量（半径值），有正负号，加工圆柱面时 R=0，可省略，加工圆锥面时 R≠0。

4）F 为进给速度。

（2）内外径粗车复合循环指令 G71

指令格式：G71　UΔd　Re;

G71　P ns Q nf U Δu W Δw F f S s T t;

指令功能：粗车外圆轮廓和内圆直径单调减轮廓。

指令说明：

1）Δd 表示 X 轴方向每次背吃刀量（半径值），无正负号，该参数为模态值。

2）e 表示退刀量（半径值），无正负号，该参数为模态值。

3）ns 表示粗、精加工路线第一个程序段的顺序号。

4）nf 表示精加工路线最后一个程序段的顺序号。

5）Δu 表示 X 方向的精加工余量的距离和方向（直径值），有正负号。

6）Δw 表示 Z 方向的精加工余量的距离和方向，有正负号。

7）f，s，t：粗车过程中从程序段号 ns 到 nf 之间包括的任何 F、S、T 功能都被忽略，只有 G71 指令中指定的 F、S、T 功能有效。

（3）精加工复合循环 G70

指令格式：G70 P ns Q nf;

指令功能：完成 G71、G72、G73 切削循环之后的精加工，达到工件尺寸。

指令说明：

1）ns 表示精加工路线第一个程序段的顺序号。

2）nf 表示精加工路线最后一个程序段的顺序号。

3．车削轴类零件例题

（1）轴类零件加工图（见图 1—6），坯料尺寸 ϕ50 mm×94 mm。

（2）轴类零件工件坐标系（见图 1—7）。

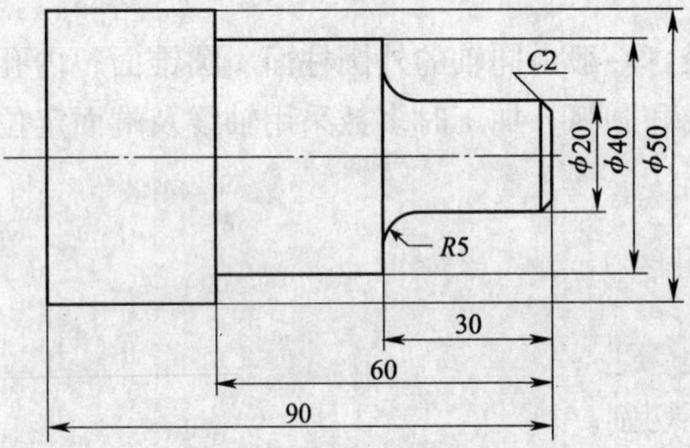

图 1—6　轴类零件加工图

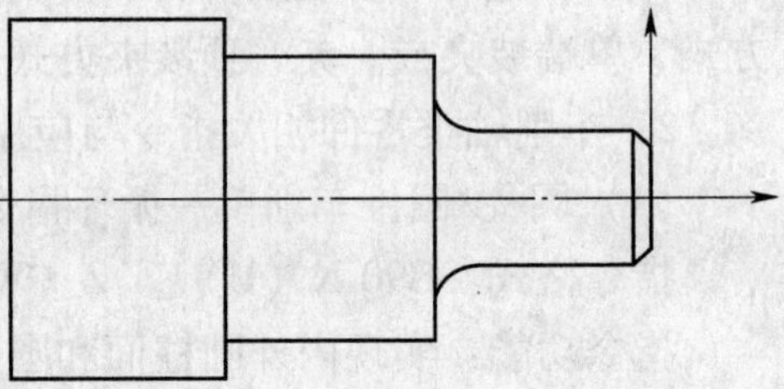

图 1—7　轴类零件工件坐标系

（3）轴类零件车削加工程序（见表 1—14）。

表 1—14　　轴类零件加工程序 O0001

程　序	注　释
O0001；	程序名
G28 U0；	设置外圆刀粗加工切削参数
G28 W0；	
T0101；	
M04 S800；	
M08；	
G00 X52.；	外圆刀定位
G00 Z5.；	
G71 U1. R0.5；	外圆刀粗加工
G71 P10 Q20 U0.5 W0.2 F0.2；	
N10 G42 G00 X14. F0.1；	
G01 Z1.；	
G01 X20. Z-2.；	
G01 Z-25.；	
G02 X30. Z-30. R5.；	
G01 X40.；	
G01 Z-60.；	
G01 X50.；	
N20 G40 G00 X52.；	

续表

程　序	注　释
T0100；	外圆刀退刀
G28 U0；	
G28 W0；	
M09；	
M05；	
M00；	
T0101；	设置外圆刀精加工切削参数
M04 S1000；	
M08；	
G00 X52.；	外圆刀定位
G00 Z5.；	
G70 P10 Q20；	外圆刀精加工（磨耗设置精加工余量）
T0100；	外圆刀退刀
G28 U0；	
G28 W0；	
M30；	程序结束

1.3.2　盘套类零件车削编程

1. 盘套类零件车削特点

盘类零件主要由外圆轮廓和内圆轮廓等组成，一般零件直径远大于零件的轴向尺寸，并以台阶端面面积大为主要特征。在工艺上一般分粗车、半精车和精车。精车时，尽可能把有形位精度要求的外圆、内孔及台阶在一次安装中全部加工完。

2. 车削盘套类零件相关指令与应用

（1）端面车削单一循环指令 G94

指令格式：G94 X（U）_ Z（W）_ R_ F_；

指令功能：实现台阶端面或锥面循环切削。

指令说明：

1）X、Z 为端面切削终点绝对坐标值。

2）U、W 为端面切削终点相对循环起点的坐标增量。

3）R 为切削始点相对于切削终点的 Z 向坐标增量，加工端面时 R＝0，可省略，加工锥面时 R＜0。

4）F 表示进给速度。

（2）端面粗车复合循环 G72

指令格式：G72　WΔd Re；

G72　Pns Qnf UΔu WΔw Ff Ss Tt;

指令功能：一般适用于长径比较小的盘套类零件端面粗车加工。

指令说明：

1）Δd 表示 *Z* 轴方向每次背吃刀量，无正负号，该参数为模态值。

2）e 表示退刀量（半径值），无正负号，该参数为模态值。

其余参数的含义同 G71 指令。

（3）端面钻孔复合循环指令 G74

指令格式：G74　Re；

G74　X（U）_　Z（W）_　PΔi QΔk RΔd F_ ；

指令功能：适用于孔或端面直槽的断续切削加工。

指令说明：

1）e 表示退刀量，无正负号。

2）X、Z 表示循环终点的绝对坐标值。

3）U、W 表示循环终点相对于循环起点的增量坐标值。

4）Δi 表示 *X* 轴方向移动量，无正负号（以无小数点形式表示，如 P3.0 应写成 P3000）。

5）Δk 表示 *Z* 轴方向移动量，无正负号（以无小数点形式表示，如 Q2.0 应写成 Q2000）。

6）Δd 表示在切削底部刀具退回量（一般取零，R 为零可不写，以无小数点形式表示）。

7）F 表示进给速度。

3. 车削盘套类零件例题

（1）盘套类零件加工图（见图 1—8），坯料尺寸 ϕ100 mm × ϕ28 mm × 44 mm。

（2）盘套类零件工件坐标系（见图 1—9）

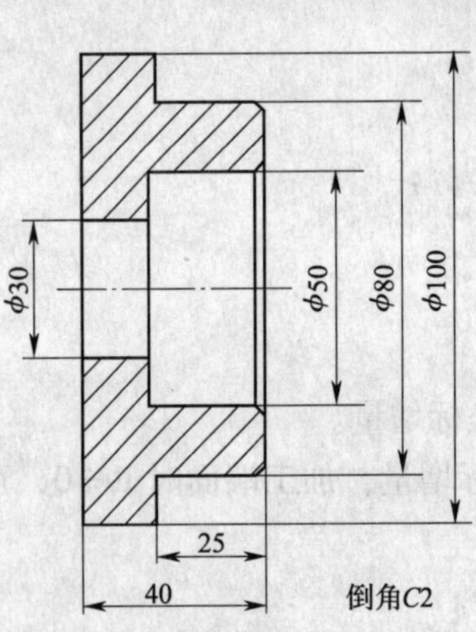

图 1—8　盘套类零件加工图

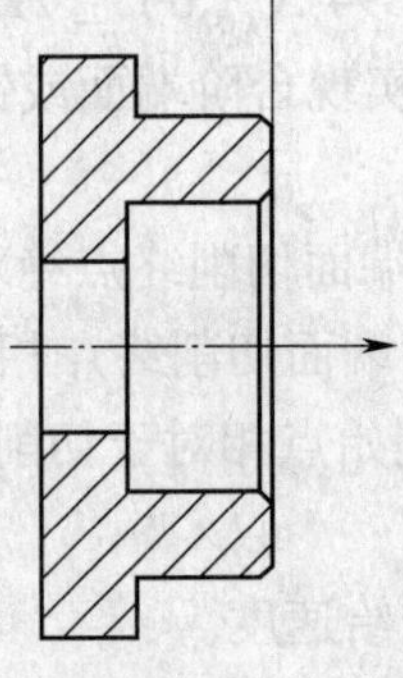

图 1—9　盘套类零件工件坐标系

（3）盘套类零件车削加工程序（见表1—15）

表1—15　　　盘套类零件车削加工程序 O0001

程　序	注　释
O0001;	程序名
G28 U0;	设置外圆刀粗加工切削参数
G28 W0;	
T0101;	
M04 S800;	
M08;	
G00 X102.;	外圆刀定位
G00 Z5.;	
G71 U1. R0.5;	粗加工外轮廓
G71 P10 Q20 U0.5W0.2 F0.2;	
N10 G42 G00 X74. F0.1;	
G01 Z1.;	
G01 X80. Z-2.;	
G01 Z-25.;	
G01 X100.;	
N20 G40 G00 X102.;	
T0100;	外圆刀退刀
G28 U0;	
G28 W0;	
M09;	
M05;	
M00;	
T0101;	设置外圆刀精加工切削参数
M04 S1000;	
M08;	
G00 X102.;	外圆刀定位
G00 Z5.;	
G70 P10 Q20;	精加工外轮廓（磨耗设置精加工余量）
T0100;	外圆刀退刀
G28 U0;	
G28 W0;	
M09;	
M05;	
M00;	

续表

程　序	注　释
T0202;	
M04 S800;	设置内孔刀粗加工切削参数
M08;	
G00 Z5.;	内孔刀定位
G00 X26.;	
G71 U1. R0.5;	
G71 P30 Q40 U-0.5 W0.2 F0.2;	
N30 G42 G00 X56. F0.1;	
G01 Z1.;	
G01 X50. Z-2.;	粗加工内轮廓
G01 Z-25.;	
G01 X30.;	
G01 Z-42.;	
N40 G40 G01 X26.;	
T0200;	
G28 U0;	
G28 W0;	内孔刀退刀
M09;	
M05;	
M00;	
T0202;	
M04 S1000;	设置内孔刀精加工切削参数
M08;	
G00 Z5.;	内孔刀定位
G00 X26.;	
G70 P30 Q40;	精加工内轮廓（磨耗设置精加工余量）
T0200;	
G28 U0;	内孔刀退刀
G28 W0;	
M30;	程序结束

1.3.3　特形面零件车削编程

1. 特形面零件车削特点

有些车削零件的轮廓母线不是直线，而是由若干条曲线组成，如手轮、手柄、圆球、凸轮等，由此组成的回转面称为特形面（也称成形面）。对于这类零件的加工，应根据零件的特点、精度要求及批量大小等情况，分别采用不同方法进行加工。普通车床加工成形面需要成形刀具，而数控车床加工这类零件不需要用特殊工具，对于车削零件直径不是单调增或单调减的轮廓不适宜用 G71 复合循环指令，下面介绍的 G73 指令是与车削成形面相关的指令。

2. 特形面零件相关指令与应用

固定形状粗车复合循环 G73

指令格式：G73　Ui Ww Rd；

G73　Pns Qnf UΔu WΔw Ff Ss Tt；

指令功能：适用于与零件轮廓形状基本接近坯料的粗车（如锻造与铸造的坯料）。

指令说明：

（1）i 表示 X 轴向总切削量（半径值），无正负号，$\Delta i = i/d$。

（2）w 表示 Z 轴向总切削量，无正负号，$\Delta w = w/d$。

（3）d 表示循环次数。

其余参数的含义同 G71 指令。

3. 车削特形面零件例题

（1）特形面零件加工图（见图 1—10），坯料尺寸 ϕ25 mm × 84 mm（热轧圆钢长坯料）。

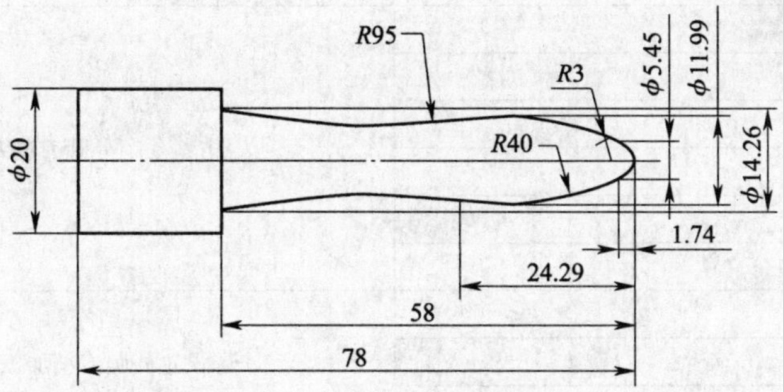

图 1—10　特形面零件加工图

（2）特形面零件工件坐标系（见图 1—11）。

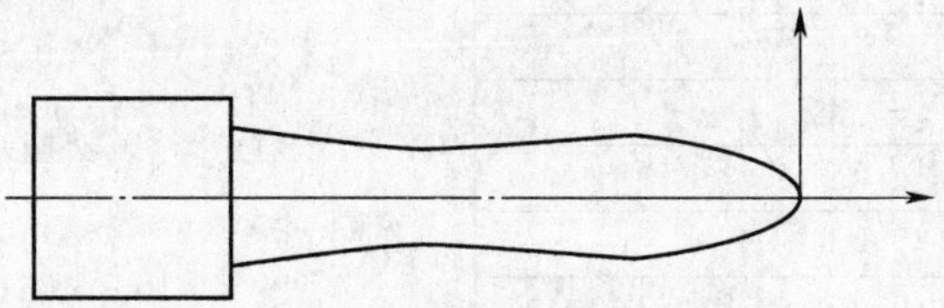

图 1—11　特形面零件工件坐标系

(3) 特形面零件车削加工程序（见表1—16）。

表1—16　　特形面零件车削加工程序 O0001

程　序	注　释
O0001;	程序名
G28 U0;	设置外圆刀粗加工切削参数
G28 W0;	
T0101;	
M04 S800;	
M08;	
G00 X26.;	外圆刀定位
G00 Z5.;	
G73 U13. R13;	粗加工外轮廓
G73 P10 Q20 U0.5 W0.1 F0.2;	
N10 G42 G00 X0 F0.1;	
G01 Z0;	
G03 X5.45 Z-1.74 R3.;	
G03 X11.99 Z-24.29 R40.;	
G02 X14.26. Z-58. R95.;	
G01 X20.;	
G01 Z-82.;	
N20 G40 G00 X26.;	
T0100;	外圆刀退刀
G28 U0;	
G28 W0;	
M09;	
M05;	
M00;	
T0101;	设置外圆刀精加工切削参数
M04 S1000;	
M08;	
G00 X26.;	外圆刀定位
G00 Z5.;	
G70 P10 Q20;	精加工外轮廓
T0100;	外圆刀退刀
G28 U0;	
G28 W0;	
M09;	
M05;	
M00;	
M30;	程序结束

(4) 特形面零件车削加工程序说明

1) 本题选用 $\phi25$ 热轧圆钢，X 轴向总切削量 12.5（半径值）圆整为 13，即 i = 13。

2) 由于特形面加工，为保证曲面定位和定形尺寸精度，Z 轴向总切削量 w 设为零，可以不写。

3) 为保证曲面定位和定形尺寸精度，Z 轴向精加工余量 w 只设 0.1。

4) 选用 $\phi25$ 热轧圆钢长坯料，零件加工长度 84 mm，留 6 mm 切断余量。

1.3.4 螺纹类零件车削编程

1. 螺纹类零件车削特点

(1) 所谓螺纹是指一个牙形沿着内、外圆柱体表面的螺旋线延伸而形成的曲面。

(2) 各种类型的螺纹都可以用车削方法制成。

(3) 螺纹车削过程中，车削加工起始点存在升速段，车削加工结束点存在降速段，这种现象对螺纹加工质量有影响。

(4) 车削螺纹时提前切入螺纹长度大于升速段距离可避免升速段对螺纹加工质量的影响。

(5) 加工螺纹的退刀槽宽度大于降速段距离可避免降速段对螺纹加工质量的影响。

(6) 圆柱体上的螺纹称做直螺纹或圆柱螺纹，圆锥体上的螺纹称做锥螺纹或圆锥螺纹。

(7) 有多条螺旋线的螺纹称做多线螺纹。

(8) 在数控车床上车削加工螺纹指令有单行程螺纹切削指令、单次循环和多次循环切削加工螺纹指令。

2. 螺纹类零件相关指令与应用

(1) 螺纹指令 G32

指令格式：G32 X（U）_ Z（W）_ F_ ；

指令功能：车削等螺距内外直螺纹、锥螺纹和端面螺纹。

指令说明：

1) X（U）_ 为 X 方向螺纹切削终点的坐标值。

2) Z（W）_ 为 Z 方向螺纹切削终点的坐标值。

3) F_ 为螺纹导程（单螺纹表示螺纹螺距）。

4) G32 X（U）_ F_ 车削端面螺纹。

5) G32 Z（W）_ F_ 车削圆柱螺纹。

6) G32 X（U）_ Z（W）_ F_ 车削圆锥螺纹。

(2) 螺纹车削单一循环指令（G92）

指令格式：G92　X（U）_ Z（W）_ R_ F_ ；

指令功能：切削内外圆柱螺纹或内外圆锥螺纹。

指令说明：

1) X、Z 为螺纹终点的绝对坐标值。

2) U、W 为螺纹终点相对循环起点的增量坐标值。

3）R 为锥螺纹始点相对终点在 X 向的坐标增量（半径值），有正负号，加工圆柱螺纹时 R =0，可省略；加工圆锥螺纹时 R≠0，可以不写。

4）F 表示螺纹导程。

（3）外圆/内孔切槽复合循环 G75

指令格式：G75 Re；

G75 X（U）_ Z（W）_ PΔi QΔk RΔd F_；

指令功能：具有切断与内、外圆直槽切削加工功能。

指令说明：

1）e 表示退刀量，无正负号。

2）X、Z 表示循环终点的绝对坐标值。

3）U、W 表示循环终点相对于循环起点的增量坐标值。

4）Δi 表示 X 轴方向移动量，无正负号（以无小数点形式表示，如 P3.0 应写成 P3000）。

5）Δk 表示 Z 轴方向移动量，无正负号（以无小数点形式表示，如 Q2.0 应写成 Q2000）。

6）Δd 表示在切削底部刀具退回量（一般取零，R 为零可不写，以无小数点形式表示）。

7）F 表示进给速度。

（4）螺纹切削复合循环 G76

指令格式：G76 Pmra QΔd_{min} Rd；

G76 X（U）_ Z（W）_ Ri Pk QΔd Ff；

指令功能：适用于多次自动循环车削螺纹。

指令说明：

1）m 表示精车重复次数（01 ~99）。

2）r 表示斜向进给速度代码，设定时用 00 ~99 之间的两位数字表示，斜向进给速度 =0.1rf（f 为螺纹导程）。

3）a 表示刀尖角度，可选 80°，60°，55°，30°，29°，0°共 6 种，用两位数字指定。

4）Δd_{min}表示最小车削深度（半径值）。

5）d 表示精车余量（半径值），有正负号。

6）X（U），Z（W）表示螺纹的终点坐标。

7）i 表示锥螺纹终点相对于螺纹车削起点 X 向的坐标增量（半径值），车削圆柱螺纹时为 0，可略。

8）k 表示螺纹牙型高度，正值。

9）Δd 表示第一次车削深度（半径值）。

10）F 表示螺纹导程。

3. 螺纹类零件例题

（1）螺纹类零件加工图（见图 1—12），坯料尺寸 ϕ40 mm ×72 mm。

（2）螺纹类零件工件坐标系（见图 1—13）。

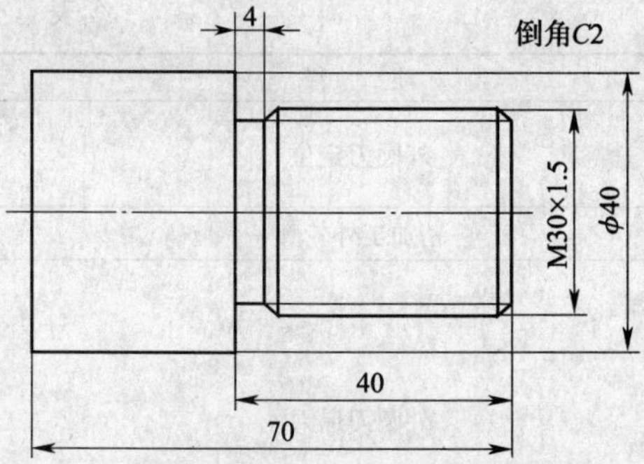

图1—12 螺纹类零件加工图

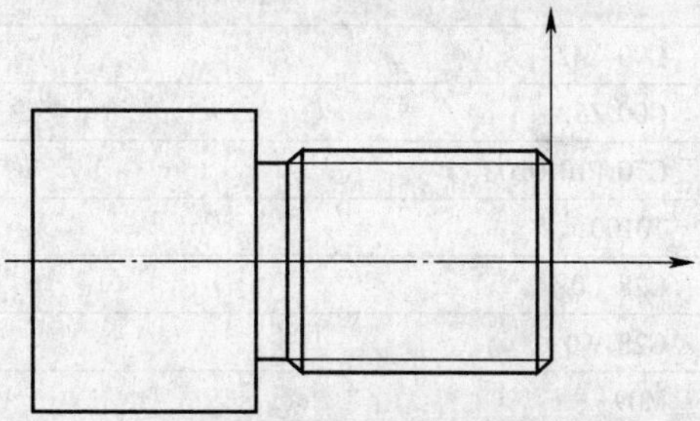

图1—13 螺纹类零件工件坐标系

（3）螺纹类零件车削加工程序（见表1—17）

表1—17　　螺纹类零件车削加工程序 O0001

程 序	注 释
O0001；	程序名
G28 U0；	设置外圆刀粗加工切削参数
G28 W0；	
T0101；	
M04 S800；	
M08；	
G00 X42.；	外圆刀定位
G00 Z5.；	
G73 U1. R0.5；	粗加工外轮廓
G73 P10 Q20 U0.5 Z0.1 F0.2；	
N10 G42 G00 X24. F0.1；	
G01 Z1.；	
G01 X29.85. Z-2.；	
G01 Z-34.；	
G01 X26. Z-36.；	
G01 Z-40.；	
G01 X40.；	
N20 G40 G00 X42.；	
T0100；	外圆刀退刀
G28 U0；	
G28 W0；	
M09；	
M05；	
M00；	
T0101；	设置外圆刀精加工切削参数
M04 S1000；	
M08；	

续表

程　序	注　释
G00 X42.;	外圆刀定位
G00 Z5.;	
G70 P10 Q20;	精加工外轮廓
T0100;	外圆刀退刀
G28 U0;	
G28 W0;	
M09;	
M05;	
M00;	
T0202;	设置螺纹刀切削参数
M04 S400;	
M08;	
G00 X32.;	螺纹刀定位
G00 Z5.;	
G76 P021060 Q100 R100;	切削螺纹
G76 X28.05 Z-42. Q500 P900 F1.5;	
T0200;	螺纹刀退刀
G28 U0;	
G28 W0;	
M30;	程序结束

1.4　数控铣床与加工中心编程实例

1.4.1　平面类零件铣削编程

1. 平面类零件铣削特点

(1) 平面类零件是指加工面平行或垂直于水平面，以及加工面与水平面的夹角为一定值的零件。

(2) 铣削刀具多数是立铣刀或端面铣刀。

(3) 铣削较深平面多数采用分层切削法。

(4) 铣削较大平面多数采用行切削法。

2. 平面类零件相关指令与应用

(1) 快速定位指令 G00

指令格式：G00 X_　Y_　Z_ ;

指令功能：具有快速定位功能。

指令说明：X_　Y_　Z_ 为快速定位的目标点坐标。

快速进给速度与坐标轴运动方式由机床参数设定，运动方式可设定为各坐标轴单独运动；X 与 Y 方向也可以先设定为固定方向的联动，其中一个目标点坐标到达后改另一坐标轴单独运动，因此，使用快速定位指令要注意刀具的运动方向，避免刀具碰撞工件。快速运动也可以在操作面板上通过“快速修调”按钮（或倍率旋钮）修正。

（2）直线插补指令 G01

指令格式：G01　X_　Y_　Z_　F_ ；

指令功能：模态指令，具有直线插补功能。

指令说明：X_　Y_　Z_ 是直线插补的目标点坐标；F 是合成进给速度。

3．平面类零件铣削例题

（1）平面类零件铣削加工图（见图 1—14）

（2）平面类零件铣削加工坐标系（见图 1—15）

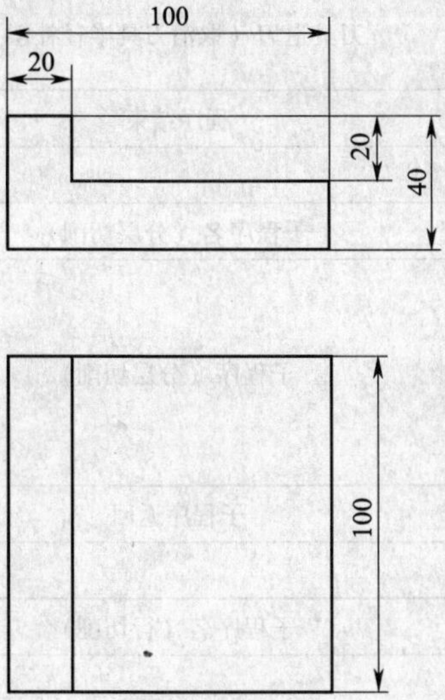

图 1—14　平面类零件铣削加工图

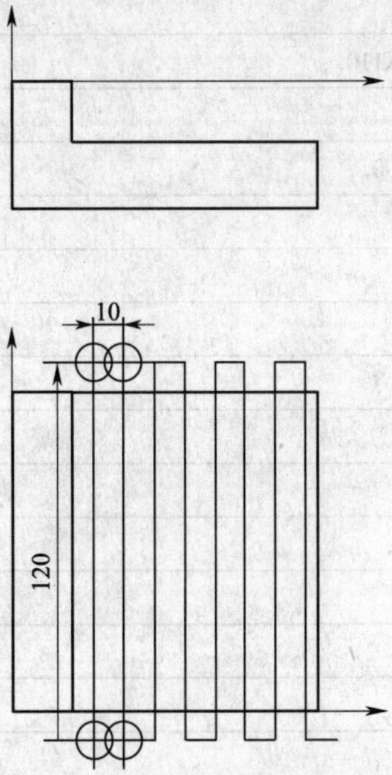

图 1—15　平面类零件铣削加工坐标系

（3）铣削方案

该零件切削深度较深且切削面积较大，因此，采用分层切削与行切削加工方式。

1）分层切削法

每层切削深度 = 5 mm

切削层数 = 20/5 = 4

2）行切削法

行切削刀具重叠量 = $D \times 80\% = 12 \times 0.8 = 9.6 \approx 10$

行切削宽度 = $20 \times N + 12 = 80$

行切削循环次数 = $N = (80 - 12)/20 = 3.4 \approx 4$

（4）平面类零件铣削加工程序（见表1—18）

表1—18　　平面类零件铣削加工程序O0001

程　序	注　释
O0001；	程序名
G90 G54；	设置平面铣削立铣刀（ϕ12 mm）铣削参数
M03 S1000；	
M08；	
G00 X110. Y-10.；	刀具定位（建立刀具半径补偿）
G00 Z5.；	
G01 Z0 F30；	
G42 G00 X20. D01 F60；	
M98 P040010；	平面铣削
G90 G40 G00 X110.；	
G00 Z100.；	刀具退刀（取消刀具半径补偿）
G00 X100. Y100.；	
M30；	程序结束
O0010；	子程序名（分层切削）
G91 G01 Z-5.；	子程序（分层切削）
G90；	
M98 P040020；	
G90 G01 X20.；	
M99；	子程序返回
O0020；	子程序名（行切削）
G91 G01 Y120.；	子程序（行切削）
G01 X10.；	
G01 Y-120.；	
G01 X10.；	
G90；	
M99；	子程序返回

1.4.2　二维轮廓类零件铣削编程

1．二维轮廓类零件铣削特点

（1）二维轮廓包括外轮廓与内轮廓。

（2）二维轮廓的上表面与底平面一般为平面。

（3）二维轮廓有封闭轮廓与不封闭轮廓之分。

（4）二维轮廓铣削加工多数情况是两个坐标轴连续轨迹运动。

2. 二维轮廓类零件相关指令与应用

（1）子程序调用指令 M98

指令格式：M98 PXXXXXXXX；（X 代表数字）

指令功能：具有调用子程序功能。

指令说明：

1）P 表示调用子程序。

2）前四位数为调用次数（省略时为调用一次）。

3）后四位数为调用子程序的名。

4）M98P0510；表示调用子程序 0510 为 1 次。

5）M98P00100510；表示调用子程序 0510 为 10 次。

6）主程序可以调用子程序，子程序不可以调用主程序，但可以调用另外的子程序。

（2）子程序返回指令 M99

1）子程序编写方法与主程序编写方法基本相同。

2）子程序的程序结束指令是 M99。

3）主程序的程序结束指令是 M30。

（3）极坐标指令 G16/G15

指令格式：G17 G16 X_ Y_ ；

……；

G15；

指令功能：G16 为建立极坐标方式指令（模态指令），G15 为取消极坐标方式指令。

指令说明：

1）G17 表示 $X0Y$ 插补平面。

2）G16 指令定义极径一个端点在回转中心，极径另一个端点绕回转中心转过角度所表示点的位置。

3）X_ 表示极径。

4）Y_ 表示极角，始边为 X 轴的正方向，终边为 Y_ 表示的旋转角。

5）极坐标回转中心必须是工件坐标系原点。

6）运用工件坐标系原点偏置方法建立极坐标回转中心为坐标系原点的新工件坐标系。

（4）坐标系旋转指令 G68/G69

指令格式：G68 X_ Y_ R_ ；

……；

G69；

指令功能：G68 指令具有坐标系平移与旋转功能，G69 是取消坐标系平移与旋转功能。

指令说明：

1）G68 指令定义轮廓轨迹用 X_ Y_ 表示的旋转中心转过一个用 R_ 表示的旋转角度。

2）X_ Y_ 表示旋转中心的坐标值。

3）R_ 表示旋转的角度。

4）逆时针旋转角度定义 R 为正值，顺时针旋转角度定义 R 为负值。

（5）镜像指令

指令格式：G51 X_ Y_ I_ J_ ；
……（M98 P_ ）；
G50；

指令功能：G51 指令具有坐标轴位置平移及相对平移坐标轴镜像的功能，G50 指令具有撤销坐标轴位置平移及相对平移坐标轴镜像的功能。

指令说明：

1）G51 指令定义轮廓轨迹相对于用 X_ Y_ 表示的镜像位置按用 I_ J_ 表示的镜像要求进行镜像。

2）X_ Y_ 表示镜像位置。

3）M98 P_ 表示调用子程序。

4）G51 X_ Y_ I－1. J1.；表示相对于用 X_ Y_ 表示镜像位置的 *Y* 轴对称镜像。

5）G51 X_ Y_ I－1. J－1.；表示相对于用 X_ Y_ 表示镜像位置的点对称镜像。

6）G51 X_ Y_ I1. J－1.；表示相对于用 X_ Y_ 表示镜像位置的 *X* 轴对称镜像。

（6）比例缩放指令

指令格式：G51 X_ Y_ Z_ P_ ；或 G51 X_ Y_ Z_ I_ J_ K_ ；
……（M98 P ）；
G50；

指令功能：G51 指令具有建立比例缩放功能，G50 指令具有撤销比例缩放功能。

指令说明：

1）G51 指令定义轮廓轨迹相对于用 X_ Y_ Z_ 表示的比例缩放中心按用 P_ 表示的比例缩放系数进行缩放。

2）X_ Y_ Z_ 表示比例缩放中心的坐标值。

3）P 表示比例缩放系数，0.001 < P < 1 为缩小，1 < P < 999.99 为放大。

4）I_ J_ K_ 表示对应 *X*、*Y*、*Z* 轴的缩放比例系数，可以在 ±0.001 ~ ±9.999 范围内分别设定 I、J、K 比例缩放系数，比例为 1 时输入 1 000（不带小数点），不能省略。

3．二维轮廓类零件铣削例题

（1）二维轮廓类零件铣削加工图（见图1—16）

坯料尺寸100 mm×80 mm×20 mm。

（2）二维轮廓类零件铣削加工坐标系（见图1—17）

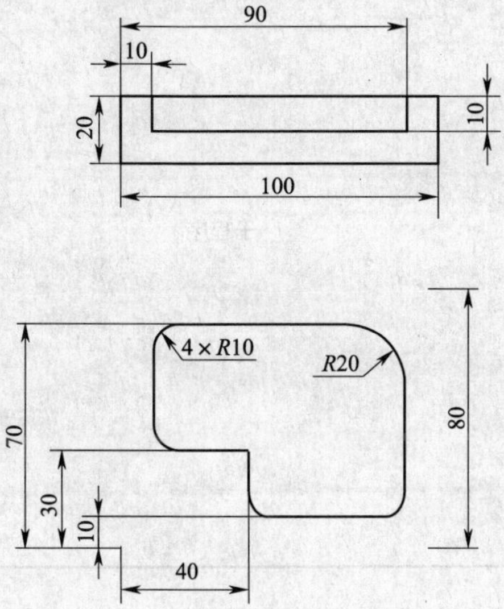

图1—16　二维轮廓类零件铣削加工图

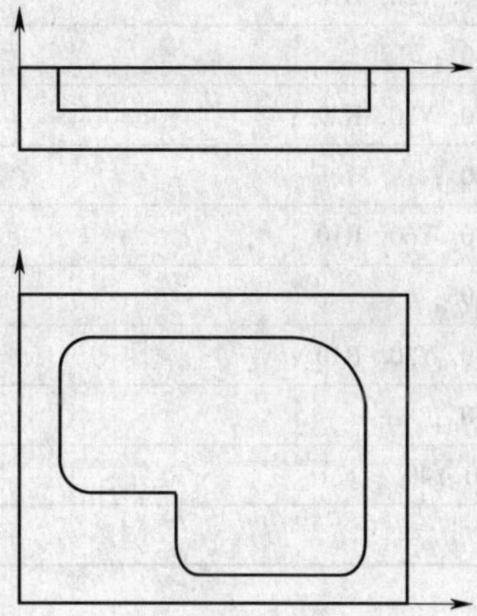

图1—17　二维轮廓类零件铣削加工坐标系

（3）二维轮廓类零件铣削加工程序（见表1—19）

表1—19　　二维轮廓类零件铣削加工程序O0001

程　序	注　释
O0001；	程序名
G90 G54；	设置二维轮廓键槽铣刀（φ16 mm）铣削参数
M03 S8000；	
M08；	
G00 X50. Y40.；	刀具定位（建立刀具半径补偿）
G00 Z5.；	
G01 Z－5. F30；	
M98 P0010；	二维轮廓铣削
G01 Z－10. F30；	
M98 P0010；	
G00 Z100.；	刀具退刀（取消刀具半径补偿）
G00 X100. Y100.；	
M30；	程序结束
O0010；	子程序名

续表

程　序	注　释
G41 G01 X40. D01 F60;	子程序
G01 Y20.;	
G03 X50. Y10. R10.;	
G01 X80.;	
G03 X90. Y20. R10.;	
G01 Y50.;	
G03 X70. Y70. R20.;	
G01 X20.;	
G03 X10. Y60. R10.;	
G01 Y40.;	
G03 X20. Y30. R10.;	
G01 X50.;	
G40 G01 Y40.;	
M99;	

1.4.3 孔系类零件钻削编程

1．孔系类零件加工特点

（1）孔系加工分钻孔、扩孔、镗孔、铰孔、攻螺纹等加工工艺。

（2）孔系类零件加工要求刀具快速定位至孔中心位置，然后快速定位至 R 平面。

（3）在加工过程中，刀具在孔中视不同类型孔加工的工艺不同有相应的孔底动作。

（4）孔系加工分孔中心定位、R 平面定位、孔加工、孔底动作、返回 R 平面、快速返回到初始平面 6 个动作，因此，孔加工循环指令也称做固定循环指令。

2．孔系类零件相关指令与应用

（1）返回初始平面指令 G98；

返回 R 平面指令 G99；

重复加工次数指令 LXX；

绝对坐标编程方式指令 G90；X_ Y_ Z_ R_ 分别表示离开工件坐标系的坐标值。

相对坐标编程方式指令 G91；X_ Y_ 表示孔中心离开初始平面位置的坐标增量，R_ 表示 R 平面离开初始平面的坐标增量，Z_ 表示孔底平面离开 R 平面的坐标增量。

（2）高速深孔加工循环指令 G73

指令格式：G73 X_ Y_ Z_ R_ Q_ F_ ；

指令功能：G73 为高速深孔加工指令，也称断续切削钻孔指令。

指令说明：X_ Y_ Z_ 为孔底中心坐标；R_ 为 R 平面坐标；Q_ 为背吃刀深度，进给后退刀起断屑作用，退刀量由机床参数设定；F_ 为切削速度。

（3）攻左旋螺纹循环指令 G74

指令格式：G74　X_　Y_　Z_　R_　F_　；

指令功能：G74 为攻左旋螺纹循环指令。

指令说明：用于攻左旋螺纹，退刀时主轴反方向旋转；X_　Y_　Z_ 为孔底中心坐标；R_ 为 R 平面坐标；F_ 为攻螺纹的进给速率。

（4）精镗循环指令 G76

指令格式：G76 X_　Y_　Z_　R_　P_　Q_　F_　；

指令功能：G76 精密镗孔循环指令用于加工高精度的孔。

指令说明：X_　Y_　Z_ 为孔底中心坐标；R_ 为 R 平面坐标；P_ 为暂停时间；Q_ 为刀尖反向位移量；F_ 为切削速度。

（5）取消孔加工固定循环指令 G80

G80 指令用于撤销固定循环指令 G73、G74、G76 以及 G81 ~ G89 的模态功能，一般单独一行书写。

（6）钻削循环指令 G81

指令格式：G81 X_　Y_　Z_　R_　F_　；

指令功能：G81 指令常用于钻削脆性材料。

指令说明：X_　Y_　Z_ 为孔底中心坐标；R_ 为 R 平面坐标；F_ 为切削速度。脆性材料钻屑呈崩碎状，不需要断续切削。

（7）带停顿的钻孔循环指令 G82

指令格式：G82 X_　Y_　Z_　R_　P_　F_　；

指令功能：G82 指令钻削时在孔底有停顿功能。

指令说明：X_　Y_　Z_ 为孔底中心坐标；R_ 为 R 平面坐标；P_ 为暂停时间；F_ 为切削速度。在孔底进给停顿而主轴仍在转能微量切削孔底的弹性变形量，适用于盲孔与台阶孔的加工。

（8）深孔加工循环指令 G83

指令格式：G83 X_　Y_　Z_　R_　Q_　F_　；

指令功能：G83 为深孔加工循环指令。

指令说明：X_　Y_　Z_ 为孔底中心坐标；R_ 为 R 平面坐标；Q_ 为背吃刀深度，进刀后返回至 R 平面，起断屑与提高切削液冷却效果作用，适用于不锈钢之类韧性材料钻削；F_ 为切削速度。

（9）攻右旋螺纹循环指令 G84

指令格式：G84　X_　Y_　Z_　R_　F_　；

指令功能：G84 为攻右旋螺纹循环指令。

指令说明：用于攻右旋螺纹，退刀时主轴反方向旋转；X_　Y_　Z_ 为孔底中心坐标；R_ 为 R 平面坐标；F_ 为攻螺纹的进给速率。

（10）镗孔循环指令 G85

指令格式：G85 X_ Y_ Z_ R_ F_ ；

指令功能：G85 为镗孔加工循环指令。

指令说明：通常用于镗孔和铰孔，具有以进给速度进刀与退刀的加工特点；X_ Y_ Z_ 为孔底中心坐标；R_ 为 R 平面坐标；F_ 为切削速度。

（11）镗孔循环指令 G86

指令格式：G86 X_ Y_ Z_ R_ F_ ；

指令功能：G86 为镗孔循环指令。

指令说明：X_ Y_ Z_ 为孔底中心坐标；R_ 为 R 平面坐标；F_ 为切削速度。G86 与 G81 的区别是，G86 在到达孔底位置后，主轴停止转动，退刀时主轴停转。

（12）背镗循环指令 G87

指令格式：G87 X_ Y_ Z_ R_ Q_ F_ ；

指令功能：G87 为背镗循环指令。

指令说明：只用于通孔背镗，在加工过程中主轴有 4 次准停，刀尖做 4 次相应的刀尖反向移动；X_ Y_ Z_ 为孔底中心坐标；R_ 为 R 平面坐标，位于孔底之下的安全平面，即为刀具快速运动与进给运动的分界面；Q_ 为刀尖反向位移量；F_ 为切削速度。

（13）镗孔循环指令 G88

指令格式：G88 X_ Y_ Z_ R_ F_ ；

指令功能：G88 为手动退刀镗孔循环指令。

指令说明：X_ Y_ Z_ 为孔底中心坐标；R_ 为 R 平面坐标；F_ 为切削速度。刀具至孔底后停止切削加工，手动移动刀具离开孔加工位置，按循环启动按钮后刀具快速返回 R 平面或初始平面恢复孔加工循环。

（14）镗孔循环指令 G89

指令格式：G89 X_ Y_ Z_ R_ F_ P_ ；

指令功能：G89 循环指令镗孔至孔底有暂停功能。

指令说明：X_ Y_ Z_ 为孔底中心坐标；R_ 为 R 平面坐标；F_ 为切削速度；P_ 为暂停时间。

镗孔过程中，进刀与退刀使用进给速度，在孔底指定暂停时间停顿，微量切削孔底弹性变形量，这是 G89 循环指令与 G85 循环指令唯一的区别，适用于盲孔与台阶孔的加工。

3．孔系类零件加工例题

（1）孔系类零件加工图（见图 1—18）

零件为 A3 钢板，坯料尺寸为 300 mm × 200 mm × 40 mm。

（2）孔系类零件加工工件坐标系（见图 1—19）

（3）孔系类零件加工中心钻加工程序（见表 1—20）

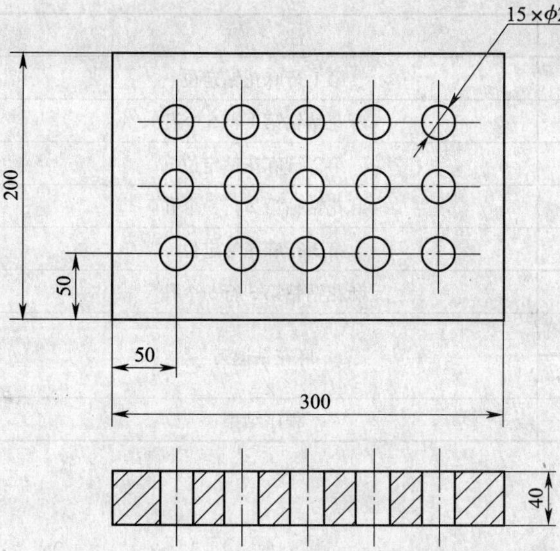

图 1—18　孔系类零件加工图

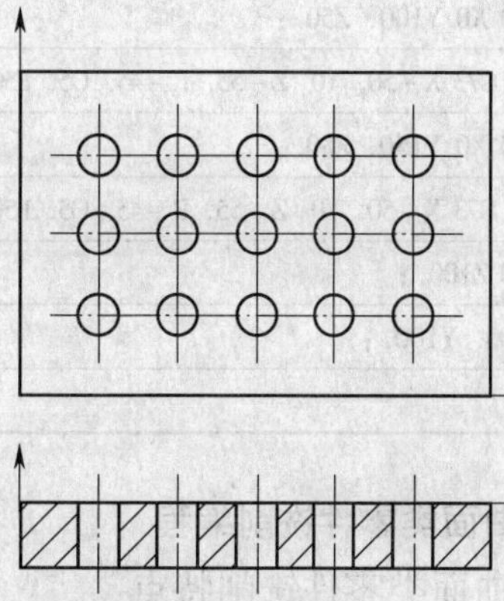

图 1—19　孔系类零件加工工件坐标系

表 1—20　　孔系类零件加工中心钻加工程序 O0001

程　序	注　释
O0001;	程序名
G90 G54;	设置中心钻（ϕ3 mm）定位参数
M03 S2000;	
M08;	
G90 G00 X0 Y50. Z50.;	第 1 行中心钻定位
G91 G99 G81　X－50. Y0　Z－8. R－45. F50 L5;	中心钻钻第 1 行 5 个定位孔
G90 G00 X0 Y100. Z50.;	第 2 行中心钻定位
G91 G99 G81　X－50. Y0　Z－8. R－45. F50 L5;	中心钻钻第 2 行 5 个定位孔
G90 G00 X0. Y150. Z50.;	第 3 行中心钻定位
G91 G99 G81　X－50. Y0　Z－8. R－45. F50 L5;	中心钻钻第 3 行 5 个定位孔
G90 G00 Z100.;	中心钻退刀
G00 X100. Y100.;	
M30;	程序结束

（4）孔系类零件加工麻花钻加工程序（见表 1—21）

表 1—21　　孔系类零件加工麻花钻加工程序 O0002

程　序	注　释
O0002;	程序名
G54;	设置麻花钻（ϕ25 mm）钻孔参数
M03 S400;	
M08;	

续表

程　序	注　释
G90 G00 X0 Y50. Z50.;	第 1 行麻花钻定位
G91 G99 G73 X-50. Y0 Z-55. R-45. Q5. F50 L5;	麻花钻钻第 1 行 5 个孔
G90 G00 X0 Y100. Z50.;	第 2 行麻花钻定位
G91 G99 G73 X-50. Y0 Z-55. R-45. Q5. F50 L5;	麻花钻钻第 2 行 5 个孔
G90 G00 X0 Y150. Z50.;	第 3 行麻花钻定位
G91 G99 G73 X-50. Y0 Z-55. R-45. Q5. F50 L5;	麻花钻钻第 3 行 5 个孔
G90 G00 Z100.;	麻花钻退刀
G00 X100. Y100.;	
M30;	程序结束

1.4.4 曲面类零件铣削编程

1. 曲面类零件铣削特点

（1）加工三维曲面一般用 CAD/CAM 自动编程方法生成加工程序。

（2）加工二维曲面一般用手动编程方法生成加工程序。

（3）二维曲面加工形状与插补平面有关。

（4）定义 G17 插补平面，*Z* 轴定位 *X* 与 *Y* 方向插补加工轮廓。

（5）定义 G18 插补平面，*Y* 轴定位 *X* 与 *Z* 方向插补加工轮廓。

（6）定义 G19 插补平面，*X* 轴定位 *Y* 与 *Z* 方向插补加工轮廓。

（7）曲面类零件加工一般选用球头铣刀铣削加工。

2. 曲面类零件铣削相关指令

加工平面设定指令 G17、G18、G19

指令格式：G17；

　　　　　G18；

　　　　　G19；

指令功能：模态指令，选择刀具插补平面。

指令说明：G17 指令定义 *XY* 插补平面；G18 指令定义 *XZ* 插补平面；G19 指令定义 *YZ* 插补平面。

3. 铣削曲面类零件例题

（1）曲面类零件铣削加工图（见图 1—20）

坯料尺寸为 100 mm×60 mm×44 mm。

（2）曲面类零件铣削工件坐标系（见图 1—21）

（3）铣削方案

该零件切削深度较深且切削面积较大，因此，采用分层切削与行切削加工方式。

1）分层切削法

每层切削深度 =4 mm

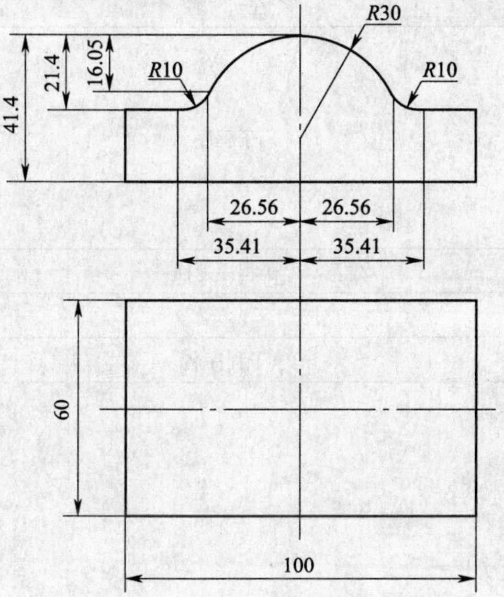

图1—20　曲面类零件铣削加工图

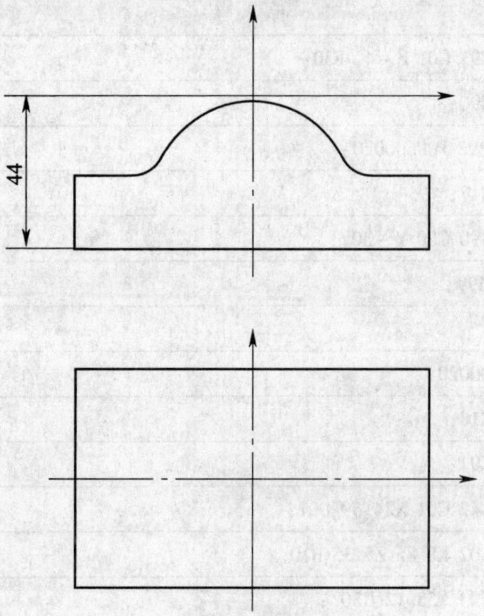

图1—21　曲面类零件铣削工件坐标系

切削层数 = 24/4 = 6

2）行切削法

粗加工行距 = 0.5 mm

粗加工行切削次数 = 60 × 2 × 0.5 = 60

（4）曲面类零件铣削加工程序（见表1—22）

表1—22　　曲面类零件铣削加工程序 O0001

程　序	注　释
O0001；	程序名
G54；	设置立铣刀（ϕ12 mm）铣削参数
M03 S800；	
M08；	
G90 G00 X - 60. Y - 30.；	立铣刀定位
G01 Z0 F30；	
M98 P00060010；	曲面铣削
G00 Z100.；	立铣刀退刀
G00 X100. Y100.；	
M30；	程序结束
O0010；	子程序名

续表

程　序	注　释
G91 G01 Z-4. F30;	
G90;	
M98 P00600020;	子程序
G17;	
G90 G00 Y-30.;	
M99;	子程序返回
O0020;	子程序名
G18;	
G91;	
G42 G01 X24.59 D01;	
G02 X8.85 Z5.35 R10.;	
G03 X53.12 R30.;	
G02 X8.85 Z-5.35 R10.;	
G01 X24.59;	
G01 Y0.5;	子程序
G01 X-24.59;	
G03 X-8.85 Z5.35 R10.;	
G02 X-53.12 R30.;	
G03 X-8.85 Z-5.35 R10.;	
G01 X-24.59;	
G01 Y0.5;	
G90;	
M99;	子程序返回

1.5　测量量具使用方法

1.5.1　游标卡尺使用方法（见表1—23）

游标卡尺结构主要分主尺与副尺两部分，游标卡尺测量精度主要有0.02 mm、0.05 mm和0.1 mm三挡。

0.02 mm精度游标卡尺读数工作原理：主尺每格宽度尺寸为1 mm，副尺标注尺寸部分长49 mm，共分成50格，每格宽度尺寸为0.98 mm，副尺与主尺卡爪贴紧，则副尺零位线对准主尺零位线，副尺与主尺卡爪卡紧被测工件，副尺零位线与主尺第N格刻度线对齐，测量值的整数部分计算公式 $=N\times 1$ mm，副尺第 n 格刻度线与主尺刻度线对齐，测量值的小数部分计算公式 $=n\times 0.02$ mm。游标卡尺的测量尺寸为整数读数与小数读数之和。

1. 主尺读数

游标卡尺主尺与副尺卡紧被测量工件，副尺零位线左侧主尺上的刻度线的读数为测量尺寸的整数部分数值。

2. 副尺读数

副尺刻度线与主尺刻度线对齐的线为测量尺寸的小数部分读数线，小数部分读数线值的计算公式也可以表示为游标卡尺测量精度值 × 副尺读数线左侧的格数。

3. 游标卡尺读数

游标卡尺测量尺寸 = 测量尺寸的整数部分数值 + 测量尺寸的小数部分数值。

1.5.2 千分尺使用方法（见表 1—23）

表 1—23　　测量量具使用方法

测量量具	测量方法	测量值计算
游标卡尺	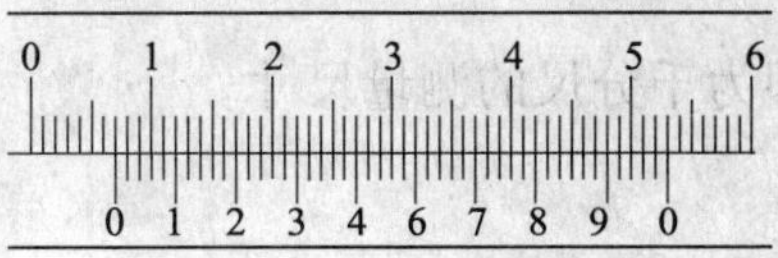	整数读数 7 小数读数 0.52 游标卡尺读数 7.52
	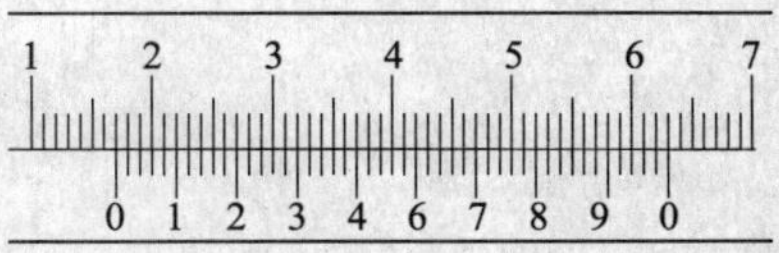	整数读数 20 小数读数 0.72 游标卡尺读数 20.72
千分尺	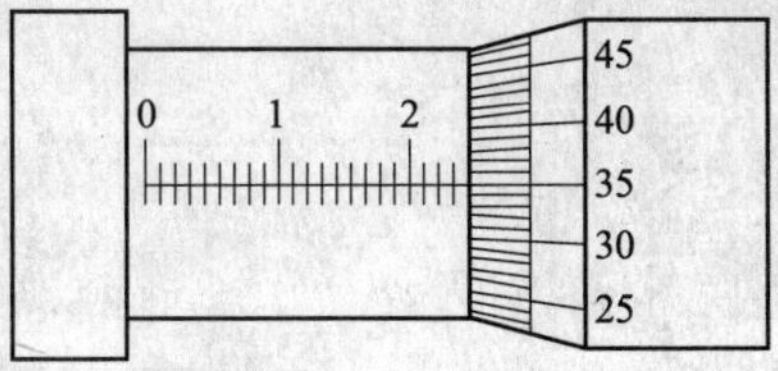	第 1 部分读数 24 第 2 部分读数 0 第 3 部分读数 0.35 千分尺读数 24.35
	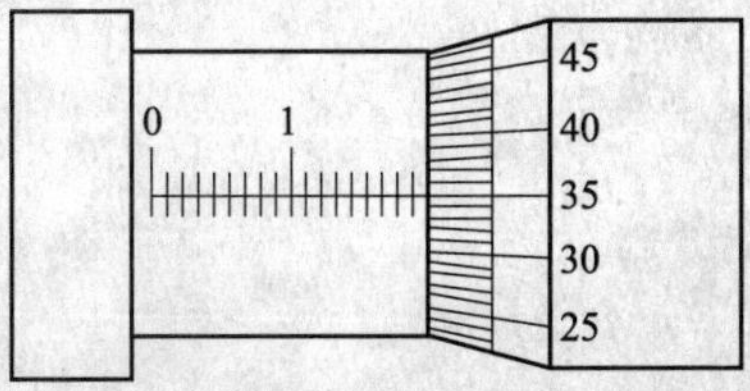	第 1 部分读数 17 第 2 部分读数 0.5 第 3 部分读数 0.35 千分尺读数 17.85

千分尺结构主要分主尺与微分筒两部分，主尺上轴向有刻度线，上侧刻度线每格间距为 1 mm，下侧刻度线在上侧刻度线的中间，与上侧相邻刻度线的间距为 0.5 mm。

千分尺读数工作原理：微分筒圆周方向分成 50 格，测微螺杆螺距为 0.5 mm，微分筒转动一格测微螺杆轴向移动 0.01 mm，即千分尺测量精度为 0.01 mm。

千分尺测量尺寸读数分为三部分：千分尺测砧贴紧，则微分筒基准线对准主尺上侧零位线，测砧卡紧被测工件，微分筒基准线左侧的主尺上侧刻度线为测量的第一部分测量尺寸（整数部分）；微分筒基准线在下侧刻度线左侧，则第二部分测量尺寸为零，微分筒基准线在下侧刻度线右侧，则第二部分测量尺寸为 0.5 mm；微分筒圆周刻度线对准主尺基准线所表示的读数为第三部分测量尺寸，读数的计算公式为微分筒转过格数乘以 0.01 mm。千分尺测量尺寸为三部分测量尺寸之和。

1. 主尺上侧刻度线读数

微分筒轮廓基准线左侧的主尺上侧刻度线为千分尺测量尺寸的整数部分读数。

2. 主尺下侧刻度线读数

微分筒基准线在下侧刻度线左侧，表示第二部分测量尺寸为零，微分筒基准线在下侧刻度线右侧，表示第二部分测量分尺寸为 0.5 mm。

3. 微分筒读数

微分筒圆周刻度线对准主尺基准线所表示的读数为第三部分测量尺寸，第三部分测量尺寸 = 微分筒转过的格数乘以 0.01 mm。

4. 千分尺读数

把上述三部分的测量数值相加即为千分尺的测量尺寸。

第2章

数控机床仿真加工

2.1 数控车床（FANUC－0i 系统）仿真加工

数控机床仿真软件能够虚拟数控机床的操作、编程与加工，是学习与掌握数控机床操作技能的捷径，本节以斜床身后置刀架数控车床与 FANUC－0i 数控系统为例，介绍数控车床仿真软件的应用。

2.1.1 机床面板简介

1. CRT/MDI 系统面板

FANUC 0i 车床 CRT/MDI 系统面板如图 2—1 所示，左侧为 CRT 显示屏，右侧为 MDI 手动数控输入面板，通过 CRT/MDI 系统面板完成程序名的新建、程序的输入输出、编辑及调用。

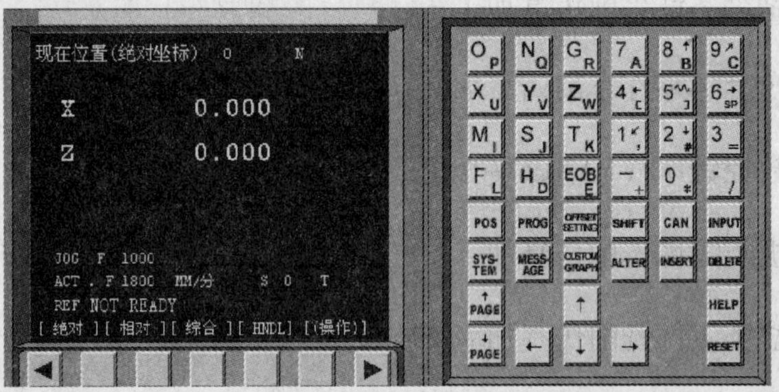

图 2—1 FANUC 0i 车床 CRT/MDI 系统面板

2. 操作面板

FANUC 0i 车床标准操作面板如图 2—2 所示，通过操作面板完成启动、停止、超程释放、紧急停止等操作。

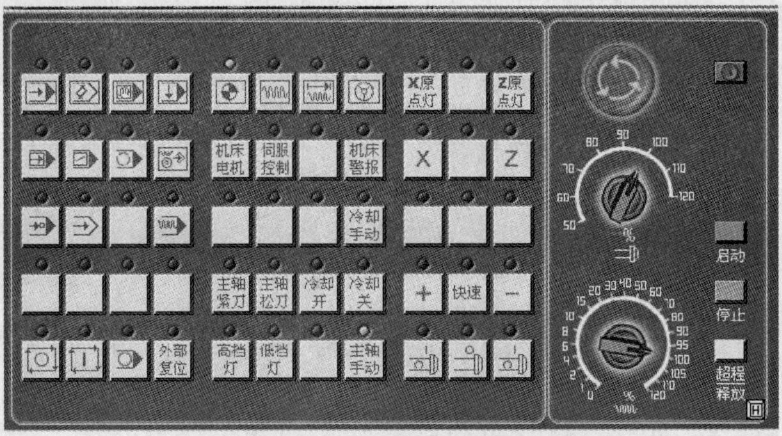

图 2—2 FANUC 0i 车床标准操作面板

2.1.2　仿真加工步骤

1．选择机床

点击菜单“机床”/“选择机床…”，弹出“选择机床”对话框，在“控制系统”中选择 FANUC 0i 系统；机床类型选择车床，并单击“确定”按钮。

2．机床回零

（1）单击启动按钮，此时机床电机和伺服控制的指示灯变亮。

（2）检查急停按钮是否处于松开状态，若未松开，单击急停按钮，将其松开。

（3）检查操作面板上回原点指示灯是否亮，若指示灯亮，则已进入回原点模式；若指示灯不亮，则单击按钮，转入回原点模式。

（4）*X*、*Z* 轴回零。

1）在回原点模式下，先将 *X* 轴回原点，点击操作面板上的“*X* 轴选择”按钮，使 *X* 轴方向移动指示灯变亮，点击“正方向移动”按钮，此时 *X* 轴将回原点，*X* 轴回原点灯变亮，CRT 上的 *X* 坐标变为“390.00”。

2）同样，再点击“*Z* 轴选择”按钮，使指示灯变亮，点击，*Z* 轴将回原点，*Z* 轴回原点灯变亮，，此时机床完成回零。

3．安装零件

点击“零件”/“定义毛坯…”菜单，在定义毛坯对话框中改写零件尺寸，单击“确定”按钮。

点击“零件”/“放置零件…”菜单，在选择零件对话框中，选取名称为“毛坯 1”的零件，并单击“确定”按钮，界面上出现控制零件移动的面板，可以用其移动零件，使毛坯的伸出端满足加工零件的长度，毛坯的伸出长度可通过“零件/测量…”菜单得到。单击面板上的“退出”按钮，关闭该面板，此时零件已经放置在机床工作台面上。

4．导入数控程序

将编写好的数控程序用文本文件格式保存，单击操作面板上的编辑按钮，进入编辑状态。点击 MDI 键盘上的程序键 PROG，CRT 界面转入编辑页面。再点击软键 [(操作)]，在出现的子菜单中点击软键 ▶，出现软键 [F检索]，点击此软键，在弹出的对话框中选择所需的文件，单击“打开”按钮，在同一级菜单中，点击软键 [READ]，通过 MDI 键盘上的数字/字母键，输入程序名，按软键 [EXEC]，则数控程序显示在 CRT 界面上。

5．检查运行轨迹

单击操作面板上的自动运行按钮，进入自动加工模式；点击 MDI 键盘上的程序键 PROG；点击数字/字母键，输入程序；点击 ↓ 开始搜索，程序显示在 CRT 界面上。点击 CUSTOM GRAPH 键进入检查运行轨迹模式；单击操作面板上的循环启动按钮，即可观察数控程序的运行轨迹。通常情况下，图中红线代表刀具快速移动的轨迹，绿线代表刀具切削的轨迹。

6．装刀具、对刀

（1）装刀具

点击菜单“机床”/“选择刀具…”或者在工具条中选择“ ”，在“车刀选择”对话框中根据加工方式选择所需的刀片和刀柄，确定后退出。

（2）对刀

运行轨迹正确，表明输入的程序基本正确，通过对刀来建立工件坐标系与机床坐标系的关系，对刀分为 *X* 向对刀和 *Z* 向对刀。

7．设置参数

输入刀具几何形状（对刀来建立工件坐标系原点在机床坐标系中的坐标值）、刀尖半径、刀位号参数。在 MDI 键盘上点击 两次，进入形状补偿参数设定界面，用方位键 、 、 、 将光标移动到需设定参数的位置。在第一行 X、Z 处输入对刀刀具几何参数，R 处输入刀尖半径的补偿值，T 处输入刀位号，按软键 [输入]（把参数一一输入）。

8．自动加工

完成对刀、设置刀具补偿参数、导入数控程序后，就可以开始自动加工了。先将机床回零，单击操作面板上的自动运行按钮 ，使其指示灯 亮，单击循环启动按钮 ，就可进行自动加工。

2.2 轴类零件车削仿真加工

2.2.1 仿真要求

1．仿真操作条件

（1）计算机。

（2）数控加工仿真软件。

2．仿真操作内容

（1）编制数控加工工艺。

（2）手工编制加工程序。

（3）数控加工仿真。

3．仿真操作要求

（1）填写数控加工工艺卡片和数控刀具卡片。

（2）虚拟外圆车刀和镗孔刀的刀尖圆弧半径不允许设定为零。

（3）螺纹左旋、右旋以虚拟仿真机床为准。

（4）每次装夹加工只允许有一个主程序。

2.2.2 加工图样

车削仿真加工轴类零件如图 2—3 所示。

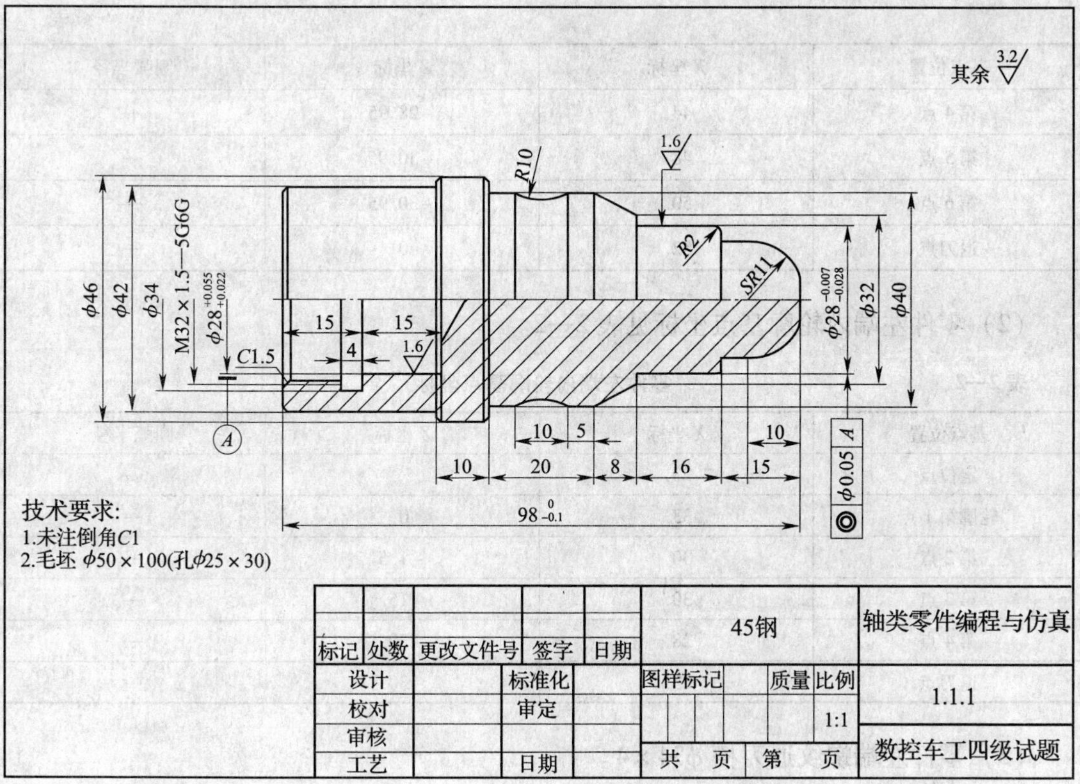

图 2—3 轴类零件车削仿真加工图

2.2.3 图样分析

1. 图形分析

(1) 零件左端外轮廓依次为倒角 C1、外圆 ϕ42×28.95、倒角 C1、外圆 ϕ46×10。左端内轮廓：倒角 C1.5、M32×1.5 右旋内螺纹、螺纹退刀槽 ϕ34×4、内孔 ϕ28×15，零件左端内螺纹中径精度 5 级、小径精度 6 级、配合偏差 G 级，ϕ42 外圆长是封闭尺寸。

(2) 零件右端外轮廓依次为球面 SR11、外圆 ϕ22×5、圆弧 R2、ϕ28×14、ϕ32 与 ϕ40 锥面、ϕ40×5、圆弧面 R10、ϕ40×5、倒角 C1，ϕ28 的外圆与 ϕ28 的内孔有同轴度要求，掉头加工时需要校正。

2. 尺寸分析

(1) 零件左端外轮廓基点坐标见表 2—1。

表 2—1　　零件左端外轮廓基点坐标

基点位置	X 坐标	Z 坐标	圆弧半径
定位点	52.	5.	—
轮廓第 1 点	38.	0	—
第 2 点	42.	-1.	—
第 3 点	42.	-28.95	—

续表

基点位置	X 坐标	Z 坐标	圆弧半径
第 4 点	44.	-28.95	—
第 5 点	48.	-30.95	—
第 6 点	50.	-30.95	—
退刀点	52.	0	—

（2）零件左端内轮廓基点坐标见表 2—2。

表 2—2　零件左端内轮廓基点坐标

基点位置	X 坐标	Z 坐标	圆弧半径
定位点	23.	5.	—
轮廓第 1 点	33.	0	—
第 2 点	30.	-1.5	—
第 3 点	30.	-15.	—
第 4 点	28.	-30.	—
退刀点	23.	-30.	—

（3）零件左端螺纹退刀槽 $\phi34\times4$。

（4）零件右端外轮廓基点坐标见表 2—3。

表 2—3　零件右端外轮廓基点坐标

基点位置	X 坐标	Z 坐标	圆弧半径
定位点	52.	5.	—
轮廓第 1 点	9.165	0	—
第 2 点	22.	-10.	11.
第 3 点	22.	-15.	—
第 4 点	24.	-15.	—
第 5 点	28.	-17.	2.
第 6 点	28.	-31.	—
第 7 点	32.	-31.	—
第 8 点	40.	-39.	—
第 9 点	40.	-44.	—
第 10 点	40.	-54.	10.
第 11 点	40.	-59.	—
第 12 点	44.	-59.	—
第 13 点	47.	-61.	—
退刀点	52.	-61.	—

3. 加工精度要求（见表2—4）

表2—4　加工精度要求　mm

加工尺寸	对象	加工要求	上偏差	下偏差
28	内孔直径	定形尺寸精度	0.055	0.022
28	外圆柱直径	定形尺寸精度	-0.007	-0.028
98	工件总长度	定位尺寸精度	0	-0.1
28	外圆柱直径	同轴度（基准面 *A*）	0.05	
M32×1.5	内螺纹	中径精度5级、小径精度6级	配合偏差G级	
ϕ42	台阶封闭尺寸	定位尺寸精度	（MAX29）	（MIN28.9）

4. 加工质量分析

（1）ϕ28外圆与ϕ28内孔表面粗糙度要求1.6 μm，通过精加工保证。

（2）其余加工表面粗糙度要求3.2 μm，通过半精加工、精加工保证。

2.2.4 加工工艺分析

1. 刀具选择

（1）零件右端外轮廓有一条非单调函数凹圆弧，为避免刀具过切选用外圆车刀刀尖角度为35°，主偏角为93°。

（2）零件左端内轮廓有一条退刀槽，选用切槽刀刀刃参数4 mm×3 mm。

（3）选用镗孔刀刀尖角度为55°。

（4）选用外螺纹车刀刀尖角度为60°。

2. 加工方法

采用粗加工、半精加工与精加工的加工工艺，加工余量按表2—5分配。

表2—5　加工余量分配表　mm

加工方法	径向尺寸	备注
粗加工余量	0.65	指令设定及磨耗参数设置
半精加工余量	0.15	磨耗参数设置
精加工余量	0	测量调整

3. 零件右端轮廓第1点基点坐标推算（见表2—6）

表2—6　轮廓切入定位点坐标

基点	*X*坐标	*Z*坐标
轮廓切入定位点	$2\sqrt{11^2-10^2}=9.165$	0

4. 加工顺序

先加工零件左端内外轮廓，后加工零件右端轮廓。

5. 测量项目（见表2—7）

表2—7　　　　测量项目表　　　　mm

测量项目	加工尺寸	上偏差	下偏差	公差	极限尺寸 MAX	极限尺寸 MIN
内孔直径	ϕ28	0.055	0.022	0.033	28.055	28.022
外圆柱直径	ϕ28	-0.007	-0.028	0.021	27.993	27.972
零件长度	98	0	-0.1	0.1	98.	97.9

6. 加工尺寸计算（见表2—8）

表2—8　　　　加工尺寸计算　　　　mm

公称尺寸	上偏差	下偏差	公差	中间偏差	中间值
ϕ28	0.055	0.022	0.033	0.039	28.039
ϕ28	-0.007	-0.028	0.021	-0.018	27.982
98	0	-0.1	0.1	-0.05	97.95
ϕ42 台阶封闭尺寸	(MAX29)	(MIN28.9)	0.1	-0.05	28.95

(1) 计算 ϕ42 阶梯轴长

ϕ42 阶梯轴长 MAX = 98 - (10 + 20 + 8 + 16 + 15) = 29

ϕ42 阶梯轴长 MIN = (98 - 0.1) - (10 + 20 + 8 + 16 + 15) = 28.9

(2) 螺纹参数计算

M32 × 1.5 大径 = 32

M32 × 1.5 小径 = 32 - 1.5 × 1.1 = 30.35

2.2.5 加工工艺

1. 加工工艺卡（见表2—9）

表2—9　　　　加工工艺卡

数控车床仿真加工工艺卡				零件代号		材料名称		零件数量
				1.1.1		45 钢		1
设备名称	数控车床	系统型号	FANUC 0i	夹具名称	三爪自定心卡盘		毛坯尺寸	轴 ϕ50 mm × 100 mm 孔 ϕ25 mm × 30 mm
工序号	工序内容			刀具号	主轴转速 (r/min)	进给量 (mm/r)	背吃刀量 (mm)	备注
	装夹 ϕ50 × 30							
1	中心钻定位（ϕ3）			5	2 000	0.1		
2	麻花钻钻孔（ϕ25）			6	500	0.3		
3	粗车外轮廓			1	800	0.2	1	

续表

数控车床仿真加工工艺卡				零件代号		材料名称		零件数量
				1.1.1		45 钢		1
设备名称	数控车床	系统型号	FANUC 0i	夹具名称	三爪自定心卡盘		毛坯尺寸	轴 ϕ50 mm×100 mm 孔 ϕ25 mm×30 mm
工序号	工序内容			刀具号	主轴转速（r/min）	进给量（mm/r）	背吃刀量（mm）	备注
4	精车外轮廓			1	1 000	0.1	0.325	
5	粗车内孔			2	800	0.2	1	
6	精车内孔			2	1 000	0.1	0.325	
7	车内孔退刀槽			3	400	0.05	4	
8	粗车内螺纹			4	400	1.5		
9	精车内螺纹			4	300	1.5		
	掉头装夹 ϕ42×29							
10	粗车外轮廓			1	800	0.2	1	
11	精车外轮廓			1	1 000	0.1	0.325	

2. 刀具选用卡（见表2—10）

表2—10　　刀具选用卡

序号	刀具号	刀具名称	刀片/刀具规格	刀尖圆弧（mm）	刀具材料	备注
1	5	中心钻定位	ϕ3 mm		高速钢	
2	6	麻花钻钻孔	ϕ25 mm		高速钢	
3	1	93°外圆车刀	35°	0.4	P20	
4	1	93°外圆车刀	35°	0.4	P20	
5	2	93°镗孔车刀	55°	0.4	P20	
6	2	93°镗孔车刀	55°	0.4	P20	
7	3	内切槽刀	4 mm×3 mm		P20	
8	4	三角螺纹车刀	60°		P20	
9	4	三角螺纹车刀	60°		P20	
10	1	93°外圆车刀	35°	0.4	P20	
11	1	93°外圆车刀	35°	0.4	P20	

2.2.6 工件坐标系与走刀轨迹（见表 2—11）

表 2—11　　工件坐标系与走刀轨迹

1. 车削轴左端外轮廓	2. 车削轴左端内轮廓
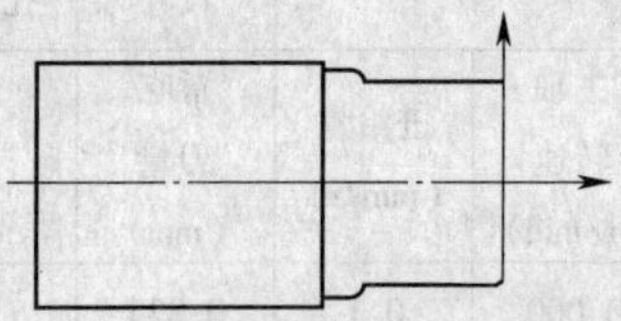	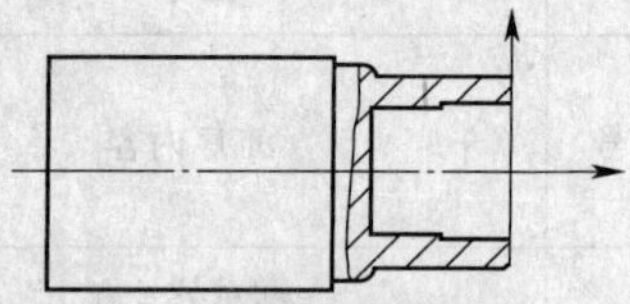
3. 车削轴左端内退刀槽	4. 车削轴左端内螺纹
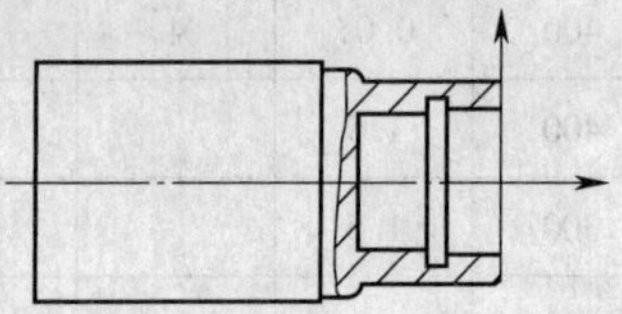	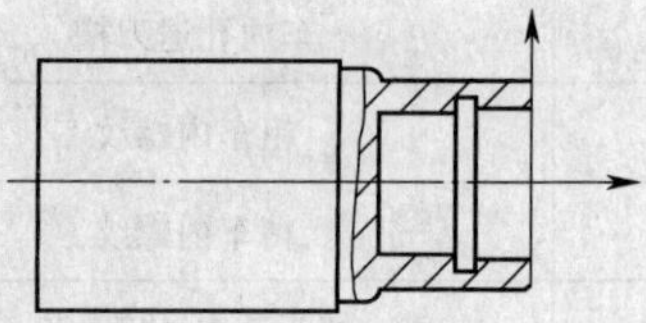
5. 车削轴右端外轮廓	
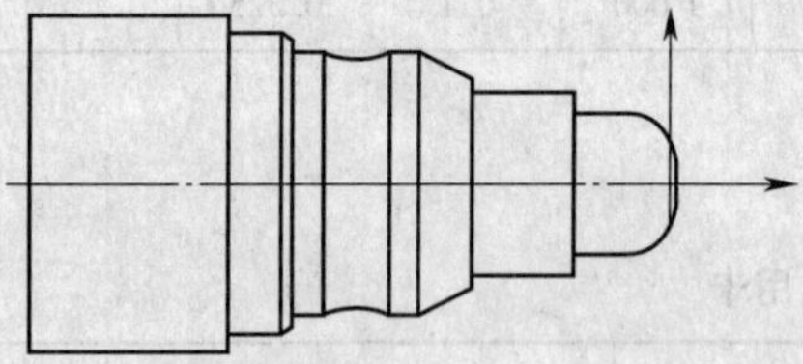	

2.2.7 加工程序

1. 工件左端加工程序 O1111（见表 2—12）

表 2—12　　工件左端加工程序 O1111

程　序	注　释
O1111；	程序名
G28 U0；	设置中心钻定位切削参数
G28 W0；	
T0505；	
M04 S2000；	
M08；	
G00 Z5.；	定位
G00 X0；	
G01 Z－3. F0.1；	中心钻定位加工

续表

程　　序	注　　释
G00 Z5.;	退刀
T0500;	
G28 U0;	
G28 W0;	
M09;	
T0606;	设置麻花钻孔加工切削参数
M04 S500;	
M08;	
G00 Z5.;	定位
G00 X0;	
G74 R0.5;	麻花钻孔加工
G74 X0 Z-42. Q5. F0.3;	
T0600;	退刀
G28 U0;	
G28 W0;	
M09;	
T0101;	设置外轮廓粗加工切削参数
M04 S800;	
M08;	
G00 Z5.;	定位
G00 X52.;	
G71 U2. R1.;	外轮廓粗加工
G71 P10 Q20 U0.5 W0.2 F0.2;	
N10 G42 G01 X38. F0.1;	
Z1.;	
X42. Z-1.;	
Z-28.95;	
X44.;	
X48. Z-30.95;	
Z-40.;	
G01 X50.;	
N20 G40 G01 X52.;	
T0100;	退刀
G28 U0;	

续表

程　序	注　释
G28 W0;	退刀
M09;	
M05;	
M00;	
T0101;	设置外轮廓精加工切削参数
M04 S1000;	
M08;	
G00Z5.;	定位
G00 X52.;	
G70 P10 Q20 F0.1;	外轮廓精加工
T0100;	退刀
G28 U0;	
G28 W0;	
M09;	
M05;	
M00;	
T0202;	设置内轮廓粗加工切削参数
M04 S800;	
M08;	
G00 Z5.;	定位
G00; X23.;	
G71 U1. R0.5;	内轮廓粗加工
G71 P30 Q40 U-0.5 W0.2 F0.2;	
N30 G41 G00 X35. F0.1;	
G01 Z1.;	
G01 X30.05 Z-1.5;	
G01 Z-15.;	
G01 X28.039;	
G01 Z-30.;	
G01 X28.;	
N40 G40 X23.;	
T0200;	退刀
G28 U0;	

续表

程　序	注　释
G28 W0；	退刀
M09；	
M05；	
M00；	
T0202；	设置内轮廓精加工切削参数
M04 S1000；	
M08；	
G00 Z5.；	定位
G00 X23.；	
G70 P30 Q40 F0.1；	内轮廓精加工
T0200；	退刀
G28 U0；	
G28 W0；	
M09；	
M05；	
M00；	
T0303；	设置螺纹退刀槽切削参数
M04 S400；	
M08；	
G00 X25.；	定位
G00 Z5.；	
G01 Z-15；	
G75 R0.5；	螺纹退刀槽加工
G75 X34. Z-15. P1.5 F0.05；	
G00 Z5.；	退刀
T0300；	
G28 U0；	
G28 W0；	
T0404；	设置内螺纹粗加工切削参数
M03 S400；	
M08；	
G00 X25.；	定位
G00 Z5.；	

续表

程　　序	注　　释
G92 X30.35 Z-13. F1.5;	内螺纹粗加工
X30.75;	
X31.15;	
X31.45;	
X31.75;	
X32;	
T0400;	退刀
G28 U0;	
G28 W0;	
M09;	
M05;	
M00;	
T0404;	设置内螺纹精加工切削参数
M03 S300;	
M08;	
G00 X25.;	定位
G00 Z5.;	
G92 X31.85 Z-13. F1.5;	内螺纹精加工
T0400;	退刀
G28 U0;	
G28 W0;	
M30;	程序结束

2. 工件右端加工程序 O1112（见表2—13）

表 2—13　　　　工件右端加工程序 O1112

程　　序	注　　释
O1112;	程序名
G28 U0;	设置外轮廓粗加工切削参数
G28 W0;	
T0101;	
M04 S800;	
M08;	
G00 Z5.;	定位
G00 X52.;	

续表

程　序	注　释
G73 U25. W0 R25;	外轮廓粗加工
G73 P10 Q20 U0.5 W0.1 F0.2;	
N10 G42 G00 X0 F0.1;	
G01 Z1.;	
G03 X22. Z-10. R11.;	
G01 Z-15.;	
G01 X24.;	
G03 X28. W-2. R2.;	
G01 Z-31.;	
X32.;	
X40. W-8.;	
W-5.;	
G02 W-10. R10.;	
G01 Z-59.;	
X44.;	
U4. W-2.;	
G01 X50.;	
N20 G40 G01 X52.;	
T0100;	退刀
G28 U0;	
G28 W0;	
M05;	
M09;	
M00;	
T0101;	设置外轮廓精加工切削参数
M04 S1000;	
M08;	
G00 Z5.;	定位
G00 X52.;	
G70 P10 Q20 F0.1;	外轮廓精加工
T0100;	退刀
G28 U0;	
G28 W0;	
M30;	程序结束

2.2.8 仿真加工

1. 选择机床

选用后置刀架数控车床和 FANUC 0i 数控系统。

2. 机床回零

X、Z 轴分别进行回零操作。

3. 安装零件

定义毛坯尺寸 ϕ50 mm × 100 mm，选用三爪自定心卡盘装夹零件。

4. 导入数控程序

导入编制的数控车削程序，工件左端加工程序 O1111，工件右端加工程序 O1112。

5. 检查运行轨迹

图形轨迹检查，程序修正。

6. 装刀具、对刀

选择外圆车刀刀尖角度 35°，内孔车刀刀尖角度 55°，内螺纹车刀 60°，内切槽刀 4 mm × 3 mm，采用试切削法对刀操作，设定工件右端面中心为工件坐标系 X0 与 Z0。

7. 设置参数

刀尖半径的补偿值，刀尖方位号。

8. 自动加工

按加工工艺仿真零件粗加工、半精加工与精加工。

2.3 盘套类零件车削仿真加工

2.3.1 仿真要求

1. 仿真操作条件

(1) 计算机。

(2) 数控加工仿真软件。

2. 仿真操作内容

(1) 编制数控加工工艺。

(2) 手工编制加工程序。

(3) 数控加工仿真。

3. 仿真操作要求

(1) 填写数控加工工艺卡片和数控刀具卡片。

(2) 虚拟外圆车刀和镗孔刀的刀尖圆弧半径不允许设定为零。

(3) 螺纹左旋、右旋以虚拟仿真机床为准。

(4) 每次装夹加工只允许有一个主程序。

2.3.2　加工图样

车削仿真加工盘套类零件如图 2—4 所示。

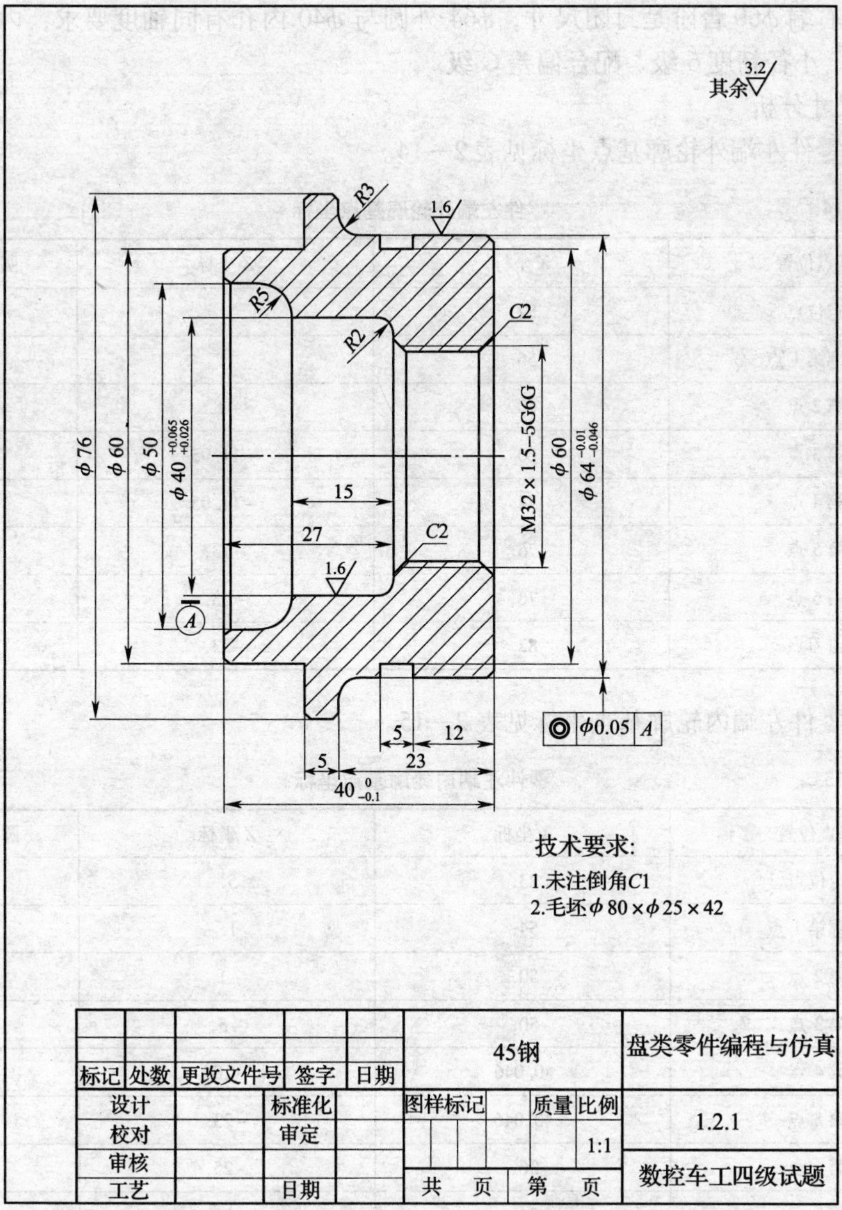

图 2—4　盘类零件车削仿真加工图

2.3.3　图样分析

1. 图形分析

(1) 零件左端外轮廓倒角 $C1$、外圆 $\phi60\times11.95$、倒角 $C1$、外圆 $\phi76\times5$，左端内轮廓倒角 $C1$、$\phi50\times6$、圆弧 $R5$、$\phi40\times13$、圆弧 $R2$、$C2$、M32 × 1.5 右旋内

螺纹。

（2）零件右端外轮廓倒角 $C1$、$\phi64\times20$、圆弧 $R3$、倒角 $C1$。

（3）右端外圆上有直槽 $\phi60\times5$。

（4）右端 $\phi60$ 台阶是封闭尺寸，$\phi64$ 外圆与 $\phi40$ 内孔有同轴度要求，内螺纹中径精度 5 级、小径精度 6 级、配合偏差 G 级。

2. 尺寸分析

（1）零件左端外轮廓基点坐标见表 2—14。

表 2—14　零件左端外轮廓基点坐标

基点位置	X 坐标	Z 坐标	圆弧半径
定位点	82.	5.	—
轮廓第 1 点	56.	1.	—
第 2 点	60.	-1.	—
第 3 点	60.	-11.95	—
第 4 点	74.	-11.95	—
第 5 点	76.	-13.	—
第 6 点	76.	-23.	—
退刀点	82.	-23.	—

（2）零件左端内轮廓基点坐标见表 2—15。

表 2—15　零件左端内轮廓基点坐标

基点位置	X 坐标	Z 坐标	圆弧半径
定位点	23.	5.	—
轮廓第 1 点	54.	1.	—
第 2 点	50.	-1.	—
第 3 点	50.	-5.	—
第 4 点	40.046	-10.	5.
第 5 点	40.046	-23.	—
第 6 点	36.	-25.	2.
第 7 点	34.	-25.	—
第 8 点	30.05	-27.	倒角 C2
第 9 点	30.05	-41.	—
第 10 点	25.	-41.	—
退刀点	23.	-41.	—

（3）零件右端外轮廓基点坐标见表2—16。

表2—16　零件右端外轮廓基点坐标

基点位置	X坐标	Z坐标	圆弧半径
定位点	82.	5.	—
轮廓第1点	60.	1.	—
第2点	64.	-1.	—
第3点	64.	-20.	—
第4点	70.	-23.	3.
第5点	74.	-23.	—
第6点	78.	-25.	—
第7点	80.	-25.	—
退刀点	82.	-25.	—

（4）零件右端外轮廓割槽尺寸5×2。

（5）零件右端内轮廓基点坐标见表2—17。

表2—17　零件右端内轮廓基点坐标

基点位置	X坐标	Z坐标	圆弧半径
定位点	23.	5.	—
轮廓第1点	36.	1.	—
第2点	28.	-3.	—
退刀点	23.	-3.	—

（6）零件右端内螺纹基点坐标见表2—18。

表2—18　零件右端内螺纹基点坐标

基点位置	X坐标	Z坐标	圆弧半径
定位点	23.	5.	—
轮廓第1点	30.5	-41.	—
第2点	30.9	-41.	—
第3点	31.2	-41.	—
第4点	31.5	-41.	—
第5点	31.7	-41.	—
第6点	31.85	-41.	—
退刀点	23.	5.	—

3．加工精度要求（见表2—19）

表2—19　加工精度要求　mm

加工尺寸	对象	加工要求	上偏差	下偏差
40	内孔直径	定形尺寸精度	0.065	0.026
64	外圆柱直径	定形尺寸精度	−0.01	−0.046
40	工件总长度	定位尺寸精度	0	−0.1
64	外圆柱直径	同轴度（基准面 *A*）	0.05	
M32×1.5	内螺纹	中径精度5级、小径精度6级	配合偏差G级	

4．加工质量分析

（1）ϕ64 mm外圆与ϕ40 mm内孔表面粗糙度要求1.6 μm，通过精加工保证。

（2）其余加工表面粗糙度要求3.2 μm，通过半精加工保证。

2.3.4　加工工艺分析

1．刀具选择

（1）选择外圆左偏刀刀尖角80°，主偏角95°。

（2）选择内孔刀刀尖角55°，主偏角93°。

（3）选择内孔螺纹刀刀尖角60°。

（4）选择割槽刀刀具参数5 mm×3 mm。

2．加工方法

有公差的尺寸加工均考虑粗加工、半精加工与精加工，加工余量分配表见表2—20。

表2—20　加工余量分配表　mm

加工方法	径向尺寸	轴向尺寸	备注
粗加工余量	0.5	0.2	指令设定
半精加工余量	0.15	0.1	磨耗设定
精加工余量	0	0	测量调整

3．加工顺序

先加工零件左端内外轮廓，后加工零件右端内外轮廓。

4．测量项目（见表2—21）

表2—21　测量项目表　mm

测量项目	加工尺寸	上偏差	下偏差	公差	极限尺寸MAX	极限尺寸MIN
内孔直径	ϕ40	0.065	0.026	0.039	40.065	40.026
外圆柱直径	ϕ64	−0.01	−0.046	0.036	63.99	63.954
零件长度	40	0	−0.1	0.1	40	39.9

5. 加工尺寸计算（见表2—22）

表2—22　　加工尺寸计算　　mm

公称尺寸	上偏差	下偏差	公差	中间偏差	中间值
$\phi40$	0.065	0.026	0.039	0.046	40.046
$\phi64$	-0.01	-0.046	0.036	-0.028	63.972
40	0	-0.1	0.1	-0.05	39.95
$\phi60$ 台阶封闭尺寸	(MAX12)	(MIN11.9)	0.1	-0.05	11.95

（1）计算 $\phi60$ 阶梯轴长

$\phi60$ 阶梯轴长 MAX = 40 - (5 + 23) = 12

$\phi60$ 阶梯轴长 MIN = (40 - 0.1) - (5 + 23) = 11.9

（2）计算 $\phi64$ 阶梯轴长

$\phi64$ 阶梯轴长 = 23 - (5 + 13) = 15

（3）螺纹参数计算

M32 × 1.5 大径 = 32

M32 × 1.5 小径 = 32 - 1.5 × 1.1 = 30.35

2.3.5　加工工艺

1. 加工工艺卡（见表2—23）

表2—23　　加工工艺卡

数控车床仿真加工工艺卡				零件代号		材料名称		零件数量
				1.2.1		45 钢		1
设备名称	数控车床	系统型号	FANUC 0i	夹具名称	三爪自定心卡盘		毛坯尺寸	$\phi80$ mm × $\phi25$ mm × 42 mm
工序号	工序内容			刀具号	主轴转速 (r/min)	进给量 (mm/r)	背吃刀量 (mm)	备注
	装夹 $\phi80$ mm × 20 mm							
1	粗车左端外轮廓			1	600	0.2	1	
2	精车左端外轮廓			1	800	0.1	0.325	
3	粗车左端内轮廓			2	600	0.2	1	
4	精车左端内轮廓			2	800	0.1	0.325	
5	粗车内螺纹 M32 × 1.5			3	400	1.5		
6	精车内螺纹 M32 × 1.5			3	300	1.5		
	掉头装夹 $\phi60$ mm × 12 mm							
7	粗车右端外轮廓			1	600	0.2	1	
8	精车右端外轮廓			1	800	0.1	0.325	
9	外圆切槽			4	400	0.05	4	
10	右端内孔倒角			2	800	0.1		

2. 刀具选用卡（见表 2—24）

表 2—24　　刀具选用卡

序号	刀具号	刀具名称	刀片/刀具规格	刀尖圆弧（mm）	刀具材料	备注
1	1	外圆车刀	80°	0.4	P20	
2	1	外圆车刀	80°	0.4	P20	
3	2	内孔车刀	55°	0.4	P20	
4	2	内孔车刀	55°	0.4	P20	
5	3	内螺纹车刀	60°，螺距 1.5 mm		P20	
6	3	内螺纹车刀	60°，螺距 1.5 mm		P20	
7	1	外圆车刀	80°	0.4	P20	
8	1	外圆车刀	80°	0.4	P20	
9	4	外切槽刀	5 mm × 3 mm		P20	
10	2	内孔车刀	55°	0.4	P20	

2.3.6　工件坐标系与走刀轨迹（见表 2—25）

表 2—25　　工件坐标系与走刀轨迹

1. 车削轴左端外轮廓	2. 车削轴左端内轮廓
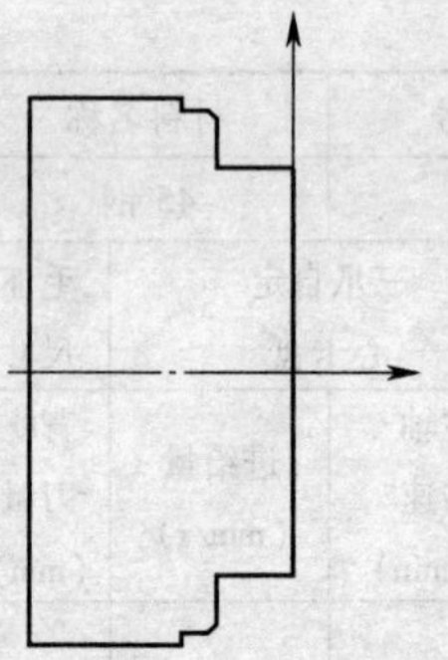	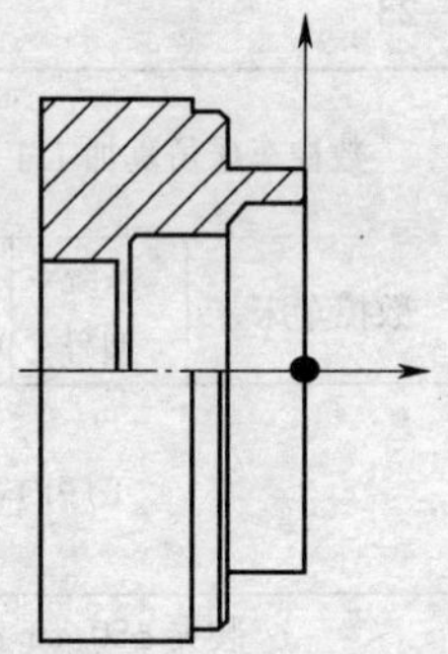
3. 车削轴右端外轮廓	4. 车削轴右端内轮廓
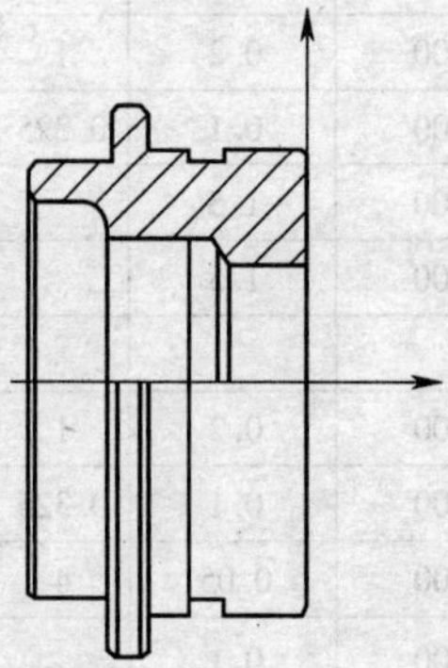	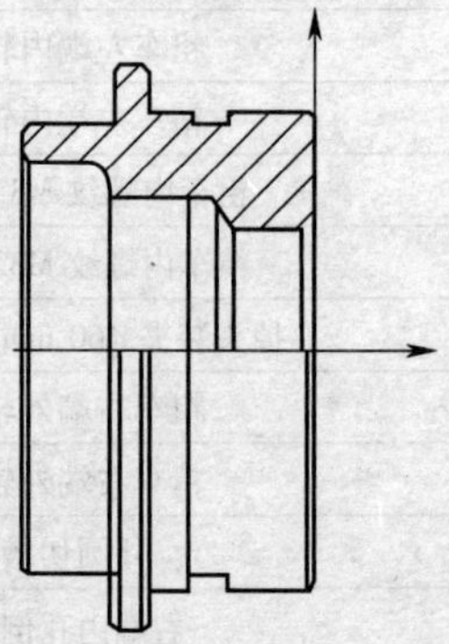

2.3.7 加工程序

1. 工件左端加工程序 O1211（见表 2—26）

表 2—26 工件左端加工程序 O1211

程 序	注 释
O1211；	程序名
G28 U0；	外轮廓粗加工切削参数
G28 W0；	
T0101；	
M04 S600；	
M08；	
G00 Z5.；	定位
G00 X82.；	
G71 U1. R0.5；	外轮廓粗加工
G71 P10 Q20 U0.5 W0.2 F0.2；	
N10 G42 G00 X56. F0.1；	
G01 Z1. F0.1；	
X60. Z-1.；	
Z-11.95；	
X74.；	
G01 X76. Z-13.；	
G01 Z-23.；	
G01 X80.；	
N20 G40 G01 X82.；	
T0100；	退刀
G28 U0；	
G28 W0；	
M09；	
M05；	
M00；	
T0101；	外轮廓精加工切削参数
M04 S800；	
M08；	
G00 Z5.；	定位
G00 X82.；	
G70 P10 Q20；	外轮廓精加工

续表

程　序	注　释
T0100;	退刀
G28 U0;	
G28 W0;	
M09;	
M05;	
M00;	
T0202;	内轮廓粗加工切削参数
M04 S600;	
M08;	
G00 Z5.;	定位
G00 X23.;	
G71 U2. R0.5;	内轮廓粗加工
G71 P30 Q40 U-0.5 W0.2 F0.2;	
N30 G41 G01 X54. F0.1;	
Z1.;	
X50. Z-1.;	
Z-5.;	
G03 X40.046 Z-10. R5.;	
G01 Z-23.;	
G03 X36. Z-25. R2.;	
G01 X34.;	
G01 X30.05 Z-27.;	
G01 Z-41.;	
G01 X25.;	
N40 G40 G01 X23.;	
T0200;	退刀
G28 W0;	
G28 U0;	
M09;	
M05;	
M00;	
T0202;	内轮廓精加工切削参数
M04 S800;	
M08;	

续表

程　　序	注　　释
G00 Z5.;	定位
G00 X23.;	
G70 P30 Q40 F0.1;	内轮廓精加工
T0200;	退刀
G28 U0;	
G28 W0;	
M09;	
M05;	
M00;	
T0303;	粗车内螺纹切削参数
M03 S400;	
M08;	
G00 X23.;	粗车内螺纹定位
G00 Z5.;	
G92 X30.35 Z-41. F1.5;	粗车内螺纹
X30.75;	
X31.15;	
X31.45;	
X31.74;	
X32;	
T0300;	退刀
G28 U0;	
G28 W0;	
M09;	
M05;	
M00;	
T0303;	精车内螺纹切削参数
M03 S300;	
M08;	
G00 X23.;	定位
G00 Z5.;	
G92 X31.85 Z-41. F1.5;	精车内螺纹
T0300;	退刀
G28 U0;	
G28 W0;	
M30;	程序结束

2. 工件右端加工程序 O1212（见表 2—27）

表 2—27　　　　工件右端加工程序 O1212

程　序	注　释
O1212；	程序名
G28 U0；	外轮廓粗加工切削参数
G28 W0；	
T0101；	
M04 S600；	
M08；	
G00 Z5.；	定位
G00 X82；	
G71 U2. R0.5；	外轮廓粗加工
G71 P10 Q20 U0.5 W0.2 F0.2；	
N10 G42 G00 X60.；	
G01 Z1. F0.1；	
X64. Z-1.；	
Z-20.；	
G02 X70. Z-23. R3.；	
G01 X74.；	
G01 X78. Z-25.；	
G01 X80.；	
N20 G40 G01 X82.；	
T0100；	退刀
G28 U0；	
G28 W0；	
M09；	
M05；	
M00；	
T0101；	外轮廓精加工切削参数
M04 S800；	
M08；	
G00 Z5.；	定位
G00 X82.；	
G70 P10 Q20 F0.1；	外轮廓精加工

续表

程 序	注 释
T0100;	退刀
G28 W0;	
G28 U0;	
M09;	
M05;	
M00;	
T0404;	外槽切削参数
M04 S400;	
M08;	
G00 Z5.;	定位
G00 X66.;	
G00 Z-17.;	
G75 R0.5;	外槽切削
G75 X60. Z-17. P2. F0.05;	
T0400;	退刀
G28 U0;	
G28 W0;	
M09;	
M05;	
T0202;	内轮廓倒角切削参数
M04 S800;	
M08;	
G00 X23.;	定位
G00 Z5.	
G01 X36.;	内轮廓倒角
G01 Z1. F0.1;	
G01 X28. Z-3.;	
G01 X23. Z-3.;	
G01 X23. Z5.;	
T0200;	退刀
G28 U0;	
G28 W0;	
M30;	结束指令

2.3.8 仿真加工

1. 选择机床

选用后置刀架数控车床与 FANUC 0i 数控系统。

2. 机床回零

X、Z 轴分别进行回零操作。

3. 安装零件

定义毛坯尺寸 ϕ80 mm×ϕ25 mm×42 mm，选用三爪自定心卡盘装夹零件。

4. 导入数控程序

导入编制的数控车削程序，工件左端加工程序 O1211，工件右端加工程序 O1212。

5. 检查运行轨迹

检查轮廓轨迹并修正加工程序。

6. 装刀具、对刀

（1）选用外圆车刀刀尖角 80°、主偏角 95°。

（2）选用内孔车刀刀尖角 55°、主偏角 93°。

（3）选用内螺纹车刀刀尖角 60°。

（4）选用外切槽刀 5 mm×3 mm。

（5）分别用试切削法对刀，推算刀具几何尺寸补偿值。

（6）采用试切削对刀方法，以工件右端面中心为工件坐标系原点。

7. 设置参数

输入刀具几何尺寸补偿值 X 与 Y、刀尖半径的补偿值 R，刀尖方位号 T。

8. 自动加工

按加工工艺仿真零件粗加工、半精加工与精加工。

2.4 数控铣床（FANUC－0i 系统）仿真加工

数控机床仿真软件能够虚拟数控机床的操作、编程与加工，是学习与掌握数控机床操作技能的捷径，本节以数控铣床与 FANUC－0i 数控系统为例，介绍数控铣床仿真软件的应用。

2.4.1 机床面板简介

1. CRT/MDI 系统面板

FANUC 0i 铣床 CRT/MDI 系统面板如图 2—5 所示，左侧为 CRT 显示屏，右侧为 MDI 手动数控输入面板，通过 CRT/MDI 系统面板完成程序名的新建、程序的输入、编辑等操作。

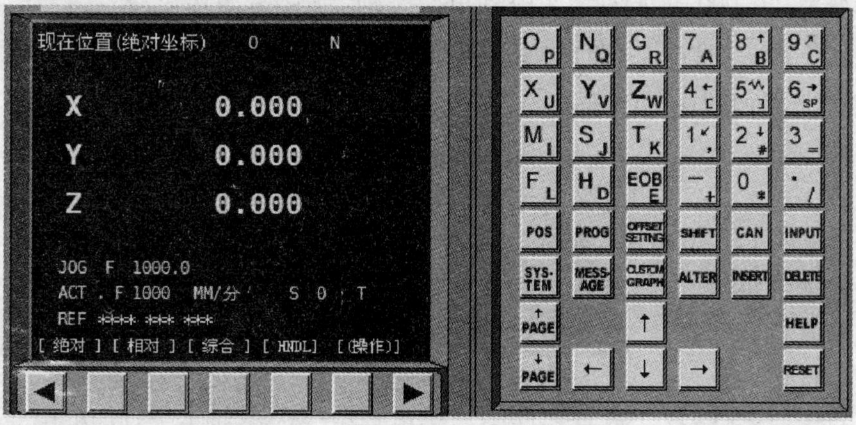

图 2—5　铣床 CRT/MDI 系统面板

2．操作面板

FANUC 0i 铣床操作面板如图 2—6 所示，通过操作面板完成启动、停止、超程释放、急停等机床操作。

图 2—6　铣床操作面板

2.4.2　仿真加工步骤

1．选择机床

点击“机床”/“选择机床…”对话框，在“控制系统”中选择 FANUC 0i 系统，机床类型选择立式铣床，单击“确定”按钮。

在任务栏上单击  选项按钮，出现选项对话框，将 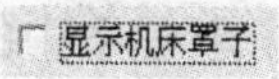 项前的勾去掉。

2．机床回零

在回原点模式下，先将 Z 轴回原点，点击操作面板上的 Z 方向，使 Z 轴方向移动指示灯变亮，单击  按钮，此时 Z 轴将回原点，同时 Z 轴回原点灯变亮 ，CRT 上

的 Z 坐标变为“0.000”。同样，再分别单击 X 轴、Y 轴方向按钮 X 、Y ，使相应指示灯变亮，单击 + 按钮，此时 X 轴、Y 轴将回原点，同时 X 轴、Y 轴回原点指示灯 、 变亮，此时机床完成回零。

3. 安装零件

（1）点击“零件”/“定义毛坯…”菜单，在“定义毛坯”中输入零件尺寸，名称默认为“毛坯 1”，并单击“确定”按钮。

（2）点击“零件”/“安装夹具…”菜单，在“选择夹具”对话框中，“选择零件”栏中选取“毛坯 1”，“选择夹具”栏中选取“卡盘”，用向上键调整毛坯位置，单击“确定”按钮。

（3）点击“零件”/“放置零件…”菜单，在“选择零件”对话框中，选取类型为“选择毛坯”，选取名称为“毛坯 1”的零件，并单击“安装零件”按钮，界面上出现控制零件移动的面板，可以用其移动零件；当单击面板上的退出按钮时，关闭该面板，此时零件已经放置在机床工作台面上。

4. 导入 NC 程序

（1）单击操作面板上的编辑按钮 ，进入编辑状态。

（2）点击 MDI 键盘上的程序键 PROG，CRT 界面转入编辑页面。

（3）点击软键 [(操作)]，在出现的子菜单中点击软键 ▶，显示软键 [F检索]，点击此软键，在弹出的对话框中选择所需的 NC 程序。

（4）单击“打开”按钮。在同一级菜单中，单击软键 [READ]，通过 MDI 键盘上的数字/字母键，输入程序名，单击软键 [EXEC]，则数控程序显示在 CRT 界面上。

5. 检查运行轨迹

（1）单击操作面板上的自动运行按钮 ，进入自动加工模式。

（2）单击 MDI 键盘上的程序键 PROG，将选定的数控程序显示在 CRT 界面上。

（3）单击 CUSTOM GRAPH 键，进入检查运行轨迹模式，单击操作面板上的循环启动按钮 ，即可观察数控程序的运行轨迹。通常情况下，图中红线代表刀具快速移动的轨迹，绿线代表刀具切削的轨迹。

6. 装刀具、对刀

运行轨迹正确，表明输入的程序基本正确，使用基准工具进行 X、Y 轴对刀，建立 X、Y 轴原点在机床坐标系中的坐标值；更换选用的刀具进行 Z 轴对刀，从而建立 Z 轴原点在机床坐标系中的坐标值。

7. 设置参数

刀具补偿参数默认为 0。

（1）确定 G54 工件坐标系方法，在 MDI 键盘上点击 OFFSET SETTING 键 3 次，进入坐标系参数设定界面，通过 MDI 键盘在 G54 指令中输入工件坐标系原点在机床坐标系中的坐标值。

（2）输入刀具半径补偿参数，点击 MDI 界面上的 OFFSET SETTING 键，进入补偿参数设定界面，利用方位键 ↑、↓、←、→ 将光标移到对应刀具的“形状（D）”栏，通过 MDI 键盘上的数字/字母键，输入刀具半径补偿值，点击软键 [输入]，在数控系统中寄存刀具半径补偿参数。

8．自动加工

完成对刀操作、设置了刀具半径的补偿参数、导入数控程序后，就可以开始自动加工了。先对机床回零操作，然后单击操作面板上的自动运行按钮，使其指示灯亮，进入自动加工模式，单击循环启动按钮，仿真数控铣床对零件进行自动加工。

2.5　板类零件铣削仿真加工

2.5.1　仿真要求

1．仿真操作条件

（1）计算机。

（2）数控加工仿真软件。

2．仿真操作要求

（1）编制数控加工工艺。

（2）选用数控铣床、铣削刀具与工件毛坯。

（3）手工编制加工程序。

（4）数控铣床仿真加工。

2.5.2　加工图样（见图 2—7）

2.5.3　图样分析

1．图形分析

图示零件有 2 层凸台轮廓，第一层凸台高 5 mm，左右轮廓是对称分布的凹圆弧，凸台轮廓表面上有 3 个 ϕ12 mm 深 10 mm 孔；第二层凸台轮廓高 4 mm，左右轮廓是对称分布的凸圆弧，凸台轮廓表面上有 4 个对称分布深 4 mm 的圆弧槽。工件坐标系设定在零件对称面与上表面的交点上。

2．尺寸分析

（1）第一层凸台轮廓尺寸

凸台由 2 条凹圆弧（半径 350 mm）组成，圆弧端点坐标为已知值。

1）第一层凸台轮廓铣削方法。凸台轮廓底平面铣削面积较大，采用行切削方法铣削凸台。

2）行切削法参数计算：

选用 ϕ12 mm 键槽铣刀。

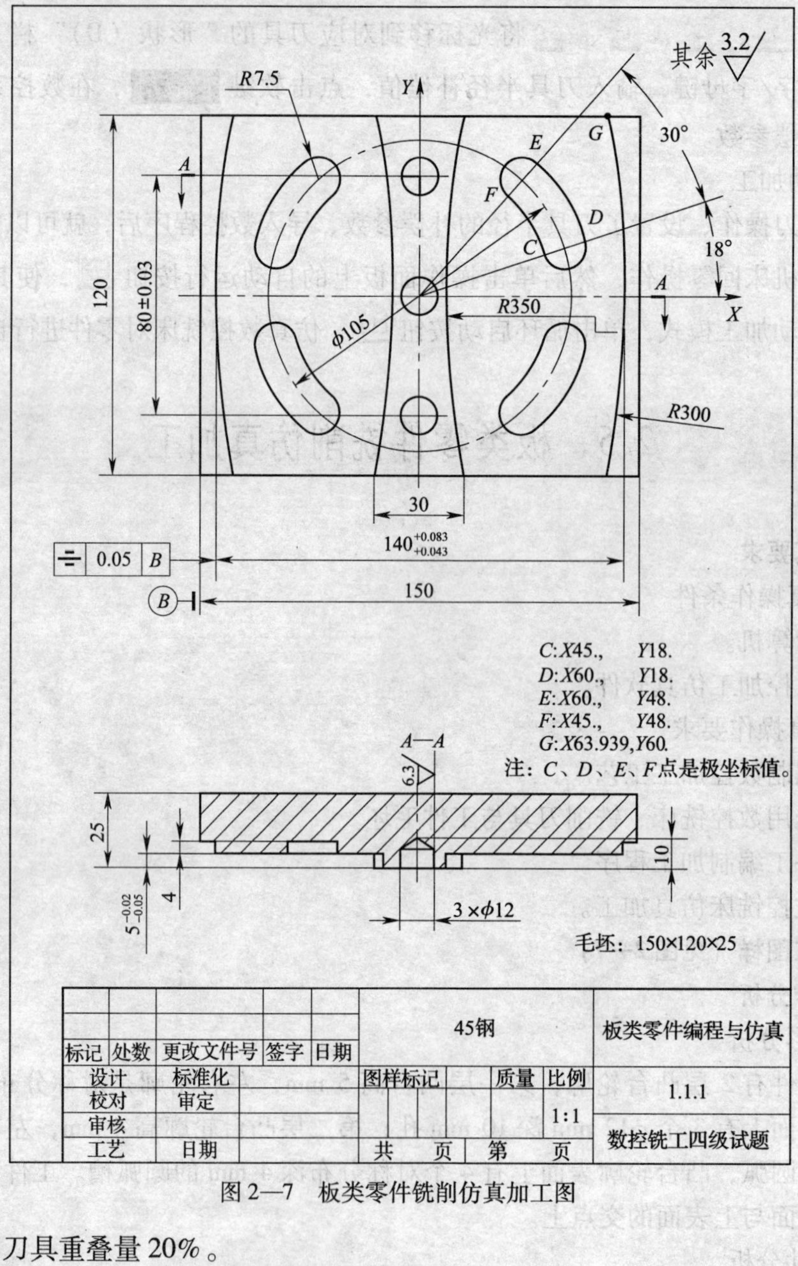

图 2—7　板类零件铣削仿真加工图

行切削刀具重叠量 20%。

行切削法步距 = 12 ×（1 − 20%）= 9.6 ≈ 10

（150 − 30）/2 = 12 + 10 ×（2 × N − 1）

行切削法循环次数 = N = ｛［（150 − 30）/2 − 12］/10 + 1｝/2 = 2.9 ≈ 3

3）凸台右轮廓切削加工方法。切入定位点设在右上角（85、60），行切削循环体包括 G03 圆弧铣削、X 正方向进给铣削、G02 圆弧铣削、X 正方向进给铣削 4 条指令。用刀心轮廓轨迹法编程，行切削法循环体起点坐标推算见表 2—28。

表 2—28　　行切削法循环体起点坐标推算

基点位置	X 坐标	Y 坐标
切入定位点	85.	60.
第一个循环体起点坐标	21.	60.
第二个循环体起点坐标	41.	60.
第三个循环体起点坐标	61.	60.
切出退刀点	85.	60.

4）凸台左轮廓切削加工方法。切入定位点设在左上角（-85、60），凸台左轮廓与右轮廓对称于 Y 轴，采用镜像变换方法铣削凸台左轮廓。

（2）第二层凸台轮廓尺寸

凸台由 2 条半径为 300 mm 凸圆弧组成，圆弧端点坐标为已知值，凸台轮廓轨迹基点坐标见表 2—29。

表 2—29　　凸台轮廓轨迹基点坐标

基点位置	X 坐标	Y 坐标	圆弧半径
切入定位点	90.	0	—
切入中间点	80.	10.	—
轮廓第 1 点	70.	0	10.
第 2 点	63.939	-60.	300.
第 3 点	-63.939	-60.	—
第 4 点	-63.939	60.	300.
第 5 点	63.939	60.	—
第 6 点	70.	0	300.
切出中间点	80.	-10.	10.
退刀点	90.	0	—

（3）圆弧槽轮廓尺寸

1）圆弧槽轮廓加工方法（第一象限）。圆弧槽轮廓在第二层凸台表面上，每个圆弧槽轮廓由 4 条圆弧组成，其中 2 条圆弧半径为 R7.5，其余圆弧半径分别为 R45 与 R60。4 个圆弧槽轮廓对称分布，可用轴对称方法进行加工。

2）第一象限圆弧槽轮廓加工。第一象限圆弧槽切入点坐标计算公式见表 2—30，圆弧槽轮廓用极坐标指令 G16 编程轮廓基点坐标 C、D、E、F 见表 2—31。

表 2—30　　第一象限圆弧槽切入点坐标计算公式

基点	X 坐标	Y 坐标
圆弧槽切入定位点	(30.111 + 40.148) /2 = 35.13	(33.442 + 44.589) /2 = 39.016

表 2—31 第一象限圆弧槽轮廓基点坐标

基点位置	X 坐标	Y 坐标	圆弧半径
切入定位点	35.13	39.016	—
切入中间点（E）	60.	48.	—
轮廓第 1 点（F）	45.	48.	7.5
第 2 点（C）	45.	18.	45.
第 3 点（D）	60.	18.	7.5
第 4 点（E）	60.	48.	60.
切出中间点（F）	45.	48.	7.5
退刀点	35.13	39.016	

3）其余象限圆弧槽轮廓加工。第二象限、第三象限、第四象限的圆弧槽轮廓分别与第一象限的圆弧槽轮廓呈对称关系，运用镜像指令铣削加工，4 个象限圆弧槽轮廓加工切入点见表 2—32。

表 2—32 4 个象限圆弧槽轮廓加工切入点坐标

基点位置	X 坐标	Y 坐标	加工方法
第一象限	35.13	39.016	
第二象限	-35.13	39.016	对称 Y 轴
第三象限	-35.13	-39.016	对称原点
第四象限	35.13	-39.016	对称 X 轴

（4）孔加工定位与定形尺寸

第一层凸台上表面 3 个 $\phi12$ mm 深 10 mm 孔的定位与定形尺寸见表 2—33。

表 2—33 孔的定位与定形尺寸 mm

加工对象	X 坐标	Y 坐标	定形尺寸
第 1 孔	0	40.	$\phi12.$
第 2 孔	0	0	$\phi12.$
第 3 孔	0	-40.	$\phi12.$

3. 加工精度要求（见表 2—34）

表 2—34 加工精度要求 mm

加工对象	加工尺寸	加工要求	上偏差	下偏差
凸圆弧轮廓	140	定位尺寸精度	0.083	0.043
孔中心距	80	定位尺寸精度	0.03	-0.03
第一层凸台高度	5	定位尺寸精度	-0.02	-0.05
第二层凸台圆弧	140	对称度（基准面 B）	0.05	

4．加工质量分析

（1）3 个 $\phi 12$ mm 孔表面粗糙度要求 6.3 μm，钻孔能达到表面粗糙度要求。

（2）其余加工表面粗糙度要求 3.2 μm，铣削加工能达到表面粗糙度要求。

2.5.4　加工工艺分析

1．刀具选择

（1）圆弧槽最小圆弧半径 $R7.5$ mm，选用键槽铣刀 $\phi 12$ mm。

（2）3 个 $\phi 12$ mm 孔有定位精度要求，选用 $\phi 3$ mm 中心钻定位。

（3）3 个 $\phi 12$ mm 孔加工，选用 $\phi 12$ mm 麻花钻加工。

2．加工方法

（1）加工余量

为保证零件加工精度，采用粗加工、半精加工与精加工加工工艺，选用 $\phi 12$ mm 键槽铣刀，通过刀具半径补偿方法分配加工余量（见表 2—35）。

表 2—35　　加工余量分配表　　mm

加工方法	刀具半径补偿量	备注
粗加工余量	6.3	刀补参数设置
半精加工余量	6.1	刀补参数设置
精加工余量	6.	测量调整参考值

（2）测量计算调整刀具半径补偿量

1）凸台加工

ΔD = 实测值 − 理论值

D = 半精加工刀具半径补偿量 − ΔD（正值补偿，负值说明超差）

2）型腔加工

ΔD = 理论值 − 实测值（正值补偿，负值说明超差）

D = 半精加工刀具半径补偿量 − ΔD

3．加工顺序

按先近后远加工原理，从上到下分层铣削各层轮廓。

4．测量项目（见表 2—36）

表 2—36　　测量项目表　　mm

测量项目	加工尺寸	上偏差	下偏差	公差	极限尺寸 MAX	极限尺寸 MIN
凸圆弧轮廓	140.	0.083	0.043	0.04	140.083	140.043
孔中心距	80.	0.03	−0.03	0.06	80.03	79.97
凹面凸台高度	5.	−0.02	−0.05	0.03	4.98	4.95

2.5.5　加工工艺

1．加工工艺卡（见表2—37）

表2—37　　　　**加工工艺卡**

<table>
<tr><td colspan="4" rowspan="2">数控铣床仿真加工工艺卡</td><td colspan="2">零件代号</td><td colspan="2">材料名称</td><td>零件数量</td></tr>
<tr><td colspan="2">1.1.1</td><td colspan="2">45钢</td><td>1</td></tr>
<tr><td>设备名称</td><td>数控铣床</td><td>系统型号</td><td>FANUC 0i</td><td>夹具名称</td><td colspan="2">平虎钳</td><td>毛坯尺寸</td><td>150 mm × 120 mm × 25 mm</td></tr>
<tr><td>工序号</td><td colspan="3">工序内容</td><td>刀具号</td><td>主轴转速
（r/min）</td><td>进给量
（mm/min）</td><td>背吃刀量
（mm）</td><td>备注</td></tr>
<tr><td></td><td colspan="3">平虎钳装夹与找准工件</td><td></td><td></td><td></td><td></td><td></td></tr>
<tr><td>1</td><td colspan="3">粗铣第一层凸台</td><td>1</td><td>800</td><td>60</td><td>4.7</td><td></td></tr>
<tr><td>2</td><td colspan="3">精铣第一层凸台</td><td>1</td><td>1 000</td><td>60</td><td>0.3</td><td></td></tr>
<tr><td>3</td><td colspan="3">粗铣第二层凸台</td><td>1</td><td>800</td><td>60</td><td>3.7</td><td></td></tr>
<tr><td>4</td><td colspan="3">精铣第二层凸台</td><td>1</td><td>1 000</td><td>60</td><td>0.3</td><td></td></tr>
<tr><td>5</td><td colspan="3">粗削圆弧槽</td><td>1</td><td>800</td><td>60</td><td>3.7</td><td></td></tr>
<tr><td>6</td><td colspan="3">精铣圆弧槽</td><td>1</td><td>1 000</td><td>60</td><td>0.3</td><td></td></tr>
<tr><td>7</td><td colspan="3">中心钻定位</td><td>2</td><td>2 000</td><td>30</td><td></td><td></td></tr>
<tr><td>8</td><td colspan="3">钻孔</td><td>3</td><td>600</td><td>60</td><td></td><td></td></tr>
</table>

2．刀具选择卡（见表2—38）

表2—38　　　　**刀具选择卡**

序号	刀具号	刀具名称	刀具规格（mm）	刀具材料	备注
1	1	键槽铣刀	$\phi12$	高速钢	
2	1	键槽铣刀	$\phi12$	高速钢	
3	1	键槽铣刀	$\phi12$	高速钢	
4	1	键槽铣刀	$\phi12$	高速钢	
5	1	键槽铣刀	$\phi12$	高速钢	
6	1	键槽铣刀	$\phi12$	高速钢	
7	2	中心钻	$\phi3$	高速钢	
8	3	钻头	$\phi12$	高速钢	

2.5.6　工件坐标系与走刀轨迹（见表 2—39）

表 2—39　　　　**工件坐标系与走刀轨迹**

1．铣削右边凹圆弧凸台	2．铣削左边凹圆弧凸台
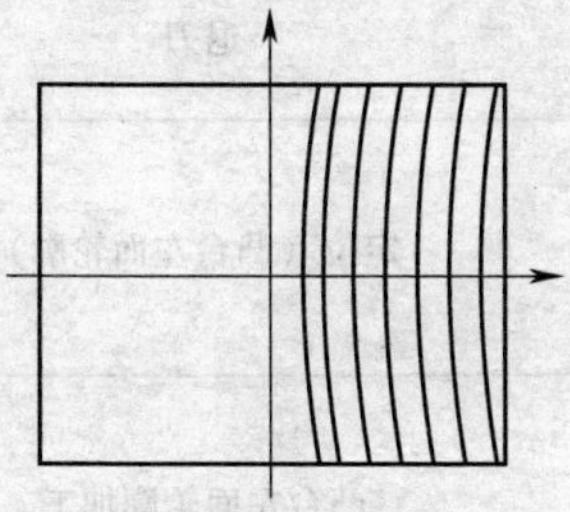	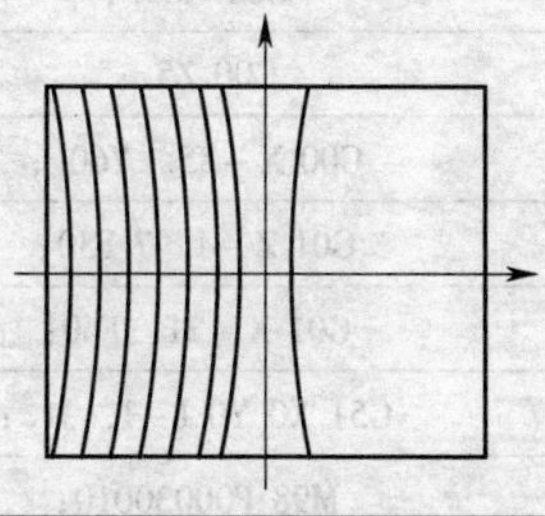
3．铣削凸圆弧凸台	4．铣削圆弧槽
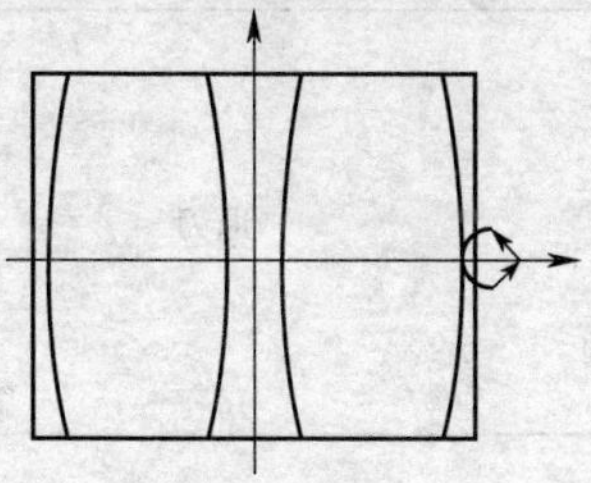	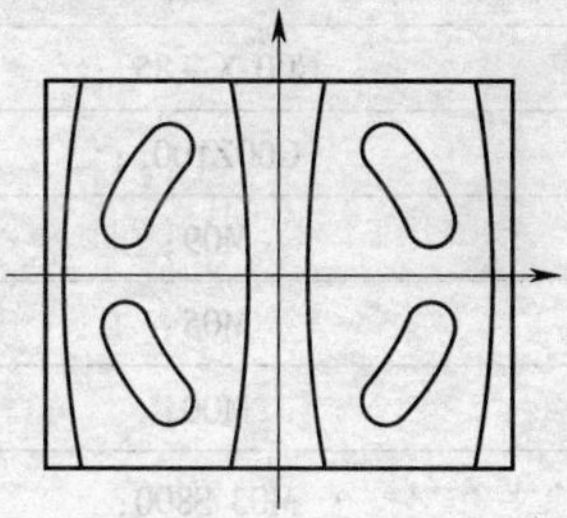
5．钻中心孔	6．钻孔
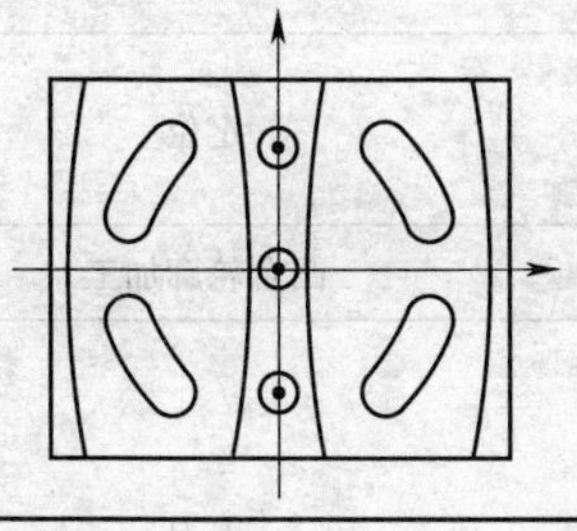	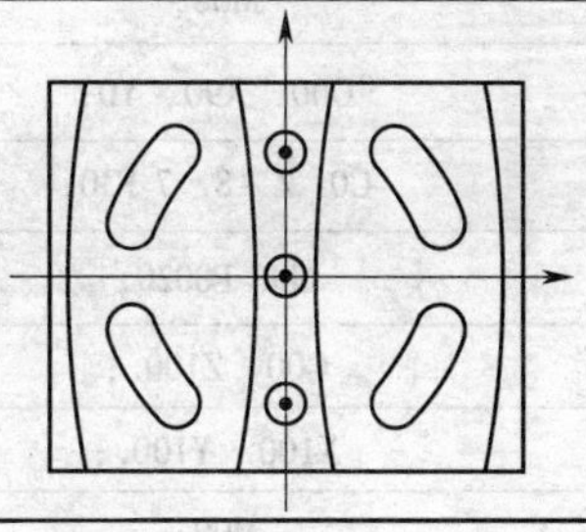

2.5.7　加工程序

1．轮廓铣削加工程序 O1111（见表 2—40）

表 2—40　　　　**轮廓铣削加工程序 O1111**

程　序	注　释
O1111；	程序名
G54；	设置铣削参数（第一层凸台轮廓）
M03 S800；	
M08；	
G00 X85．Y60．；	定位（凸台右面轮廓）
Z5．；	
G01 Z－4.7 F30；	
G01 X21．F60；	

续表

程　序	注　释
M98 P00030010；	凸台右面轮廓加工
G00 X85.；	退刀
G00 Z5.；	
G00 X－85. Y60.；	定位（凸台左面轮廓）
G01 Z－4. 7 F30；	
G01 X－21. F60；	
G51 X0 Y0 I－1. J1.；	凸台左面轮廓加工
M98 P00030010；	
G50；	
G00 X－85.；	退刀
G00Z100.；	
M09；	
M05；	
M00；	
M03 S800；	设置铣削参数（第二层凸台轮廓）
M08；	
G00　X90. Y0；	定位
G01 Z－8. 7 F30；	
M98 P0020；	凸台轮廓加工
G00　Z100.；	退刀
X100. Y100.；	
M09；	
M05；	
M00；	
G54；	设置铣削参数（圆弧槽）
M03 S800；	
M08；	
G00 X35. 13 Y39. 016；	定位（第1象限）
G01 Z－8.7 F30；	
M98 P0030；	圆弧槽加工
G00 Z5.；	退刀
G00 X－35.13 Y39. 016；	定位（第2象限）
G01 Z－8.7 F30；	

续表

程　序	注　释
G51 X0 Y0 I－1. J1.;	圆弧槽加工
M98 P0030;	
G50;	
G00 Z5.;	退刀
G00 X－35.13 Y－39.016;	定位（第3象限）
G01 Z－8.7 F30;	
G51 X0 Y0 I－1. J－1.;	圆弧槽加工
M98 P0030;	
G50;	
G00 Z5.;	退刀
G00 X35.13 Y－39.016;	定位（第4象限）
G01 Z－8.7 F30;	
G51 X0 Y0 I1. J－1.;	圆弧槽加工
M98 P0030;	
G50;	
G00 Z100.;	退刀
X100. Y100.;	
M30;	程序结束
O0010;	子程序名（第一层凸台右面轮廓）
G91;	加工程序
G03 Y－120. R350. F60;	
G01 X10.;	
G02 X0 Y120. R350.;	
G01 X10.;	
G90;	
M99;	结束指令
O0020;	子程序名（第二层凸台轮廓）
G41 G01 X80. Y10. D01 F60;	加工程序
G03 X70. Y0 R10.;	
G02 X63.939 Y－60. R300.;	
G01 X－63.939;	
G02 X－63.939 Y60. R300.;	
G01 X63.939;	

续表

程　序	注　释
G02 X70. Y0 R300.;	加工程序
G03 X80. Y-10. R10.;	
G40 G01 X90. Y0;	
M99;	结束指令
O0030;	子程序名（圆弧槽轮廓）
G41 G01 G16 X60. Y48. D01 F60;	加工程序（极坐标编程）
G03 X45. R7.5;	
G02 Y18. R45.;	
G03 X60. R7.5;	
G03 Y48. R60.;	
G03 X45. R7.5;	
G15;	
G40 G01 X35.13 Y39.016;	
M99;	结束指令

2. 中心钻加工程序 O1112（见表 2—41）

表 2—41　　中心钻加工程序 O1112

程　序	注　释
O1112;	设置中心钻定位参数
G55;	
M03 S2 000;	
M08;	
G00 X100. Y100. Z100.;	定位
G99 G81 X0 Y-40. Z-3. R5. F30;	中心钻钻削
Y0;	
Y40.;	
G80;	
G00 Z100.;	退刀
G00 X100. Y100.;	
M30;	程序结束

3. 钻孔加工程序 O1113（见表 2—42）

表 2—42　　钻孔加工程序 O1113

程　序	注　释
O1113；	麻花钻钻削参数
G56；	
M03 S600；	
M08；	
G00 X100. Y100. Z100.；	定位
G99 G73 X0 Y－40. Z－10. R5. Q2. F60；	麻花钻钻削
Y0；	
Y40.；	
G80；	
G00 Z100.；	退刀
G00 X100. Y100.；	
M30；	程序结束

2.5.8　仿真加工

1. 选择机床

选用数控铣床与 FANUC 0i 数控系统。

2. 机床回零

X、*Y*、*Z* 轴分别进行回零操作。

3. 安装零件

选用平虎钳装夹 150 mm × 120 mm × 25 mm 零件坯料。

4. 导入数控程序

导入编写的加工程序，轮廓铣削加工主程序 O1111，轮廓铣削加工子程序 O0010、O0020、O0030，中心钻加工程序 O1112，钻孔加工程序 O1113。

5. 检查运行轨迹

图形轨迹检查与程序修正。

6. 装刀具、对刀

（1）定义坯料尺寸与装夹工件。

（2）选用 ϕ14 mm 校验棒对刀操作，设定工件坐标系 *X* 与 *Y* 轴零点。

（3）分别选用键槽铣刀 ϕ12 mm、中心钻 ϕ3 mm 与钻头 ϕ12 mm 设定工件坐标系 *Z* 轴零点。

7. 设置参数

（1）设置键槽铣刀 ϕ12 mm 对刀参数，建立 G54 工件坐标系与刀具半径补偿。

（2）设置中心钻 ϕ3 mm 对刀参数，建立 G55 工件坐标系。

（3）设置麻花钻头 ϕ12 mm 对刀参数，建立 G56 工件坐标系。

8. 自动加工

按零件粗加工、半精加工与精加工工艺仿真加工。

2.6 盘类零件铣削仿真加工

2.6.1 仿真要求

1. 仿真操作条件

（1）计算机。

（2）数控加工仿真软件。

2. 仿真操作要求

（1）编写加工工艺卡与刀具选择卡。

（2）选用数控铣床、铣削刀具与工件毛坯。

（3）手工编制加工程序。

（4）数控铣床仿真加工。

2.6.2 加工图样（见图 2—8）

2.6.3 图样分析

1. 图形分析

图示零件右面有 1 个凸台轮廓，凸台高 3 mm，凸台中有三个直键槽 60°均分，深 4 mm；左面有 1 个型腔轮廓，深 6 mm，型腔中有 3 个 ϕ8 mm 孔，深 16 mm。

2. 尺寸分析

（1）凸台轮廓

1）右面凸台轮廓尺寸。右面凸台轮廓由 1 条直线、4 条凹圆弧（半径 8 mm）、5 条凸圆弧（半径 37.5 mm）首尾相接构成封闭轮廓，设置轮廓加工进刀与退刀点坐标均为 $X-50$、$Y50$，其走刀路线与轮廓基点坐标见表 2—43。

2）凸台轮廓左边底平面加工。凸台轮廓左边底平面铣削面积大，采用行切削加工方法。

选用 ϕ12 mm 键槽铣刀。

行切削刀具重叠量 20%。

行切削法步距 = 12 ×（1 − 20%）= 9.6 ≈ 10

40 = 12 + 10 ×（2 × N − 1）

行切削法循环次数 = N = [（40 − 12）/10 + 1] /2 = 1.9 ≈ 2

切入定位点设在左上角（−50、50），行切削循环加工子程序由 Y 负方向行切削、X 负方向进给切削、Y 正方向行切削、X 负方向进给切削 4 条指令组成。用刀心轨迹编程，第一个循环体起点坐标为 $X-6$、$Y50$，第二个循环体起点坐标为 $X-26$、$Y50$。

（2）左面型腔轮廓

左面型腔轮廓由 5 条直线与 3 条凸圆弧（半径 8 mm）首尾相接构成封闭轮廓，设

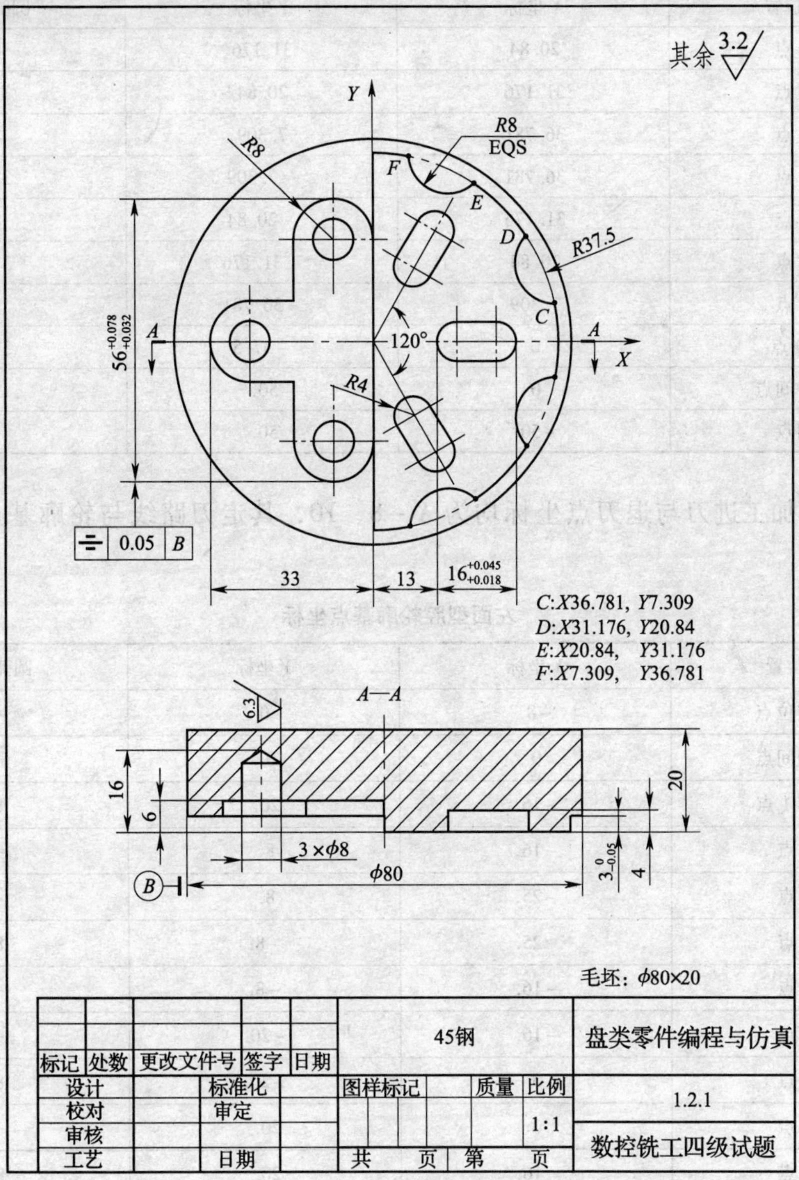

图 2—8　盘类零件铣削仿真加工图

表 2—43　　右面凸台轮廓基点坐标

基点位置	X 坐标	Y 坐标	圆弧半径
切入定位点	-50.	50.	—
切入中间点	-50.	37.5	—
轮廓第 1 点	0	37.5	—
第 2 点	7.309	36.781	37.5

续表

基点位置	X 坐标	Y 坐标	圆弧半径
第 3 点	20.84	31.176	8.
第 4 点	31.176	20.84	37.5
第 5 点	36.781	7.309	8.
第 6 点	36.781	-7.309	37.5
第 7 点	31.176	-20.84	8.
第 8 点	20.84	-31.176	37.5
第 9 点	7.309	-36.781	8.
第 10 点	0	-37.5	37.5
切出中间点	0	50.	—
退刀点	-50.	50.	—

置轮廓加工进刀与退刀点坐标均为 *X* -8、*Y*0，其走刀路线与轮廓基点坐标见表 2—44。

表 2—44　　　　左面型腔轮廓基点坐标

基点位置	X 坐标	Y 坐标	圆弧半径
切入定位点	-8.	0	—
切入中间点	0	20.	—
轮廓第 1 点	-16.	20.	8.
第 2 点	-16.	8.	—
第 3 点	-25.	8.	—
第 4 点	-25.	-8.	8.
第 5 点	-16.	-8.	—
第 6 点	-16.	-20.	—
第 7 点	0	-20.	8.
第 8 点	0	20.	—
第 9 点	-16.	20.	8.
退刀点	-8.	0	—

(3) 直键槽

右面凸台中有三个直键槽（深为 4 mm），分别由 2 条圆弧（半径 4 mm）与 2 条直线首尾相接构成封闭型腔。设置中间直键槽轮廓加工进刀与退刀点坐标均为 *X*17、*Y*0，走刀路线与轮廓基点坐标见表 2—45。把中间直键槽轮廓加工编写成子程序，上、下两个直键槽轮廓加工运用坐标旋转方法，调用中间直键槽轮廓加工子程序进行加工。三条直键槽轮廓加工切入定位点坐标见表 2—46，分别由极坐标设定。

表 2—45　　中间直键槽轮廓基点坐标

基点位置	X 坐标	Y 坐标	圆弧半径
切入定位点	17.	0	—
切入中间点	25.	-4.	—
轮廓第 1 点	25.	4.	4.
第 2 点	17.	4.	—
第 3 点	17.	-4.	4.
第 4 点	25.	-4.	—
切出中间点	25.	4.	4.
退刀点	17.	0	—

表 2—46　　直键槽轮廓加工切入定位点坐标

基点	极径	极角
中间直键槽定位点	17	0°
上面直键槽定位点	17	60°
下面直键槽定位点	17	-60°

（4）孔加工

左面型腔轮廓中有 3 个 ϕ8 mm 孔，孔深 16 mm，孔的加工尺寸见表 2—47。

表 2—47　　孔加工尺寸

定位尺寸	X 坐标	Y 坐标	定形尺寸（mm）
第 1 孔（右上）	-8.	20.	ϕ8
第 2 孔（右下）	-8.	-20.	ϕ8
第 3 孔（左面）	-25.	0	ϕ8

3. 加工精度要求（见表 2—48）

表 2—48　　加工精度要求　　mm

加工对象	加工尺寸	加工要求	上偏差	下偏差
左面型腔轮廓	56.	定位尺寸精度	0.078	0.032
直键槽轮廓	16.	定位尺寸精度	0.045	0.018
右面凸台高度	3.	定位尺寸精度	0	-0.05
左面型腔轮廓	56.	对称度（基准面 B）	0.05	

4. 加工质量分析

（1）3 个 ϕ8 mm 孔表面粗糙度要求 6.3 μm，钻削能达到加工表面粗糙度要求。

（2）其余加工表面粗糙度要求 3.2 μm，铣削加工能达到加工表面粗糙度要求。

2.6.4 加工工艺分析

1. 刀具选择

（1）轮廓最小凹圆弧半径 $R8$ mm，选用 $\phi12$ mm 键槽铣刀。

（2）直键槽圆弧半径 $R4$ mm，选用 $\phi6$ mm 键槽铣刀。

（3）3 个 $\phi8$ mm 孔有定位精度要求，选用 $\phi3$ mm 中心钻。

（4）加工 3 个 $\phi8$ mm 孔，选用 $\phi8$ mm 麻花钻。

2. 加工方法

（1）轮廓加工采用粗加工、半精加工与精加工的加工工艺，选用直径 $\phi12$ mm 铣刀，加工余量按表 2—49 分配。

表 2—49　　加工余量分配表　　mm

加工方法	刀具半径补偿量	备注
粗加工余量	6.3	刀补参数设置
半精加工余量	6.1	刀补参数设置
精加工余量	6.	测量调整参考值

（2）直键槽加工采用粗加工、半精加工与精加工的加工工艺，选用直径 $\phi6$ mm 铣刀，加工余量按表 2—50 分配。

表 2—50　　加工余量分配表　　mm

加工方法	刀具半径补偿量	备注
粗加工余量	3.3	刀补参数设置
半精加工余量	3.1	刀补参数设置
精加工余量	3.	测量调整参考值

（3）测量计算调整刀具半径补偿量

1）凸台加工

ΔD = 实测值 − 理论值

D = 半精加工刀具半径补偿量 − ΔD（正值补偿，负值说明超差）

2）型腔加工

ΔD = 理论值 − 实测值（正值补偿，负值说明超差）

D = 半精加工刀具半径补偿量 − ΔD

3. 加工顺序

按先近后远加工原理，从上到下分层铣削各层轮廓，连续铣削右面凸台轮廓与凸台底平面，铣削过程不抬刀，避免产生刀具重复定位误差。

4. 测量项目（见表 2—51）

表 2—51　　　　测量项目表　　　　mm

测量项目	加工尺寸	上偏差	下偏差	公差	极限尺寸 MAX	极限尺寸 MIN
左面型腔轮廓	56.	0.078	0.032	0.046	56.078	56.032
直键槽轮廓	16.	0.045	0.018	0.027	16.045	16.018
右面凸台高度	3.	0	-0.05	0.05	3.	2.95

2.6.5　加工工艺

1. 加工工艺卡（见表 2—52）

表 2—52　　　　加工工艺卡

数控铣床仿真加工工艺卡				零件代号		材料名称		零件数量
				1.2.1		45 钢		1
设备名称	数控铣床	系统型号	FANUC 0i	夹具名称	三爪自定心卡盘		毛坯尺寸	φ80 mm × 20 mm
工序号	工序内容			刀具号	主轴转速（r/min）	进给量（mm/min）	背吃刀量（mm）	备注
1	粗铣凸台及底平面			1	800	60	2.7	
2	精铣凸台及底平面			1	1 000	60	0.3	
3	粗铣型腔			1	800	60	5.7	
4	精铣型腔			1	1 000	60	0.3	
5	粗铣直键槽			2	1 000	60	3.7	
6	精铣直键槽			2	1 200	60	0.3	
7	中心钻定位			3	2 000	30		
8	麻花钻钻孔			4	600	60		

2. 刀具选择卡（见表 2—53）

表 2—53　　　　刀具选择卡

序号	刀具号	刀具名称	刀具规格（mm）	刀具材料	备注
1	1	键槽铣刀	φ12	高速钢	
2	1	键槽铣刀	φ12	高速钢	
3	1	键槽铣刀	φ12	高速钢	
4	1	键槽铣刀	φ12	高速钢	
5	2	键槽铣刀	φ6	高速钢	
6	2	键槽铣刀	φ6	高速钢	
7	3	中心钻	φ3	高速钢	
8	4	麻花钻	φ8	高速钢	

2.6.6 工件坐标系与走刀轨迹（见表 2—54）

表 2—54　　工件坐标系与走刀轨迹

1. 铣削右面凸台轮廓	2. 铣削凸台轮廓底平面
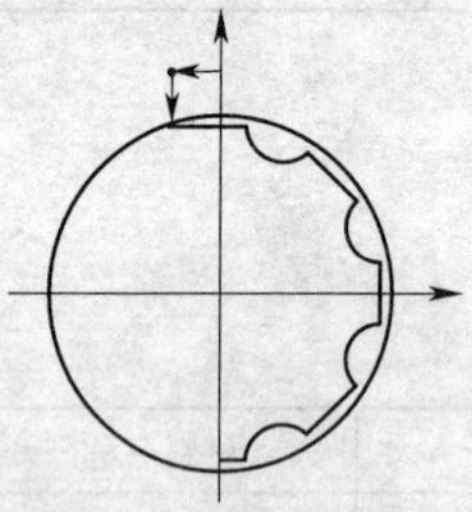	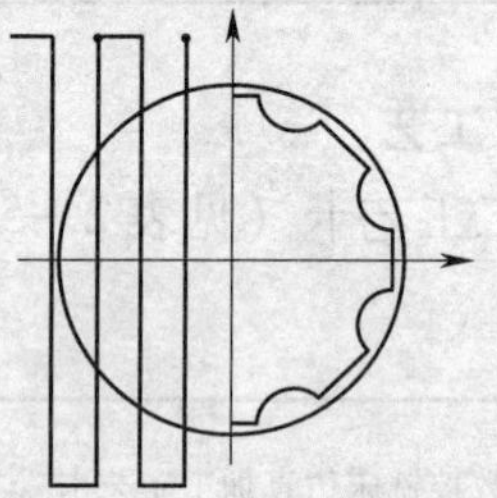
3. 铣削左面型腔轮廓	4. 铣削直键槽
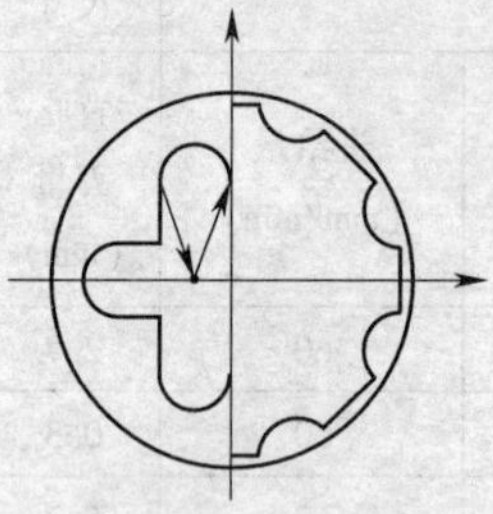	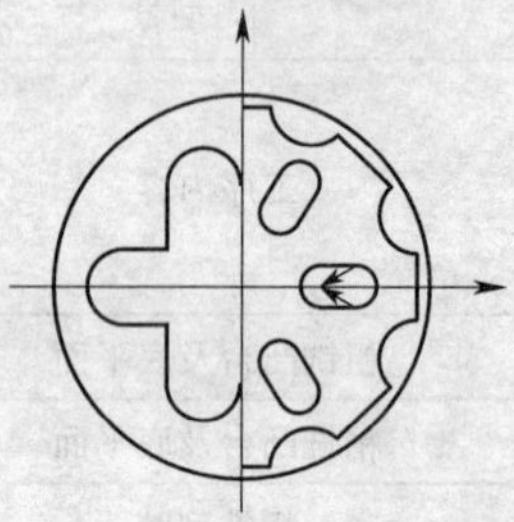
5. 中心钻定位	6. 麻花钻钻孔
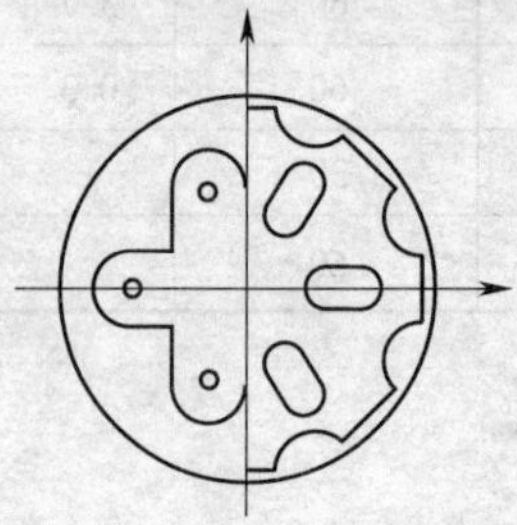	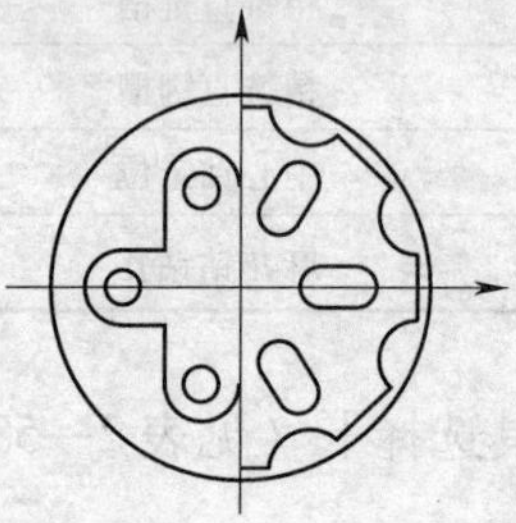

2.6.7 加工程序

1. 轮廓铣削加工程序 O1211（见表 2—55）

表 2—55　　轮廓铣削加工程序 O1211

程　　序	注　　释
O1211;	程序名
G54;	设置铣削参数（凸台轮廓与底平面）
M03 S800;	
M08;	

续表

程　序	注　释
G00 X－50. Y50.;	定位
Z5.;	
G01 Z－2.7 F30;	
M98 P0010;	铣削凸台轮廓
G01 X－6. F60;	铣削凸台底平面
M98 P00020020;	
G00 Z100.;	退刀
X100. Y100.;	
M05;	
M09;	
M00;	设置铣削参数（型腔轮廓）
M03 S800;	
M08;	
G00 X－8. Y0;	定位
G00 Z5.;	
G01Z－5.7 F30;	
M98 P0030;	铣削型腔轮廓
G00 Z100.;	退刀
X100. Y100.;	
M30;	程序结束
O0010;	子程序名（凸台轮廓）
G41 G01 Y37.5 D01 F60;	铣削凸台轮廓
G01 X0;	
G02 X7.309 Y36.781 R37.5 F60;	
G03 X20.84 Y31.176 R8.;	
G02 X31.176 Y20.84 R37.5;	
G03 X36.781 Y7.309 R8.;	
G02 Y－7.309 R37.5;	
G03 X31.176 Y－20.84 R8.;	
G02 X20.84 Y－31.176 R37.5;	
G03 X7.309 Y－36.781 R8.;	
G02 X0 Y－37.5 R37.5;	
G01 Y50.;	
G40 G01 X－50.;	

续表

程　序	注　释
M99;	结束指令
O0020;	子程序名（凸台底平面）
G91 G01 Y-100.;	铣削凸台底平面
G01 X-10.;	
G01 Y100.;	
G01 X-10.;	
G90;	
M99;	结束指令
O0030;	子程序名（型腔轮廓）
G41 G01 X0 Y20. D01 F60;	铣削型腔轮廓
G03 X-16. R8.;	
G01 Y8.;	
G01 X-25.;	
G03 Y-8. R8.;	
G01 X-16.;	
G01 Y-20.;	
G03 X0 R8.;	
G01 Y20.;	
G03 X-16. R8.;	
G40 G01 X-8. Y0;	
M99;	结束指令

2. 铣削直键槽加工程序 O1212（见表 2—56）

表 2—56　　铣削直键槽加工程序 O1212

程　序	注　释
O1212;	程序名
G55;	设置铣削参数（直键槽）
M03 S1000;	
M08;	
G00 G16 X17. Y60.;	定位
G15;	
G00 Z5.;	
G01 Z-3.7 F30;	

续表

程　　序	注　　释
M98 P0040；	铣削直键槽（中间）
G00 Z5.；	退刀
G16 X17. Y60.；	
G15；	定位
G01 Z-3.7 F30；	
G68 X0 Y0 R60.；	
M98 P0040；	铣削直键槽（上面）
G69；	
G00 Z5.；	退刀
G16 X17. Y-60.；	
G15；	定位
G01 Z-3.7 F30；	
G68 X0 Y0 R-60.；	
M98 P0040；	铣削直键槽（下面）
G69；	
G00 Z100.；	退刀
X100. Y100.；	
M30；	程序结束
O0040；	子程序名（直键槽）
G41 G01 X25. Y-4. D01 F60；	
G03 Y4. R4.；	
G01 X17.；	
G03 Y-4. R4.；	铣削直键槽
G01 X25.；	
G03 Y4. R4.；	
G40 G01 X17. Y0；	
M99；	结束指令

3. 中心钻加工程序 O1213（见表 2—57）

表 2—57　　中心钻加工程序 O1213

程　　序	注　　释
O1213；	程序名
G56；	
M03 S2000；	设置钻削参数（中心钻）
M08；	

续表

程　　序	注　　释
G00 X100. Y100. Z100.;	定位
G99 G81 X-25. Y0 Z-3. R5. F30;	中心钻加工
X-8. Y20.;	
Y-20.;	
G80;	
G00 Z100.;	退刀
X100. Y100.;	
M30;	程序结束

4. 钻孔加工程序 O1214（见表2—58）

表2—58　　**钻孔加工程序 O1214**

程　　序	注　　释
O1214;	程序名
G57;	设置钻削参数（麻花钻）
M03 S600;	
M08;	
G00 X100. Y100. Z100.;	定位
G99 G73 X-25. Y0 Z-16. R5. Q2. F60;	麻花钻加工
X-8. Y20.;	
Y-20.;	
G80;	
G00 Z100.;	退刀
X100. Y100.;	
M30;	程序结束

2.6.8　仿真加工

1. 选择机床

选用数控铣床与 FANUC 0i 数控系统。

2. 机床回零

X、*Y*、*Z* 轴分别进行回零操作。

3. 安装零件

选用三爪自定心卡盘装夹 $\phi80$ mm×20 mm 零件坯料。

4. 导入数控程序

导入编写的数控加工程序，轮廓铣削加工主程序 O1211，轮廓铣削加工子程序 O0010、O0020、O0030，铣削直键槽加工主程序 O1212，铣削直键槽加工子程序 O0040，中心钻加工程序 O1213，钻孔加工程序 O1214。

5. 检查运行轨迹

图形轨迹检查与程序修正。

6. 装刀具、对刀

(1) 定义坯料尺寸与装夹工件。

(2) 选用 ϕ14 mm 校验棒对刀操作，设定工件坐标系 X 与 Y 轴零点。

(3) 分别选用键槽铣刀 ϕ12 mm 与 ϕ6 mm、中心钻 ϕ3 mm 与麻花钻 ϕ8 mm 设定工件坐标系 Z 轴零点。

7. 设置参数

(1) 设置键槽铣刀 ϕ12 mm 对刀参数，建立 G54 工件坐标系与刀具半径补偿。

(2) 设置键槽铣刀 ϕ6 mm 对刀参数，建立 G55 工件坐标系与刀具半径补偿。

(3) 设置中心钻 ϕ3 mm 对刀参数，建立 G56 工件坐标系。

(4) 设置麻花钻 ϕ8 mm 对刀参数，建立 G57 工件坐标系。

8. 自动加工

按零件粗加工、半精加工与精加工工艺仿真加工。

2.7 加工中心（FANUC-0i）仿真加工

数控机床仿真软件能够虚拟数控机床的操作、编程与加工，是学习与掌握数控机床操作技能的捷径，本节以加工中心与 FANUC-0i 数控系统为例，介绍加工中心仿真软件的应用。

2.7.1 机床面板简介

1. CRT/MDI 系统面板

FANUC 0i 加工中心 CRT/MDI 系统面板如图 2—9 所示，左侧为 CRT 显示屏，右侧为 MDI 手动数控输入面板，通过 CRT/MDI 系统面板完成程序名的新建、程序的输入与编辑等操作。

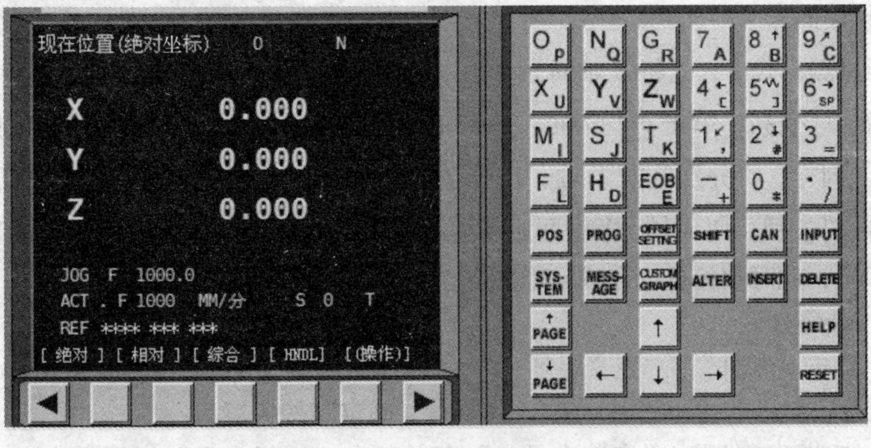

图 2—9 加工中心 CRT/MDI 系统面板

2. 操作面板

FANUC 0i 加工中心操作面板如图 2—10 所示，通过操作面板完成启动、停止、超程释放、紧急停止等操作。

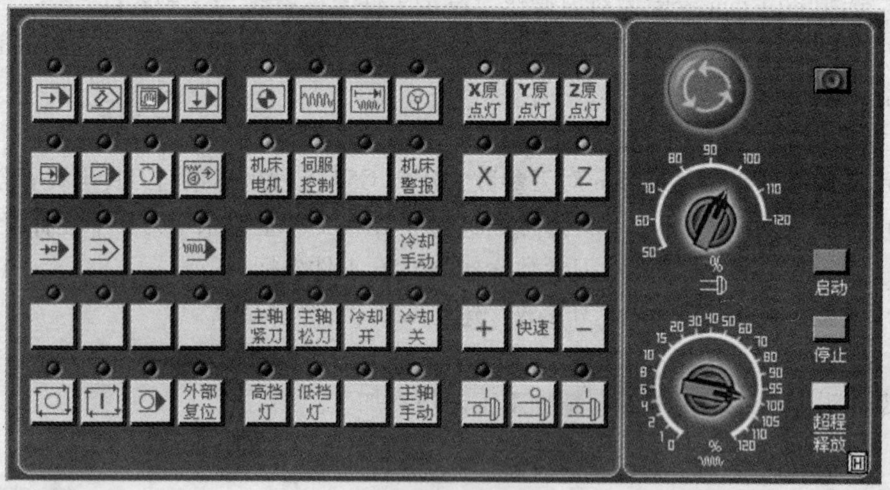

图 2—10　加工中心操作面板

2.7.2　仿真加工步骤

加工中心仿真加工与数控铣床仿真加工基本相同，主要区别在于加工中心有刀库可以安装多把刀具，通过集中对刀然后在程序中编写调用刀具命令，完成多道工序的加工，因此，在本节中重点讲解换刀指令、对刀方法、刀具长度补偿和工件坐标系的建立。

1. 选择机床

点击“机床”/“选择机床…”对话框，在“控制系统”中选择 FANUC 0i 系统，机床类型选择加工中心，单击“确定”按钮。

在任务栏上单击 选项按钮，在选项对话框将 显示机床罩子 前的勾去掉。

2. 机床回零

在回原点模式下，先将 Z 轴回原点，点击操作面板上的 Z 方向按钮 Z，使 Z 轴方向移动指示灯变亮，单击 + 按钮，使 Z 轴回原点灯变亮 Z原点灯，CRT 上的 Z 坐标变为“0.000”。同样，再分别单击 X 轴、Y 轴方向按钮 X 、Y，使相应坐标轴指示灯变亮，单击 + 按钮，使 X 轴、Y 轴回原点指示灯变亮 X原点灯 、Y原点灯，CRT 上的 X 与 Y 坐标变为“0.000”，此时数控机床完成回零操作。

3. 安装零件

（1）点击“零件”/“定义毛坯…”菜单，在“定义毛坯”中将零件尺寸改为所需要的尺寸，名称默认为“毛坯 1”，并单击“确定”按钮。

（2）点击“零件”/“安装夹具…”菜单，在“选择夹具”对话框中，“选择零件”栏中选取“毛坯1”，“选择夹具”栏中选取“卡盘”，用向上键调整毛坯位置，单击“确定”按钮。

（3）点击“零件”/“放置零件…”菜单，在“选择零件”对话框中，选取类型为“选择毛坯”，选取名称为“毛坯1”的零件，并单击“安装零件”按钮，界面上出现控制零件移动的面板，可以用其移动零件；当单击面板上的退出按钮时，关闭该面板，此时零件已经放置在机床工作台面上。

4．导入NC程序

（1）单击操作面板上的编辑按钮，进入编辑状态。

（2）点击MDI键盘上的程序键，CRT界面转入编辑页面。

（3）点击软键[(操作)]，在出现的子菜单中点击软键，显示软键[F检索]，点击此软键，在弹出的对话框中选择所需的NC程序。

（4）单击“打开”按钮。在同一级菜单中，单击软键[READ]，通过MDI键盘上的数字/字母键，输入程序名，单击软键[EXEC]，则数控程序显示在CRT界面上。

5．检查运行轨迹

（1）单击操作面板上的自动运行按钮，进入自动加工模式。

（2）单击MDI键盘上的程序键，将选定的数控程序显示在CRT界面上。

（3）单击键，进入检查运行轨迹模式，单击操作面板上的循环启动按钮，即可观察数控程序的运行轨迹，通常情况下，图中红线代表刀具快速移动的轨迹，绿线代表刀具切削的轨迹。

6．装刀具、对刀

数控机床加工程序一般按工件坐标系编写刀具运动轨迹，对刀的过程就是建立工件坐标系与机床坐标系之间关系的过程。加工中心把选用的刀具放入到刀库指定的刀位号中，加工中心对刀工具有“校验棒”和“寻边器”两种。通过对刀工具设定工件坐标系X方向与Y方向原点在机床坐标系中坐标值，然后更换各把刀具，分别以对刀面为基准建立工件坐标系Z方向原点在机床坐标系中坐标值，接着根据各把刀的对刀参数分别以G54～G59指令设定“工件坐标系”，也可以把在Z方向的对刀尺寸设置为刀具长度补偿量。

（1）工件坐标系G54～G59指令的设定

1）点击按钮，按[坐标系]软键，如图2—11所示在工件坐标系G54指令中输入第一把刀在对刀点的Z值坐标（Z－150.0），如图2—12所示在工件坐标系G55指令中输入第二把刀在对刀点的Z值坐标（Z－180.0）。

2）点击按钮，按[坐标系]软键，如图2—13所示在工件坐标系G54和G55指令中输入“校验棒”或“寻边器”通过对刀确定的工件坐标系X方向与Y方向原点在机床坐标系中坐标值（X－250.0、Y－200.0）。

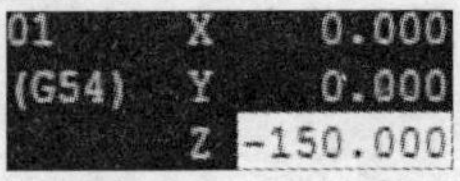

图 2—11 工件坐标系 G54

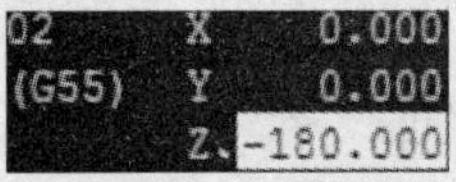

图 2—12 工件坐标系 G55

综上所述，使用第一把刀具编写加工程序必须调用 G54 工件坐标系，使用第二把刀具编写加工程序必须调用 G55 工件坐标系。

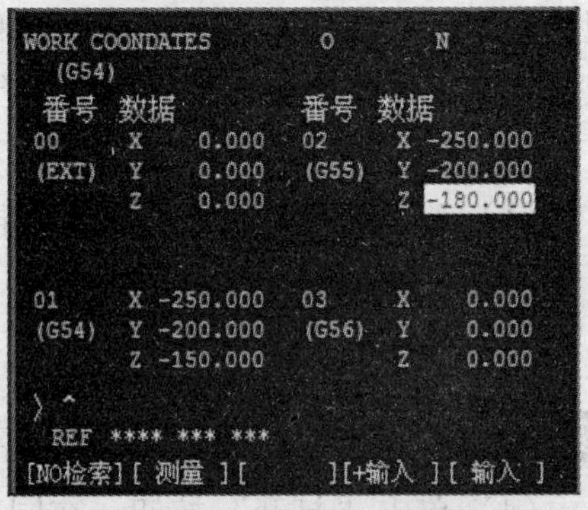

图 2—13 工件坐标系

（2）工具长度补正

1）点击 OFFSET SETTING 按钮，按 [坐标系] 软键，在工件坐标系 G54 指令中输入 *X*（X－250.0）、*Y*（Y－200.0）、Z（Z0.0），在工件坐标系 G55 指令中输入 *X*（X－250.0）、*Y*（Y－200.0）、*Z*（Z0.0），如图 2—14 所示。

2）点击 OFFSET SETTING 按钮，按 [补正] 软键，在 001 行形状（H）空格中输入第一把刀在对刀点的 *Z* 坐标（Z－150.0），在 002 行形状（H）空格中输入第二把刀在对刀点的 *Z* 坐标（Z－180.0），如图 2—15 所示。

综上所述，使用第一把刀具编写加工程序，换刀后必须编写 G54 G00 G43 Z100. H01；程序段，更换其他刀具前用 G49 指令取消刀具长度补偿，使用第二把刀具编写加工程序，换刀后必须编写 G55 G00 G43 Z100. H02；程序段，更换其他刀具前或程序结束前也要用 G49 指令取消刀具长度补偿。

图 2—14 工件坐标系 G54

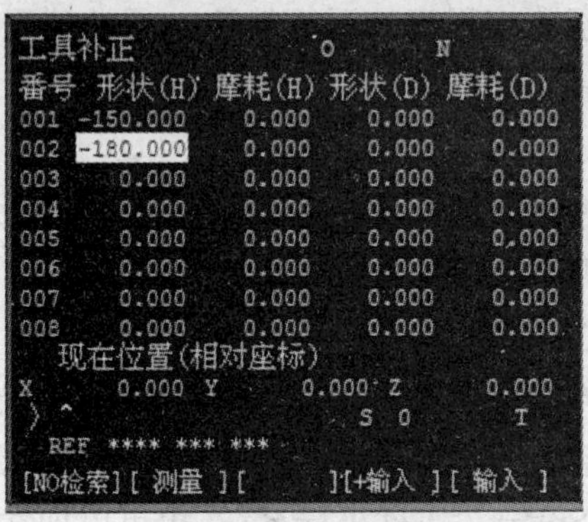

图 2—15 工具补正

7. 设置参数

（1）输入工件坐标系 G54 指令参数

在 MDI 键盘上点击 OFFSET SETTING 键 3 次，进入坐标系参数设定界面，选择 X 项用 MDI 键盘输入“－500.00”，点击软键 [输入]，用方位键 ↓ 将光标移至 Y 项，输入“－415.00”后点击软键 [输入]，再将光标移至 Z 项，输入“－248.00”后点击软键 [输入]，这样如图 2—16 所示完成 G54 指令参数的设定。

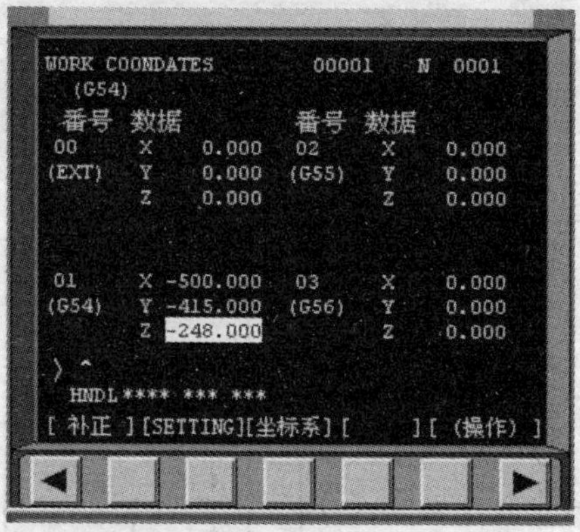

图 2—16　工件坐标系 G54 指令参数

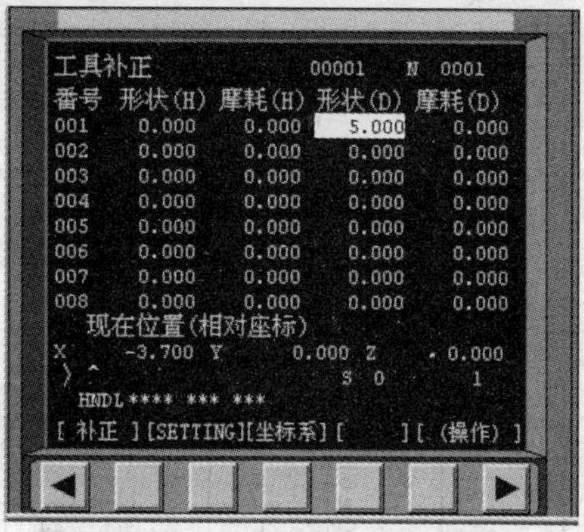

图 2—17　刀具半径补偿参数

（2）输入刀具半径补偿参数

点击 MDI 界面上的 OFFSET SETTING 键进入补正参数设定界面，利用方位键 ↑、↓、←、→ 将光标移到对应刀具的“形状（D）”栏，通过 MDI 键盘上的数字/字母键，输入刀具半径补偿值，点击软键 [输入]，如图 2—17 所示，5.00 为 001 行输入的刀具半径补偿值。

8．自动加工

完成对刀操作、设置工件坐标系与刀具补偿参数、导入数控程序后就可以开始自动加工操作。先将机床回零，单击操作面板上自动运行按钮使其指示灯变亮，进入循环加工模式后，单击循环启动按钮后机床开始自动加工。

2.8　加工中心仿真加工板类零件

2.8.1　仿真要求

1．仿真操作条件

（1）计算机。

（2）数控加工仿真软件。

2．仿真操作要求

（1）编写数控加工工艺。

（2）选用加工中心刀具与工件毛坯。

（3）手工编写加工程序。

（4）加工中心仿真加工。

2.8.2　加工图样（见图 2—18）

2.8.3　图样分析

1．图形分析

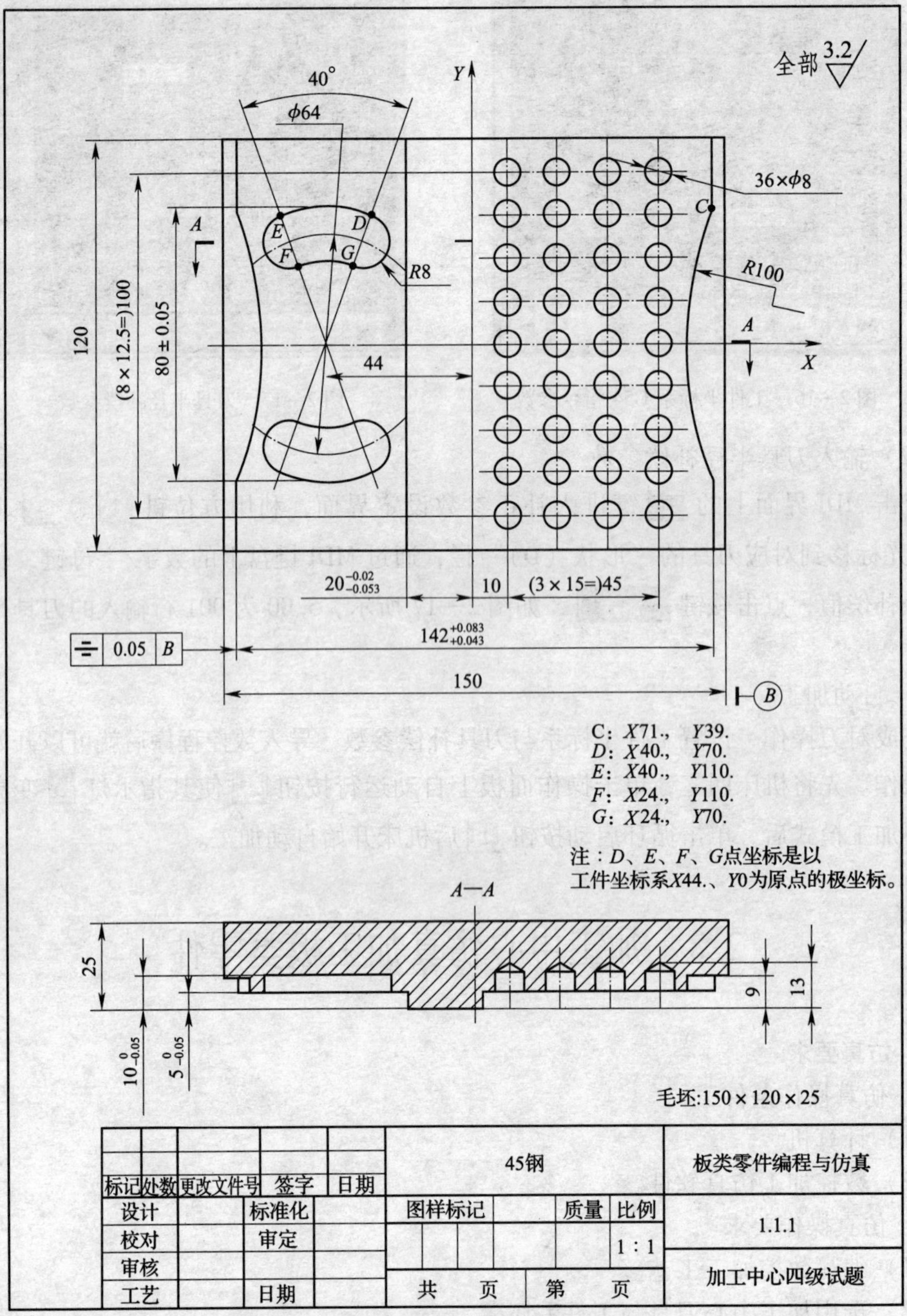

图 2—18　板类零件加工中心仿真图

图示零件第 1 层矩形凸台尺寸 20×120×5，左边底平面尺寸 55×120，右边底平面尺寸 75×120；第 2 层凸台高 9 mm，凸台轮廓左右对称，凸台上表面左边有 2 个上下对称分布的圆弧槽，圆弧槽深 10 mm，凸台上表面右边有 9 排 4 列均匀分布的孔，孔径为

ϕ8 mm，孔深为 13 mm。

2. 尺寸分析

(1) 第 1 层凸台轮廓尺寸

凸台左、右底平面的面积较大，均采用行切削的加工方法。

由于第 1 层矩形凸台长度 20 有公差要求，因此，考虑用刀补法加工凸台轮廓至尺寸，然后用不加刀补的行切削法切除毛刺。

1）凸台左底平面切削。凸台左底平面行切削循环体包括 Y 负方向行切削、X 负方向进给切削、Y 正方向行切削、X 负方向进给切削 4 条指令。

选用 ϕ12 mm 键槽铣刀。

行切削刀具重叠量 20%。

行切削法步距 = 12 × （1 − 20%） = 9.6 ≈ 10

55 − 10 = 12 + 10 × （2 × N − 1）

行切削法循环次数 = N = ［（55 − 10 − 12）/10 + 1］/2 = 2.15 ≈ 3

切入定位点设在左下角（−85、−70），用刀补法加工凸台轮廓至尺寸，然后用不加刀补的行切削法切除毛刺，循环体的起点坐标见表 2—59。

表 2—59　凸台左底平面行切削加工循环体的起点坐标

基点位置	X 坐标	Y 坐标
定位点	−36.	70.
第一个循环点	−36.	70.
第二个循环点	−56.	140.
第三个循环点	−76.	140.
退刀点	−96.	140.

2）凸台右底平面切削。同样，凸台右底平面切削可用类似方法。

75 − 10 = 12 + 10 × （2 × N − 1）

行切削法循环次数 = N = ［（75 − 10 − 12）/10 + 1］/2 = 3.15 ≈ 4

切入定位点设在右下角（85、−70），用刀补法加工凸台轮廓至尺寸，然后用不加刀补的行切削法切除毛刺，循环体的起点坐标见表 2—60。

表 2—60　凸台右底平面行切削加工循环体的起点坐标

基点位置	X 坐标	Y 坐标
定位点	16.	70.
第一个循环点	16.	70.
第二个循环点	36.	140.
第三个循环点	56.	140.
第四个循环点	76.	140.
退刀点	96.	140.

（2）第 2 层凸台尺寸

第 2 层凸台由 6 条直线、2 条凹圆弧（半径为 100 mm）组成，其定位点与轮廓基点坐标见表 2—61。

表 2—61　第 2 层凸台定位点与轮廓基点坐标

基点位置	*X* 坐标	*Y* 坐标	圆弧半径
定位点	100.	100.	—
中间点	71.	70.	—
轮廓第 1 点	71.	39.	—
第 2 点	71.	-39.	100.
第 3 点	71.	-70.	—
第 4 点	-71.	-70.	—
第 5 点	-71.	-39.	—
第 6 点	-71.	39.	100.
第 7 点	-71.	70.	—
中间点	100.	70.	—
退刀点	100.	100.	—

（3）圆弧槽尺寸

第 2 层凸台左边上表面上有两个上下对称的圆弧槽，分别由 4 条圆弧组成，2 条圆弧半径为 8 mm，1 条圆弧半径为 24 mm，另 1 条圆弧半径为 40 mm，用 G16 极坐标编程、极坐标原点设在原坐标系的 X44. 、Y0，上面圆弧槽轮廓基点 D、E、F、G 坐标见表 2—62。

下面圆弧槽与上面圆弧槽对称于 *X* 轴，可采用镜像方法切削加工。

表 2—62　圆弧槽轮廓基点坐标

基点位置	*X* 坐标	*Y* 坐标	圆弧半径
中间点	-32.	70.	—
到轮廓 D 点	-40.	70.	—
E 点	-40.	110.	40.
F 点	-24.	110.	8.
G 点	-24.	70.	24.
再到 D 点	-40.	70.	8.
E 点退刀	-40.	110.	—

（4）孔加工

第 2 层凸台右边上表面上有 9 排 4 列均匀分布 ϕ8 mm 的孔，横向孔距为 15 mm，纵向孔距为 12. 5 mm，孔加工定位坐标见表 2—63（自下而上）。

表 2—63 孔加工定位坐标

定位尺寸	X 坐标	Y 坐标	Y 方向孔距（mm）
第 1 列孔	10.	-62.5	12.5
第 2 列孔	25.	-62.5	12.5
第 3 列孔	40.	-62.5	12.5
第 4 列孔	55.	-62.5	12.5

3．加工精度要求（见表 2—64）

表 2—64 加工精度要求 mm

对象	加工尺寸	加工要求	上偏差	下偏差
第 1 层凸台轮廓长度	20.	尺寸公差要求	-0.02	-0.053
第 2 层凸台轮廓长度	142.	尺寸公差要求	+0.083	+0.043
圆弧槽轮廓长度	80.	尺寸公差要求	+0.05	-0.05
第 1 层凸台高度	5.	高度公差要求	0	-0.05
第 2 层凸台高度	10.	高度公差要求	0	-0.05
第 2 层凸台轮廓长度	142.	对称度（基准面 B）	0.05	

4．加工质量分析

加工表面粗糙度要求 3.2 μm，钻铣保证零件表面的加工质量。

2.8.4 加工工艺分析

1．刀具选择

（1）轮廓加工最小凹圆弧半径 R8 mm，选用 ϕ12 mm 键槽铣刀。

（2）钻削 36 个 ϕ8 mm 孔采用 ϕ3 mm 中心钻定位。

（3）钻削 36 个 ϕ8 mm 孔采用 ϕ8 mm 麻花钻加工。

2．加工方法

采用粗加工、半精加工与精加工的加工工艺，选用 ϕ12 mm 键槽铣刀，加工余量按表 2—65 分配。

表 2—65 加工余量分配表 mm

加工方法	刀具半径补偿量	备注
粗加工余量	6.3	刀补参数设置
半精加工余量	6.1	刀补参数设置
精加工余量	6.	测量调整

3．测量计算调整刀具半径补偿量

（1）凸台加工

ΔD = 实测值 - 理论值

D = 半精加工刀具半径补偿量 $-\Delta D$（正值补偿，负值说明超差）

（2）型腔加工

ΔD = 理论值 - 实测值（正值补偿，负值说明超差）

D = 半精加工刀具半径补偿量 $-\Delta D$

4. 加工顺序

按先近后远加工原理，从上到下分层铣削各层轮廓。

5. 测量项目（见表2—66）

表2—66　　测量项目表　　mm

测量项目	加工尺寸	上偏差	下偏差	公差	极限尺寸 MAX	极限尺寸 MIN
第1层凸台轮廓长度	20.	-0.02	-0.053	0.033	19.98	19.947
第2层凸台轮廓长度	142.	0.083	0.043	0.04	142.083	142.043
圆弧槽轮廓长度	80.	+0.05	-0.05	0.1	80.05	79.95
第1层凸台高度	5.	0	-0.05	0.05	5.	4.95
第2层凸台高度	10.	0	-0.05	0.05	10.	9.95

2.8.5　加工工艺

1. 加工工艺卡（见表2—67）

表2—67　　加工工艺卡

<table>
<tr><td colspan="4" rowspan="2">加工中心仿真加工工艺卡</td><td colspan="2">零件代号</td><td colspan="2">材料名称</td><td>零件数量</td></tr>
<tr><td colspan="2">1.1.1</td><td colspan="2">45钢</td><td>1</td></tr>
<tr><td>设备名称</td><td>加工中心</td><td>系统型号</td><td>FANUC 0i</td><td>夹具名称</td><td colspan="2">平虎钳</td><td>毛坯尺寸</td><td>150×120×25</td></tr>
<tr><td>工序号</td><td colspan="3">工序内容</td><td>刀具号</td><td>主轴转速（r/min）</td><td>进给量（mm/r）</td><td>背吃刀量（mm）</td><td>备注</td></tr>
<tr><td colspan="4">零件正面装夹，设工件坐标系</td><td></td><td></td><td></td><td></td><td></td></tr>
<tr><td>1</td><td colspan="3">粗铣凸台左面轮廓</td><td>1</td><td>800</td><td>60</td><td>4.7</td><td></td></tr>
<tr><td>2</td><td colspan="3">精铣凸台左面轮廓</td><td>1</td><td>1 000</td><td>60</td><td>0.3</td><td></td></tr>
<tr><td>3</td><td colspan="3">粗铣凸台右面轮廓</td><td>1</td><td>800</td><td>60</td><td>4.7</td><td></td></tr>
<tr><td>4</td><td colspan="3">精铣凸台右面轮廓</td><td>1</td><td>1 000</td><td>60</td><td>0.3</td><td></td></tr>
<tr><td>5</td><td colspan="3">粗铣上下对称圆弧槽</td><td>1</td><td>800</td><td>80</td><td>8.7</td><td></td></tr>
<tr><td>6</td><td colspan="3">精铣上下对称圆弧槽</td><td>1</td><td>1 000</td><td>80</td><td>0.3</td><td></td></tr>
<tr><td>7</td><td colspan="3">中心钻钻排孔定位</td><td>2</td><td>2 000</td><td>80</td><td></td><td></td></tr>
<tr><td>8</td><td colspan="3">麻花钻钻排孔</td><td>3</td><td>600</td><td>80</td><td></td><td></td></tr>
</table>

2. 刀具选择卡（见表2—68）

表2—68　　　　　　　　刀具选择卡

序号	刀具号	刀具名称	刀具规格（mm）	刀具材料	备注
1	1	键槽铣刀	$\phi12$	高速钢	
2	1	键槽铣刀	$\phi12$	高速钢	
3	1	键槽铣刀	$\phi12$	高速钢	
4	1	键槽铣刀	$\phi12$	高速钢	
5	1	键槽铣刀	$\phi12$	高速钢	
6	1	键槽铣刀	$\phi12$	高速钢	
7	2	中心钻	$\phi3$	高速钢	
8	3	麻花钻	$\phi8$	高速钢	

2.8.6　工件坐标系与走刀轨迹（见表2—69）

表2—69　　　　　　　　工件坐标系与走刀轨迹

1. 铣削第1层凸台	2. 铣削第2层凸台
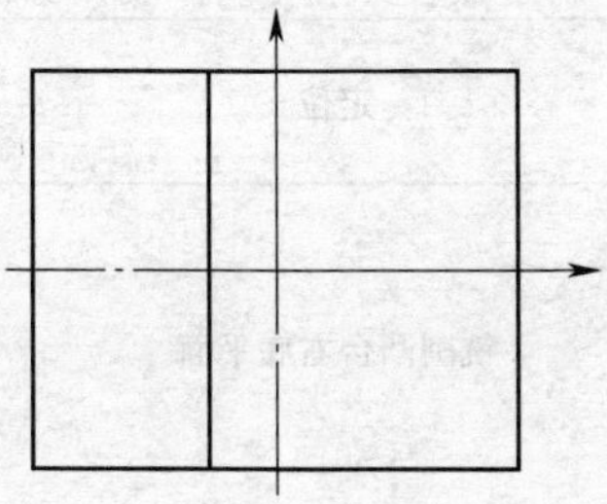	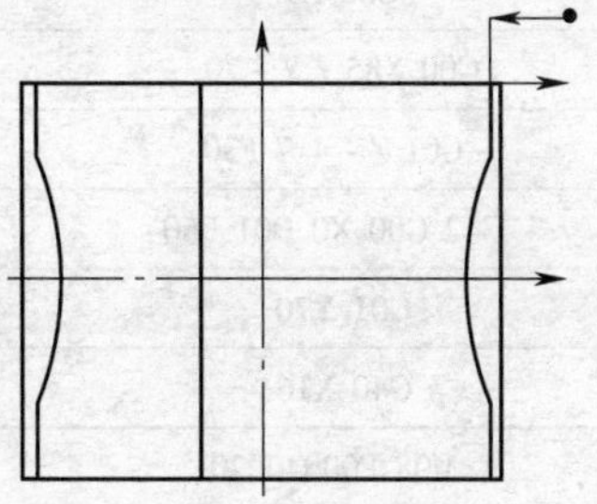
3. 铣削圆弧槽	4. 孔加工
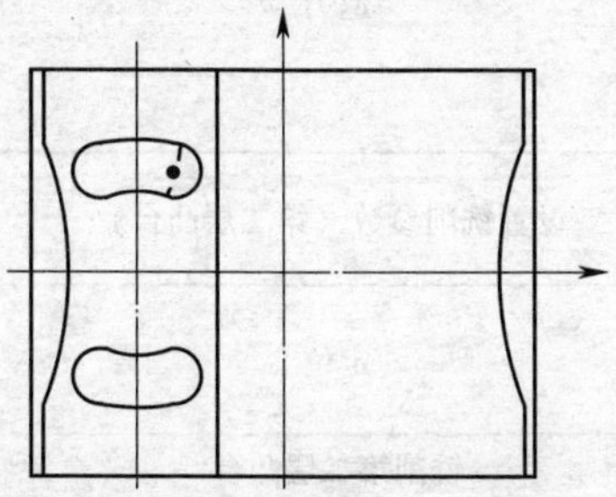	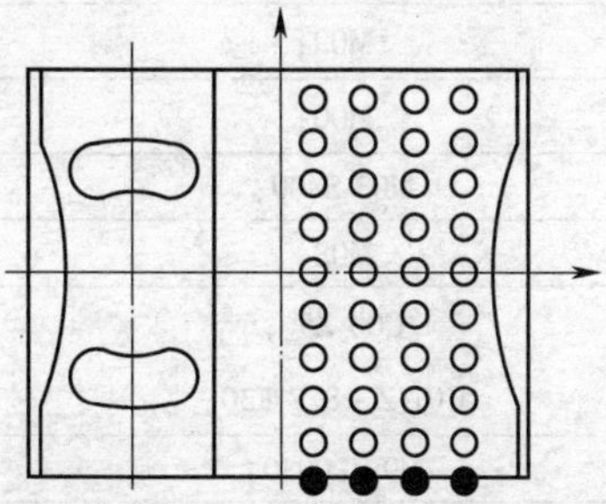

2.8.7　加工程序

加工中心主程序O1111，铣削第1层凸台左底平面子程序O0010 、铣削第1层凸台右底平面子程序O0020、铣削第2层凸台子程序O0030、圆弧槽铣削子程序O0040 、中心钻定位子程序O0050、麻花钻钻孔子程序O0060（见表2—70）。

表 2—70　　　　加工中心程序 O1111

程　序	注　解
O1111;	主程序名
G54;	设置铣削参数（第一层凸台）
G91 G28 Z0;	
T01 M06;	
M03 S800;	
M08;	
G43 G90 G00 Z100. H01;	定位
G00 X-85. Y-70.;	
Z5.;	
G01 Z-4.7 F30;	
G41 G00 X-20. D01 F60;	铣削凸台左底平面
G01 Y70.;	
G40 X-36.;	
M98 P00030010;	
G00 Z5.;	退刀
G00 X85. Y-70.;	定位
G01 Z-4.7 F30;	
G42 G00 X0 D01 F60;	铣削凸台右底平面
G01 Y70.;	
G40 X16.;	
M98 P00040020;	
G00 Z100.;	退刀
M05;	
M09;	
M00;	
M03 S800;	设置铣削参数（第二层凸台）
M08;	
G00 Z5.;	定位
G01 Z-8.7 F30;	
M98 P0030;	铣削第二层凸台
G00 Z5.;	退刀
G00 X100. Y100.;	
M05;	
M09;	
M00;	

续表

程　序	注　解
G52 X -44. Y0;	
M03 S800;	设置铣削参数（圆弧槽）
M08;	
G00 G16 X32. Y70.;	定位
G01 Z -9.7 F40;	
M98 P0040;	铣削上面圆弧槽
G00 Z5.;	退刀
G00 G16 X32. Y -70.;	
G15;	定位
G01 Z -9.7 F40;	
G51 X0. Y0 I1. J -1.;	
G16;	
M98 P0040;	铣削下面圆弧槽（镜像）
G15;	
G50;	
G49 G00 Z100.;	
G52 X0 Y0;	
G00 X100. Y100.;	退刀
M05;	
M09;	
M00;	
G54;	
G91 G28 Z0;	
T02 M06;	设置中心钻定位参数
M03 S2000;	
M08;	
G43 G90 G00 Z100. H02;	定位
M98 P0050;	中心钻定位
G49 G00 Z100.;	
G00 X100. Y100.;	
M05;	退刀
M09;	
M00;	

续表

程　序	注　解
G54;	设置麻花钻钻削参数
G91 G28 Z0;	
T03 M06;	
M03 S600;	
M08;	
G90G43 G00 Z100. H03;	定位
M98 P0060;	麻花钻钻孔
G49 G00 Z100.;	退刀
G00 X100. Y100.;	
M30;	结束指令
O0010;	子程序名
G91;	铣削第一层凸台左边底平面
G01 Y-140.;	
G01 X-10.;	
G01 Y140.;	
G01 X-10.;	
G90;	
M99;	结束指令
O0020;	子程序名
G91;	铣削第一层凸台右边底平面
G01 Y-140.;	
G01 X10.;	
G01 Y140.;	
G01 X10.;	
G90;	
M99;	结束指令
O0030;	子程序名
G41 G00 X71. D01;	铣削第二层凸台
G01 Y39. F60;	
G03 Y-39. R100.;	
G01 Y-70.;	
X-71.;	

续表

程　序	注　解
Y－39.；	铣削第二层凸台
G03 Y39. R100.；	
G01 Y70.；	
G00 X100.；	
G00 G40 Y100.；	
M99；	结束指令
O0040；	子程序名
G41 G01 X40. Y70. D01 F60；	铣削圆弧槽（上面）
G03 X40. Y110. R40.；	
G03 X24. Y110. R8.；	
G02 X24. Y70. R24.；	
G03X40. Y70. R8.；	
G03 X40. Y110. R40.；	
G40 G01 X32. Y110.；	
M99；	结束指令
O0050；	子程序名
G90 G00 X10. Y－62.5.；	中心钻定位
G91 G99 G81 X0 Y12.5 R－95. Z－8. L9 F40；	
G90 G00 X25. Y－62.5；	
G91 G99 G81 X0 Y12.5 R－95. Z－8. L9 F40；	
G90 G00 X40. Y－62.5；	
G91 G99 G81 X0 Y12.5 R－95. Z－8. L9 F40；	
G90 G00 X55. Y－62.5；	
G91 G99 G81 X0 Y12.5 R－95. Z－8. L9 F40；	
M09；	结束指令
O0060；	子程序名
G90 G00 X10. Y－62.5.；	麻花钻钻孔
G91 G99 G83 X0 Y12.5 R－95. Z－18. Q3. L9 F40；	
G90 G00 X25. Y－62.5；	
G91 G99 G83 X0 Y12.5 R－95. Z－18. Q3. L9 F40；	
G90 G00 X40. Y－62.5；	
G91 G99 G83 X0 Y12.5 R－95. Z－18. Q3. L9 F40；	
G90 G00 X55. Y－62.5；	
G91 G99 G83 X0 Y12.5 R－95. Z－18. Q3. L9 F40；	
M99	结束指令

2.8.8 仿真加工

1. 选择机床

选用立式加工中心与 FANUC 0i 数控系统。

2. 机床回零

X、*Y*、*Z* 轴分别进行回零操作。

3. 安装零件

选用平虎钳装夹 150×120×25 毛坯零件。

4. 导入数控程序

导入编制的加工中心主程序 O1111，铣削第 1 层凸台左底平面子程序 O0010 、铣削第 1 层凸台右底平面子程序 O0020、铣削第 2 层凸台子程序 O0030、圆弧槽铣削子程序 O0040 、中心钻定位子程序 O0050、麻花钻钻孔子程序 O0060。

5. 检查运行轨迹

图形轨迹检查与程序修正。

6. 装刀具、对刀

（1）定义坯料尺寸与装夹工件。

（2）选用 ϕ14 mm 校验棒对刀操作，设定工件坐标系 *X* 与 *Y* 轴零点。

（3）选用键槽铣刀 ϕ12 mm、中心钻 ϕ3 mm 与钻头 ϕ8 mm 设定工件坐标系 *Z* 轴零点。

7. 设置参数

（1）设置键槽铣刀 ϕ12 mm 对刀参数，建立 G54 工件坐标系与刀具半径补偿。

（2）设置中心钻 ϕ3 mm 对刀参数，建立 G55 工件坐标系。

（3）设置麻花钻头 ϕ8 mm 对刀参数，建立 G56 工件坐标系。

8. 自动加工

按零件粗加工、半精加工与精加工工艺仿真加工。

2.9 加工中心仿真加工盘类零件

2.9.1 仿真要求

1. 仿真操作条件

（1）计算机。

（2）数控加工仿真软件。

2. 仿真操作要求

（1）编制数控加工工艺。

（2）选用加工中心刀具与工件毛坯。

（3）手工编制加工程序。

（4）加工中心仿真加工。

2.9.2　加工图样（见图 2—19）

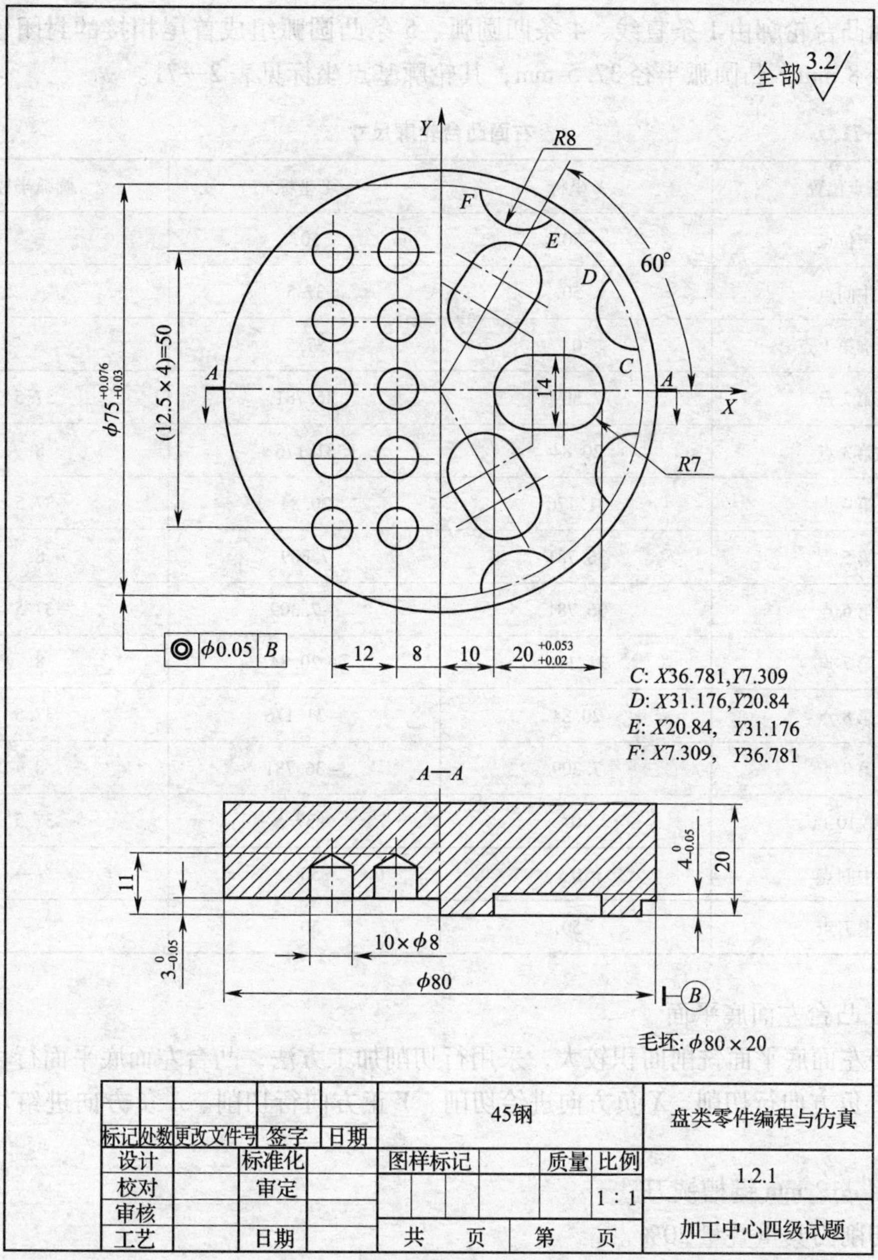

图 2—19　盘类零件加工中心仿真图

2.9.3　图样分析

1．图形分析

图示零件右面有 1 个高 3 mm 凸台轮廓，凸台中有三个 60°均匀分布的直键槽，左面有 2 列 5 排共 10 个 ϕ8 mm 孔，深 11 mm。

2. 尺寸分析

(1) 右面凸台轮廓

右面凸台轮廓由 1 条直线、4 条凹圆弧、5 条凸圆弧组成首尾相接的封闭轮廓，凹圆弧半径 8 mm，凸圆弧半径 37. 5 mm，其轮廓基点坐标见表 2—71。

表 2—71 右面凸台轮廓尺寸

基点位置	X 坐标	Y 坐标	圆弧半径
定位点	-50.	50.	—
中间点	-50.	37. 5	—
轮廓第 1 点	0	37. 5	—
第 2 点	7. 309	36. 781	37. 5
第 3 点	20. 84	31. 176	8.
第 4 点	31. 176	20. 84	37. 5
第 5 点	36. 781	7. 309	8.
第 6 点	36. 781	-7. 309	37. 5
第 7 点	31. 176	-20. 84	8.
第 8 点	20. 84	-31. 176	37. 5
第 9 点	7. 309	-36. 781	8.
第 10 点	0	-37. 5	37. 5
中间点	0	50.	—
退刀点	-50.	50.	—

(2) 凸台左面底平面

凸台左面底平面铣削面积较大，采用行切削加工方法，凸台左面底平面行切削循环体包括 Y 负方向行切削、X 负方向进给切削、Y 正方向行切削、X 负方向进给切削 4 条指令。

选用 ϕ12 mm 键槽铣刀。

行切削刀具重叠量 20%。

行切削法步距 = 12 × (1 - 20%) = 9. 6≈10

40 = 12 + 10 × (2 × N - 1)

行切削法循环次数 = N = [(40 - 12) /10 + 1] /2 = 1. 9≈2

切入定位点设在左上角 (-50、50)，用刀心轨迹编写加工程序，循环体的起点坐标见表 2—72。

表 2—72　凸台左面底平面定位点与轮廓基点坐标

基点位置	X 坐标	Y 坐标
定位点	0.	50.
第一个循环点	-6.	50.
第二个循环点	-26.	50.
退刀点	-46.	50.

(3) 直键槽尺寸

凸台中直键槽由 2 条圆弧、2 条直线组成首尾相接的封闭轮廓，2 条圆弧半径为 4 mm，中间一个直键槽轮廓基点坐标见表 2—73，上、下两个直键槽用坐标系旋转方法切削加工。

表 2—73　直键槽尺寸

基点位置	X 坐标	Y 坐标	圆弧半径
定位点	17.	0	—
第 1 点	23.	-7.	—
第 2 点	23.	7.	7.
第 3 点	17.	7.	—
第 4 点	17.	-7.	7.
第 5 点	23.	-7.	—
第 6 点	23.	7.	7.（重复圆弧）
退刀点	17.	0	—

(4) 孔加工尺寸（见表 2—74）

零件左面有 2 列 5 排共 10 个 $\phi 8$ mm 孔，孔深 11 mm，孔横距 12 mm，纵距 12.5 mm，孔加工定位尺寸见表 2—74（自下而上）。

表 2—74　孔加工尺寸

定位尺寸	X 坐标	Y 坐标	Y 方向孔距
第 1 列孔	-8.	-37.5	12.5
第 2 列孔	-20.	-37.5	12.5

3. 加工精度要求（见表 2—75）

表 2—75　加工精度要求　mm

对象	加工尺寸	加工要求	上偏差	下偏差
凸台圆弧轮廓	75.	定位尺寸精度	0.076	0.03
直键槽长度	20.	定位尺寸精度	0.053	0.02
右面凸台高度	3.	定位尺寸精度	0	-0.05
直键槽深度	4.	定位尺寸精度	0	-0.05
外面凸圆弧同轴度	75.	同轴度（基准面 B）	0.05	

4. 加工质量分析

零件加工表面粗糙度要求 3.2 μm，铣削加工能保证表面粗糙度要求。

2.9.4 加工工艺分析

1. 刀具选择

（1）直键槽圆弧半径 *R*7，选用键槽铣刀 ϕ12 mm。

（2）10 个 ϕ8 mm 孔采用 ϕ3 mm 中心钻定位。

（3）10 个 ϕ8 mm 孔采用 ϕ8 mm 麻花钻钻削。

2. 加工方法

采用铣削粗加工、半精加工与精加工的加工工艺，选用 ϕ12 mm 键槽铣刀，加工余量按表 2—76 分配。

表 2—76　　加工余量分配表　　mm

加工方法	刀具半径补偿量	备注
粗加工余量	6.3	刀补参数设置
半精加工余量	6.1	刀补参数设置
精加工余量	6.	测量调整刀具半径补偿

3. 测量计算调整刀具半径补偿量

（1）凸台加工

$$\Delta D = （实测值 - 理论值）/2$$

$$D = 半精加工刀具半径补偿量 - \Delta D（正值补偿，负值说明超差）$$

（2）型腔加工

$$\Delta D = （理论值 - 实测值）/2（正值补偿，负值说明超差）$$

$$D = 半精加工刀具半径补偿量 - \Delta D$$

4. 加工顺序

按先近后远加工原理，从上到下分层铣削各层轮廓，铣削凸台轮廓及其底平面时要求不抬刀，避免产生重复定位误差。

5. 测量项目（见表 2—77）

表 2—77　　测量项目表　　mm

测量项目	加工尺寸	上偏差	下偏差	公差	极限尺寸 MAX	极限尺寸 MIN
凸台圆弧轮廓	75.	0.076	0.03	0.046	75.076	75.03
直键槽长度	20.	0.053	0.02	0.033	20.053	20.02
右面凸台高度	3.	0	−0.05	0.05	3.	2.95
直键槽深度	4.	0	−0.05	0.05	4.	3.95

2.9.5 加工工艺

1. 加工工艺卡（见表2—78）

表2—78　　加工工艺卡

加工中心仿真加工工艺卡				零件代号		材料名称		零件数量
				1.2.1		45钢		1
设备名称	加工中心	系统型号	FANUC 0i	夹具名称	三爪自定心卡盘		毛坯尺寸	$\phi80\times20$
工序号	工序内容			刀具号	主轴转速（r/min）	进给量（mm/r）	背吃刀量（mm）	备注
	三爪自定心卡盘装夹，设工件坐标系							
1	粗铣右面凸台轮廓			1	800	60	2.7	
2	粗铣凸台左面底平面			1	800	60	2.7	
3	精铣右面凸台轮廓			1	1 000	60	0.3	
4	精铣凸台左面底平面			1	1 000	60	0.3	
5	粗铣凸台中直键槽			1	800	60	3.7	
6	精铣凸台中直键槽			1	1 000	60	0.3	
7	中心钻定位排孔			2	2 000	30		
8	麻花钻钻排孔			3	600	60		

2. 刀具选择卡（见表2—79）

表2—79　　刀具选择卡

序号	刀具号	刀具名称	刀具规格（mm）	刀具材料	备注
1	1	键槽铣刀	$\phi12$	高速钢	
2	1	键槽铣刀	$\phi12$	高速钢	
3	1	键槽铣刀	$\phi12$	高速钢	
4	1	键槽铣刀	$\phi12$	高速钢	
5	1	键槽铣刀	$\phi12$	高速钢	
6	1	键槽铣刀	$\phi12$	高速钢	
7	2	中心钻	$\phi3$	高速钢	
8	3	麻花钻	$\phi8$	高速钢	

2.9.6　工件坐标系与走刀轨迹（见表 2—80）

表 2—80　　工件坐标系与走刀轨迹

1. 铣削右面凸台轮廓	2. 铣削凸台左面底平面
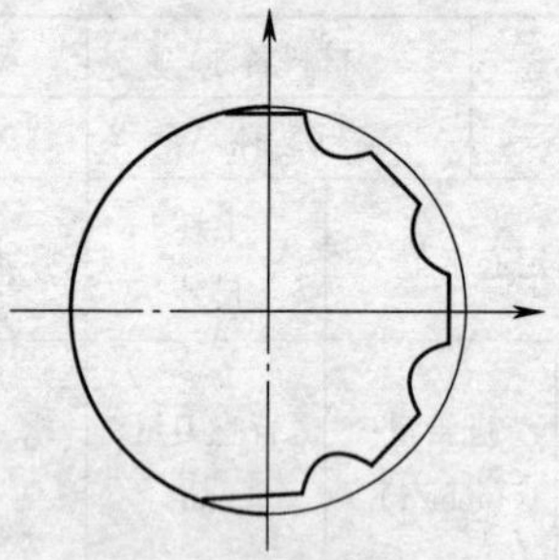	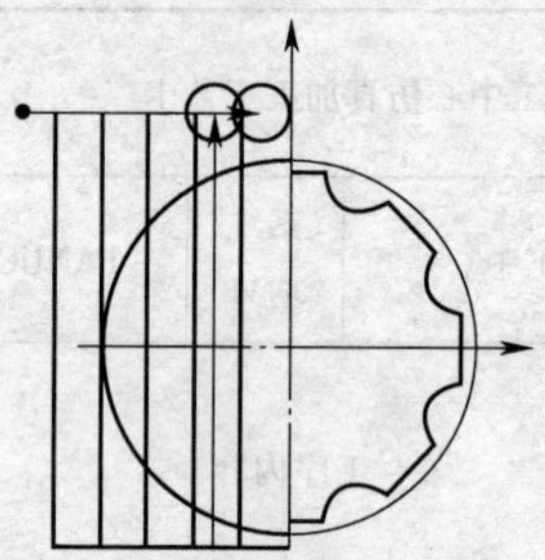
3. 铣削直键槽	4. 钻削排孔
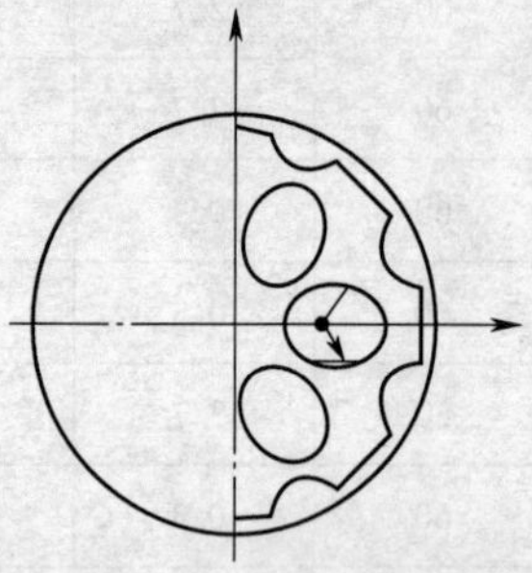	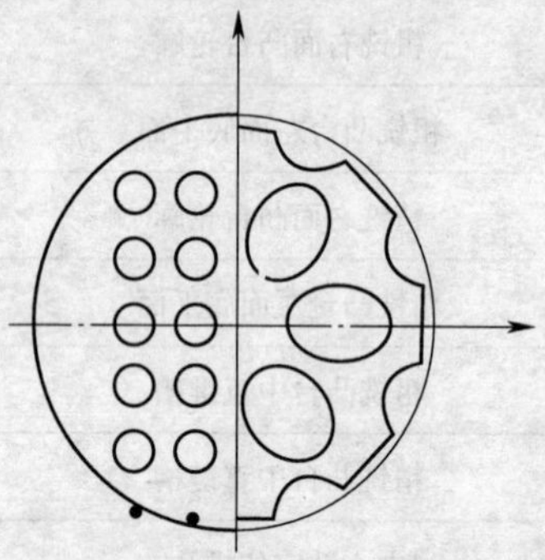

2.9.7　仿真加工程序（见表 2—81，程序中只列出粗加工程序，精加工与粗加工程序相同）

表 2—81　　加工中心程序 O1211

程　序	注　解
O1211;	主程序名
G54;	设置铣削参数（轮廓加工）
G91 G28 Z0;	
T01 M06;	
M03 S800;	
M08;	
G90G43 G00 Z100. H01;	定位
G00 X-50. Y50.;	
Z5.;	
G01 Z-2.7 F30;	
M98 P0010;	铣削右面凸台
G01 X-6.;	定位

续表

程　序	注　解
M98 P00020020;	铣削左面底平面
G00 Z5.;	退刀
G00 X17. Y0;	定位
G01 Z-3.7 F30;	
M98 P0030;	铣削中间直键槽
G00 Z5.;	退刀
G00 G16 X17. Y60.;	定位
G15;	
G01 Z-3.7 F30;	
G68 X0 Y0 R60.;	铣削上面直键槽
M98 P0030;	
G69;	
G00 Z5.;	退刀
G00 G16 X17. Y-60.;	定位
G15;	
G01 Z-3.7 F30;	
G68 X0 Y0 R-60.;	铣削下面直键槽
M98 P0030;	
G69;	
G49 G00 Z100.;	退刀
X100. Y100.;	
G05;	
M09;	
M00;	
G55;	设置钻削参数（中心钻）
G91 G28 Z0;	
T02 M06;	
M03 S2000;	
G90G43 G00 Z100. H02;	
M08;	
M98 P0040;	中心钻定位
G49 G00 Z100.;	退刀
X100. Y100.;	
G05;	
M09;	
M00;	

续表

程　序	注　解
G56;	设置钻削参数（麻花钻）
G91 G28 Z0;	
T03 M06;	
M03 S600;	
G90G43 G00 Z100. H03;	
M08;	
M98 P0050;	麻花钻钻孔
G49 G00 Z100.;	退刀
X100. Y100.;	
M30;	程序结束
O0010;	子程序名
G41 G01 Y37.5 D01 F60;	铣削右面凸台轮廓
X0;	
G02 X7.309 Y36.781 R37.5;	
G03 X20.84 Y31.176 R8.;	
G02 X31.176 Y20.84 R37.5;	
G03 X36.781 Y7.309 R8.;	
G02 Y-7.309 R37.5;	
G03 X31.176 Y-20.84 R8.;	
G02 X20.84 Y-31.176 R37.5;	
G03 X7.309 Y-36.781 R8.;	
G02 X0 Y-37.5 R37.5;	
G01 Y50.;	
G40 X-50.;	
M99;	程序结束
O0020;	子程序名
G91 Y-100.;	铣削凸台左面底平面
G01 G01 X-10.;	
Y100.;	
X-10.;	
G90;	
M99;	程序结束
O0030;	子程序名

续表

程　序	注　解
G41 G01 X23. Y-7. D01 F60;	铣削中间直键槽
G03 Y7. R7.;	
G01 X17.;	
G03 Y-7. R7.;	
G01 X23.;	
G03 Y7. R7.;	
G40 G01 X17. Y0;	
M99;	程序结束
O0040;	子程序名
G90 G00 X-8. Y-37.5;	中心钻定位
G91 G99 G81 X0 Y12. 5 Z-8. R5. L5 F60;	
G90 G00 X-20. Y-37.5;	
G91 G99 G81 X0 Y12.5 Z-8. R5. L5 F60;	
M99;	程序结束
O0050;	子程序名
G90 G00 X-8. Y-37.5;	麻花钻钻孔
G91 G99 G73 Z-16. R-95. Q3. L5 F60;	
G90 G00 X-20. Y-37.5;	
G91 G99 G73 Z-16. R-95. Q3. L5 F60;	
M99;	程序结束

2.9.8　仿真加工

1．选择机床

选用立式加工中心和 FANUC 0i 数控系统。

2．机床回零

X、*Y*、*Z* 轴分别进行回零操作。

3．安装零件

选用三爪自定心卡盘装夹 ϕ80 mm×20 mm 零件毛坯。

4．导入数控程序

导入编制的加工中心主程序 O1211，铣削右面凸台轮廓子程序 O0010、铣削凸台左面底平面子程序 O0020、铣削直键槽子程序 O0030、中心钻定位子程序 O0040、麻花钻钻孔子程序 O0050 。

5．检查运行轨迹

图形轨迹检查和程序修正。

6. 装刀具、对刀

(1) 定义坯料尺寸与装夹工件。

(2) 选用 ϕ14 mm 校验棒对刀操作，设定工件坐标系 X 与 Y 轴零点。

(3) 选用键槽铣刀 ϕ12 mm、中心钻 ϕ3 mm 与钻头 ϕ8 mm 设定工件坐标系 Z 轴零点。

7. 设置参数

(1) 设置键槽铣刀 ϕ12 mm 对刀参数，建立 G54 工件坐标系与刀具半径补偿。

(2) 设置中心钻 ϕ3 mm 对刀参数，建立 G55 工件坐标系。

(3) 设置麻花钻头 ϕ8 mm 对刀参数，建立 G56 工件坐标系。

8. 自动加工

按零件粗加工、半精加工与精加工工艺仿真加工。

第3章
数控机床加工

3.1 数控车床（FANUC－0i Mate－TB 系统）操作

本节以 HM－001（FANUC－0i Mate－TB 系统）卧式两轴联动数控车床为例，介绍数控车床的功能与操作。数控车床的面板主要由两部分组成：一部分为系统控制面板，另一部分为机床操作面板。

3.1.1 HM－001 数控车床系统控制面板

1. 数控车床 CRT/MDI 面板

数控机床控制系统的控制面板也称为 CRT/MDI 控制面板。HM－001 数控车床的数控系统控制面板如图 3—1 所示，它由 CRT 显示器和 MDI 键盘组成。

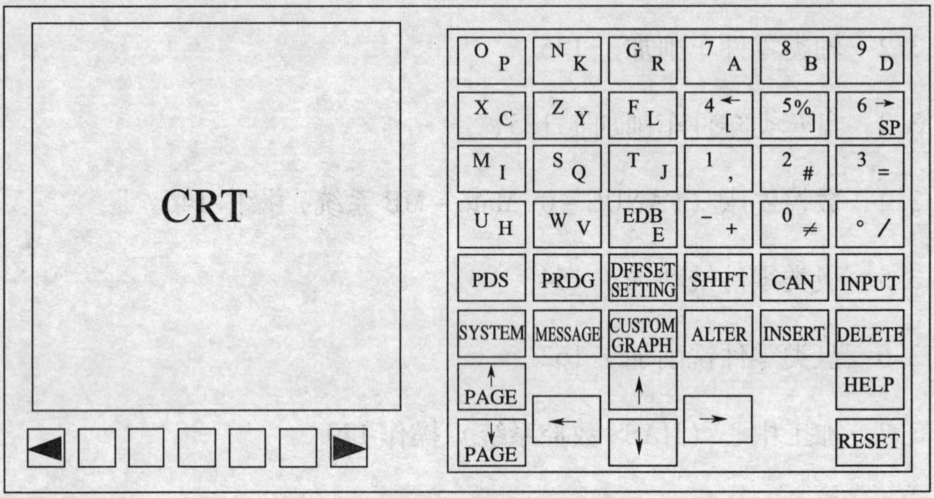

图 3—1　CRT/MDI 控制面板

2. CRT/MDI 面板中功能键

HM－001 的 CRT/MDI 控制面板各键的名称及用途见表 3—1。

表 3—1　　HM－001 的 CRT/MDI 控制面板各键的名称及用途

名称	键图	用　途
复位键	RESET	按下此键，复位 CNC 系统。包括取消报警、主轴故障复位、中途退出自动操作循环和中途退出输入、输出过程等
地址/数字键	N K　7 A	字母、数字等文字的输入
输入键	INPUT	用于参数、偏置等的输入。还用于 I/O 设备的输入开始，MDI 方式的指令数据的输入

续表

名称	键图	用　途
取消键	CAN	删除输入到缓冲寄存器中的文字或符号
程序编辑键	ALTER	替换存储器中程序的字符或符号
	INSERT	在光标后插入字符或符号
	DELETE	删除
	SHIFT	上档字符选择
	EOB	分号键
光标移动键	↓	将光标在 CRT 屏幕中朝下或前进方向移动
	↑	将光标在 CRT 屏幕中朝上或后退方向移动
	→	将光标在 CRT 屏幕中朝右或前进方向移动
	←	将光标在 CRT 屏幕中朝左或后退方向移动
翻页键	↑ PAGE	CRT 屏幕显示内容朝前翻一页
	↓ PAGE	CRT 屏幕显示内容朝后翻一页
软键	◀ □ ▶	可根据用途提供软键的各种功能，软键功能在 CRT 画面的最下方显示 左端的软键◀：有软键输入各种功能时，为最初状态（按功能按钮时的状态） 右端的软键▶：用于本画面未显示完的功能
功能键	POS	当前位置的显示
	PROG	程序显示屏
	OFFSET SETTING	偏置量显示屏
	SYSTEM	进行参数的设定，诊断数据的显示
	MESSAGE	进行报警号的显示，软控制面板的显示
	CUSTOM GRAPH	进行图形显示
数据输入键		由数据输入键输入的内容，显示在画面的倒数第二行上，同一个键即可输入地址，也可输入数值

3.1.2 HM－001 数控车床操作面板

1．数控车床操作面板

数控车床 HM－001 操作面板如图 3—2 所示。

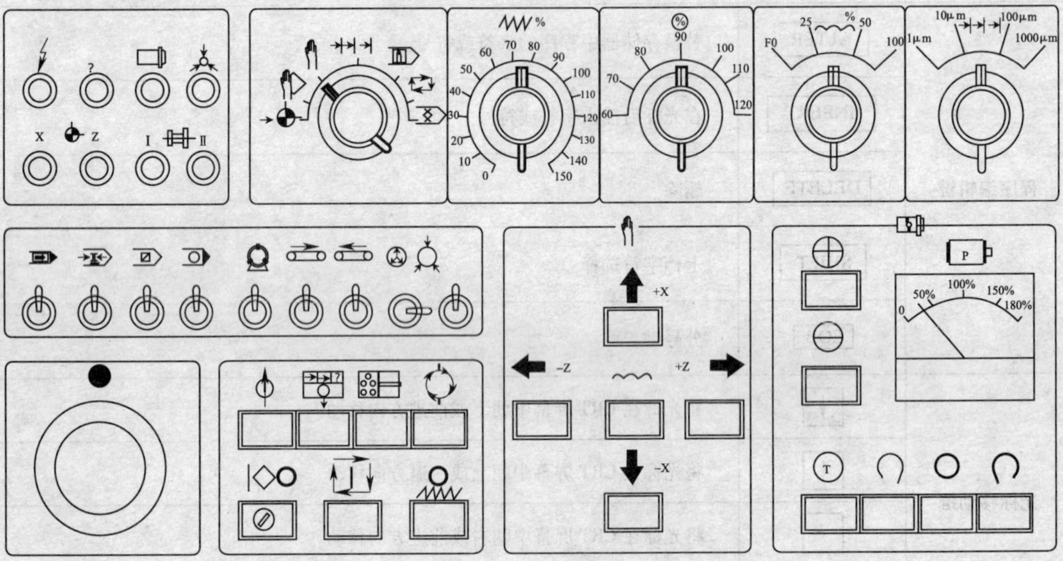

图 3—2 HM－001 数控车床操作面板

2．操作面板功能键

（1）面板指示灯

面板指示灯如图 3—3 所示，分别表示电源指示灯、报警指示灯、刀具定位指示灯、卡盘夹紧指示灯、*X* 轴回参考点指示灯、*Z* 轴回参考点指示灯、低排挡指示灯和高排挡指示灯。

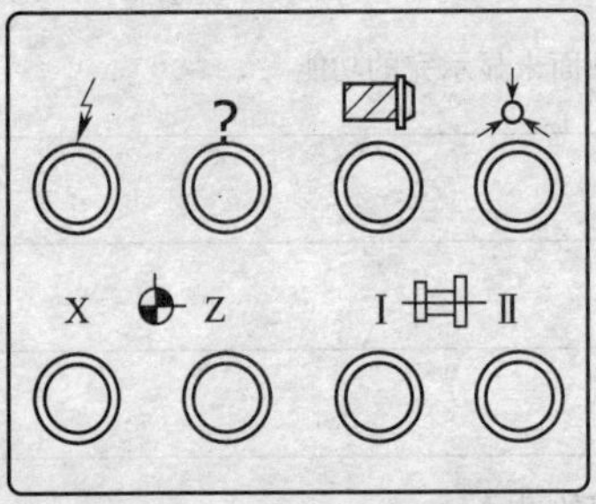

图 3—3 面板指示灯

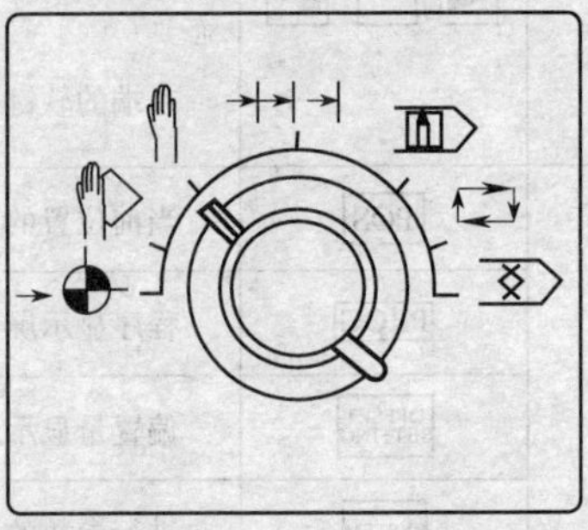

图 3—4 操作方式选择旋钮

（2）操作方式选择旋钮

如图 3—4 所示，操作方式选择旋钮分别表示回参考点（REF）、示教（T. JOG）、手动（JOG）、手轮（HNDL）、手动数据输入（MDI）、自动循环（AUTO）和程序编辑（EDIT）7 种操作方式，其功能见表 3—2。

表3—2　　操作方式选择旋钮的功能

图标	名称	功能
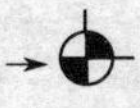	回参考点	机床工作前返回参考点，按“+X”“+Z”按钮后，快速移动至参考点。可以分别选择坐标轴回参考点，防止刀台碰撞尾架等
	示教	机床选配
	手动	手动方式，通过 *X*、*Z* 轴方向移动按钮，实现两轴各自连续移动，并通过进给倍率旋钮选择移动的速度，还可按下快速按钮，实现快速移动
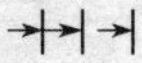	手轮/点动	点动方式，通过点动进给增量选择旋钮，设定增量进给值，每按一次手动进给按钮，刀具移动的距离为增量选择旋钮指定的增量进给值（步距当量）
	MDI	手动数据输入方式，从CRT/MID操作面板输入一个或多个程序段，按循环启动按钮执行输入的程序段
	自动	自动加工方式，设置好刀具补偿值，按循环启动按钮执行加工程序；按进给保持按钮使机床暂停；如有意外情况，按紧急停止按钮
	编辑	编辑方式，通过钥匙接通程序保护开关，编辑、修改、删除或传输零件的加工程序

（3）倍率选择旋钮

如图3—5所示，分别表示进给倍率修调旋钮、主轴倍率修调旋钮和快速进给倍率修调旋钮，用这些旋钮分别调整切削进给速度、主轴转速和快速进给速度。

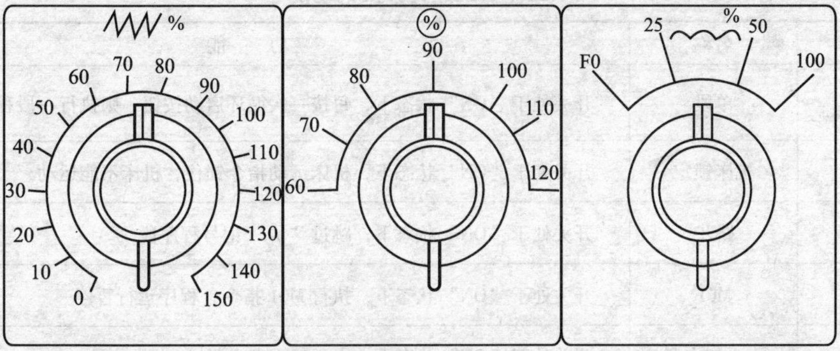

图3—5　倍率修调旋钮

（4）点动进给增量选择旋钮

如图3—6所示，点动进给增量选择旋钮有四挡：1 μm、10 μm、100 μm和1 000 μm。通过点动进给增量选择旋钮设定增量进给值后，每按一次手动进给按钮，刀具移动的距离为增量选择旋钮指定的增量进给值（步距当量）。

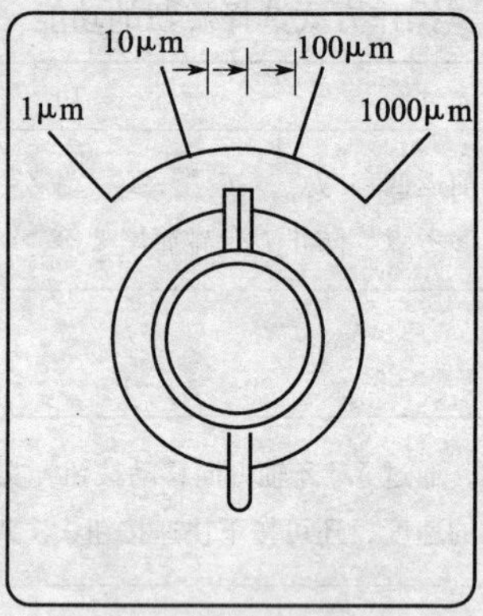

图 3—6　点动进给增量选择旋钮

（5）工作模式选择开关

如图 3—7 所示为数控车床的工作模式选择开关，通过工作模式选择开关设定程序的运行方式、机床辅助设备的工作状态，其功能见表 3—3。

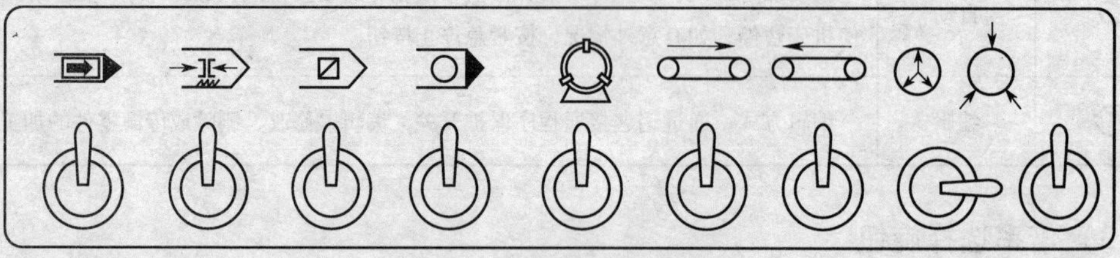

图 3—7　工作模式选择开关

表 3—3　　　　　　　　　　工作模式选择开关的功能

图标	名称	功　能
	单段	开关处于“ON”状态下，每按一次循环启动按钮，则执行一段程序段
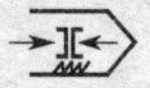	机床锁定	开关处于“ON”状态下，机床运动指令锁住，机床不能运动
	跳步	开关处于“ON”状态下，跳过“ / ”记号程序段
	M01	开关处于“ON”状态下，执行 M01 指令，程序运行暂停
	中心架夹紧	开关处于“ON”状态下，中心架手动夹紧
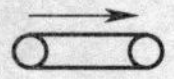	排屑器正转	开关处于“ON”状态下，排屑器按正转方向运转
	排屑器反转	开关处于“ON”状态下，排屑器按反转方向运转
	卡盘夹紧方向选择	开关向右，外圆夹紧；开关向左，内圆夹紧

(6) 功能按钮

如图 3—8 所示为数控车床的功能按钮，这些按钮的作用是控制程序的运行、尾架的夹紧与松开、手动换刀以及排除超程故障。其功能见表 3—4。

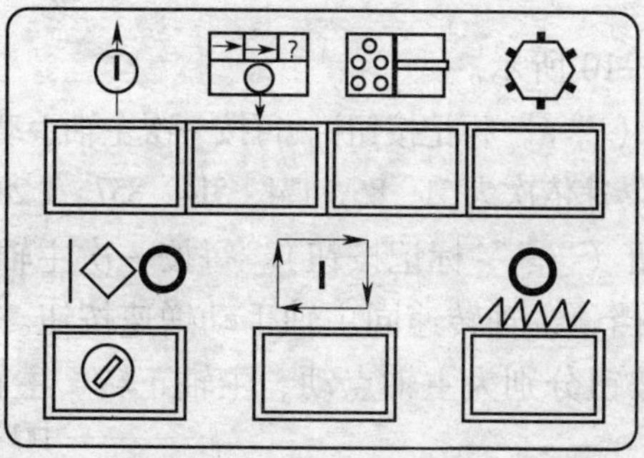

图 3—8　功能按钮

表 3—4　功能按钮的功能

图标	名称	功　能
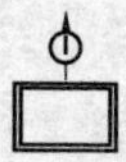	机床启动按钮	启动机床的液压系统，机床处于工作状态
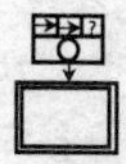	二次限位释放按钮	用于解除机床硬件超程报警。此时必须一直按下该按钮，按复位键机床超程报警消失后，再按下机床启动按钮，进行正常手动操作，待刀架退至正常工作区域后，才能释放该按钮
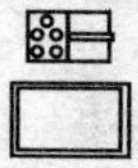	门锁开关	当机床防护门关上后，再要打开必须按门锁开关后才能开门
	手动换刀按钮	按下此按钮，刀架转过一个工位
	钥匙式程序锁定旋钮	该锁定旋钮无效时，即处于“ ○ ”位置才能进行程序的编辑及存储
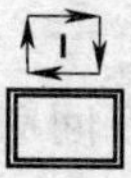	循环启动按钮	自动方式按该按钮，按钮指示灯亮，进给保持按钮指示灯灭，进入自动循环状态，MDI 方式按此按钮，执行输入程序段
	进给保持按钮	运行期间按此按钮，按钮指示灯亮而循环启动按钮灯灭，进给立即停止或执行完 M、S、T 指令后停止进给

（7）手动进给按钮

如图3—9所示，4个方向键分别控制刀架的纵向和横向运动，同时按中间键与方向键，则控制刀架快速运动。

（8）主轴操作按钮

主轴操作按钮如图3—10所示。

1）主轴手动增速按钮（“+”标记按钮）。每按一次主轴手动增速按钮，主轴转速向上递增一挡，直至最高挡。主轴转速依次为51、86、174、514、857、1 286、1 714、2 197 r/min。

2）主轴手动减速按钮（“-”标记按钮）。每按一次主轴手动减速按钮，主轴转速向下递减一挡，直至最低挡。主轴转速同主轴手动增速按钮。

3）其余按钮。其余按钮分别为主轴点动、主轴正转、主轴停和主轴反转按钮。

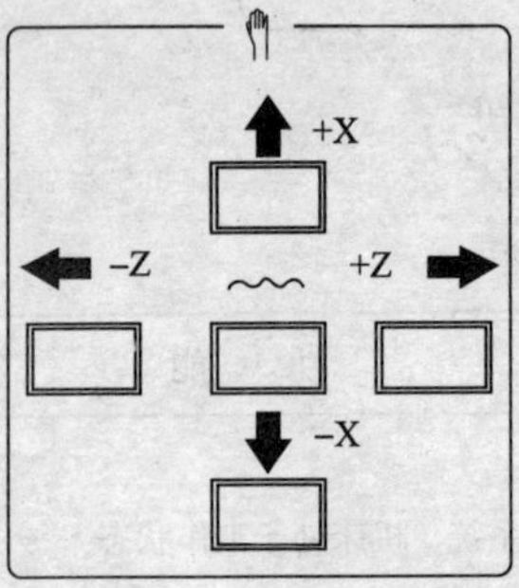

图3—9　手动进给按钮

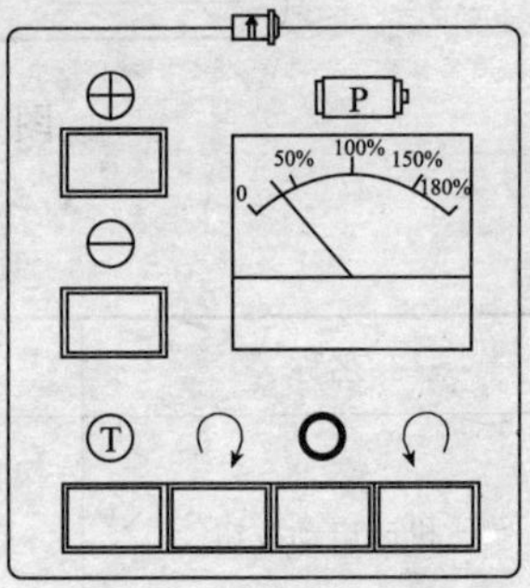

图3—10　主轴操作按钮

3.1.3　HM-001数控车床的基本操作步骤

1. 开机、回参考点操作

（1）开启机床左侧总电源开关。

（2）点击机床启动按钮 ，CNC正常启动。

（3）返回参考点。

2. 装夹零件

3. 试切法对刀操作

（1）在手动操作方式（JOG）下设置主轴转动，启动主轴运转。

（2）*X*方向对刀（见图3—11）。

1）手动操作方式（JOG）下车削外圆*B*面，仅*Z*轴方向进刀与退刀。

2）测量外圆直径，如40.67。

3）按 OFFSET/SETTING 键，按［形状］软键，光标选刀号位置。

4）如1号刀位置G01，输入测量外圆直径X40.67，按软键 测量 ，完成*X*方向对刀。

（3）*Z*方向对刀

1）在手动操作方式（JOG）下车削端面*A*，仅*X*轴方向进刀与退刀。

2）按OFFSET/SETTING键，然后按［形状］软键，光标选刀号位置。

3）如1号刀位置G01，输入ZO，按软键 测量 ，完成*Z*方向对刀。

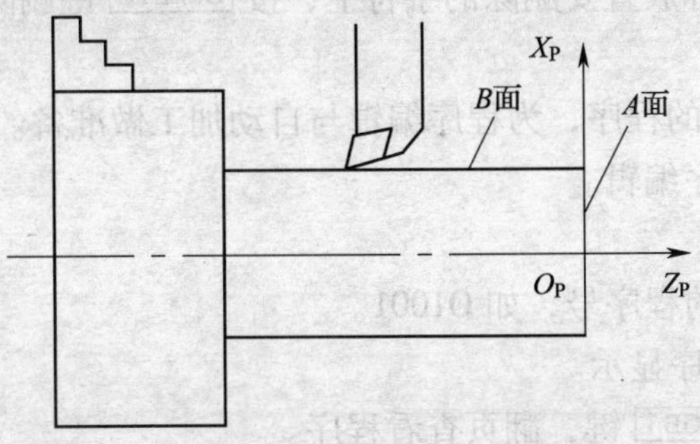

图3—11 试切法对刀操作

4. 数控车床参数设置

车床刀具补偿参数有 *X* 与 *Z* 方向的补偿参数、刀尖圆半径补偿和刀位号，其中 *X* 与 *Z* 方向的补偿参数又分刀具磨损量和形状尺寸偏差，二者之和构成车刀偏置补偿参数。

（1）输入刀具磨损补偿参数

1）选 MDI 操作方式，点击 OFFSET/SETTING 键，按软件 磨耗 。

2）方向键选择刀号对应的 X 与 Z 的输入域。

3）输入补偿值，按软键 INPUT 。

（2）输入形状补偿参数

1）选 MDI 操作方式，点击 OFFSET/SETTING 键，按软件 形状 。

2）方向键选择刀号对应的 X 与 Z 的输入域。

3）输入补偿值，按软键 INPUT 。

（3）输入刀尖圆半径补偿和刀位号

光标分别移到 R 和 T 的输入域，输入刀尖半径和刀的方位号，按软键 INPUT 。

5. 程序输入

（1）程序的建立

1）操作方式选择程序编辑（EDIT）。

2）按 PROG 按钮，进入程序编辑界面。

3）输入新程序号（如 O1001），按 INSERT ，再按 EOB 与 INSERT 。

4）依次输入各程序段的字，每输入一个字后按 INSERT ，每输完一个程序段后，按下 EOB ，再按下 INSERT 。

（2）程序编辑

程序编辑包括修改、插入和删除等操作。

1）用 ↓ 或 ↑ 键移动光标到需要编辑的字。

2）修改字符：输入要替代的字符，按 ALTER 键，输入字符替代修改字符。

3）插入字符：输入要插入的字符，按 INSERT 键，输入字符插入在光标之后。

4）删除字符：光标放置要删除的字符上，按 DELETE 键删除。

（3）程序调用

调用存储器中已有的程序，为程序编辑与自动加工做准备。

1）操作方式选程序编辑。

2）按下 PROG 键。

3）输入准备调用的程序号，如 O1001。

4）按下 ↓ 键，程序显示。

5）按 PAGE↓ 或 PAGE↑ 键，翻页查看程序。

6. 零件加工

（1）粗加工

操作方式选择自动循环（AUTO），选择加工程序，设置刀具补偿值。关闭防护门，按循环 启动 按钮，循环指示灯亮。加工程序自动运行，按 进给暂停 按钮，自动运行暂停，循环指示灯灭。

（2）测量调整

1）测量工件外圆尺寸。

2）计算 X 坐标修正值：X 坐标修正值 = 实测值 - 中间值 -0.5（精加工余量）。

正值处理：X 坐标值 = 工件坐标系中 X 值 - X 坐标修正值（绝对值）。

负值处理：X 坐标值 = 工件坐标系中 X 值 + X 坐标修正值（绝对值）。

3）修改刀具磨损值。

（3）精加工

操作方式选择自动循环，按循环 启动 按钮，循环指示灯亮，加工程序自动运行。

3.2 轴类零件车削加工

本节以轴类零件为例，通过熟悉加工图样与加工要求，在阅读加工程序的基础上编写加工工艺，并且修改加工程序，最后操作数控车床，完成对轴类零件的车削加工。

3.2.1 加工要求

1. 加工操作条件

（1）数控车床 FANUC。

（2）外圆车刀、镗孔车刀、外径千分尺、内测千分尺、游标卡尺等工量具。

（3）提供的数控程序已在机床中。

2. 加工操作内容

（1）根据零件图样和加工程序完成零件加工。

（2）零件尺寸自检。

3．加工操作要求

（1）根据零件图样和数控程序说明单安排加工顺序。

（2）根据数控程序说明单安装刀具、建立工件坐标系、输入刀具参数。

（3）修改程序中的切削参数。

（4）按零件图样完成零件加工。

3.2.2　加工图样（见图3—12）

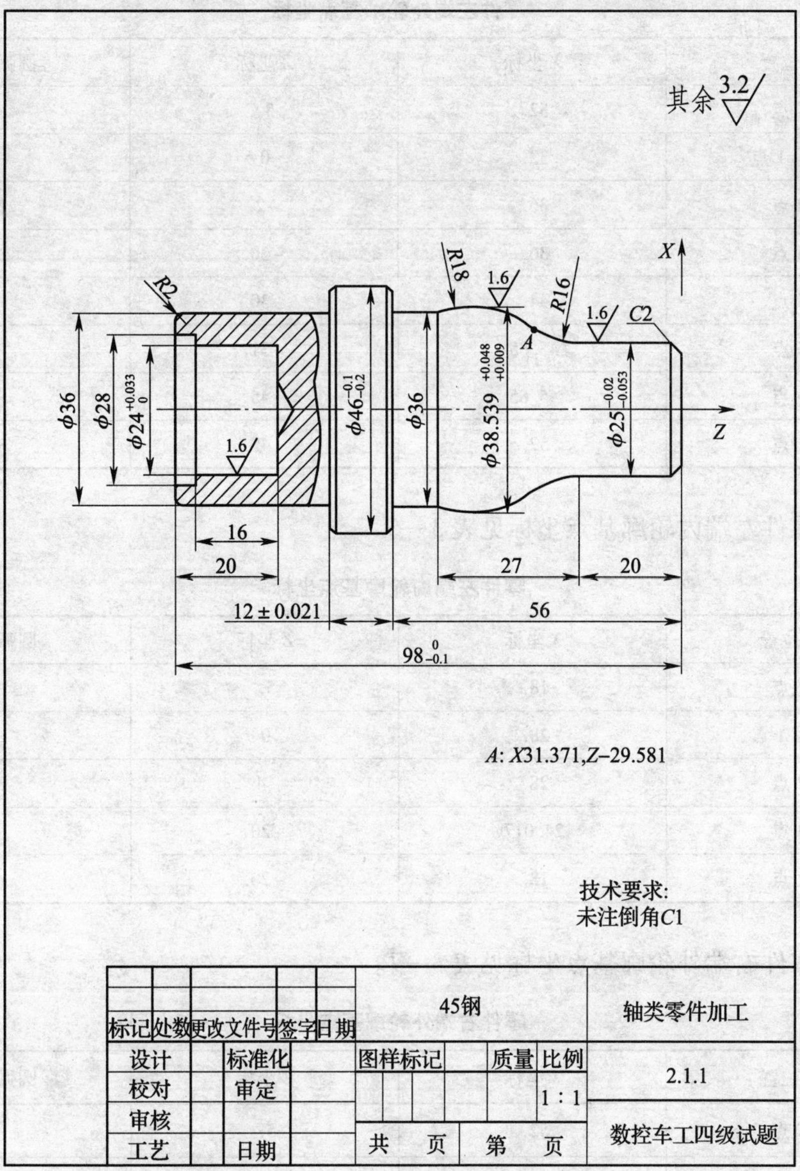

图3—12　加工图样

3.2.3 图样分析

1. 图形分析

零件左端外轮廓依次为倒圆角 $R2$、外圆 $\phi36\times30$、外圆 $\phi46\times12$ 左端倒角 $C1$；左端内轮廓为 $\phi28\times4$、$\phi24\times16$；右端外轮廓依次为倒角 $C2$、外圆 $\phi25\times20$、凹圆弧 $R16$、凸圆弧 $R18$、外圆 $\phi36\times9$、外圆 $\phi46\times12$ 右端倒角 $C1$。

2. 尺寸分析

（1）零件左端外轮廓基点坐标见表 3—5。

表 3—5　　零件左端外轮廓基点坐标

基点位置	X 坐标	Z 坐标	圆弧半径
定位点	52.	5.	—
轮廓第 1 点	32.	0	—
第 2 点	36.	-2.	2.
第 3 点	36.	-30.	—
第 4 点	44.	-30.	—
第 5 点	45.85	-31.	—
第 6 点	45.85	-45.	—
退刀点	52.	-45.	—

（2）零件左端内轮廓基点坐标见表 3—6。

表 3—6　　零件左端内轮廓基点坐标

基点位置	X 坐标	Z 坐标	圆弧半径
定位点	18.	5.	—
轮廓第 1 点	28.	0	—
第 2 点	28.	-4.	2.
第 3 点	24.017	-20.	—
退刀点	18.	-20.	—

（3）零件右端外轮廓基点坐标见表 3—7。

表 3—7　　零件右端外轮廓基点坐标

基点位置	X 坐标	Z 坐标	圆弧半径
定位点	52.	5.	—
轮廓第 1 点	19.	1.	—
第 2 点	24.964	-2.	—

续表

基点位置	X 坐标	Z 坐标	圆弧半径
第 3 点	24. 924	−20.	—
第 4 点	31. 371	−29. 581	16.
第 5 点	36.	−47.	18.
第 6 点	36.	−56.	—
第 7 点	43. 85	−56.	—
第 8 点	47. 85	−58.	—
退刀点	52.	−58.	—

3. 加工精度要求（见表 3—8）

表 3—8　　加工精度要求　　mm

加工尺寸	对象	加工要求	上偏差	下偏差
24	内孔直径	定形尺寸精度	0. 033	0
25	外圆柱直径	定形尺寸精度	−0. 02	−0. 053
98	工件总长度	定位尺寸精度	0	−0. 1
38. 539	外圆柱直径	定形尺寸精度	0. 048	0. 009

4. 加工质量分析

（1）零件外轮廓 $\phi25$ 与内轮廓 $\phi24$ 表面粗糙度要求 1. 6 μm，精车保证。

（2）其余轮廓表面粗糙度要求 3. 2 μm，半精车保证。

3. 2. 4　阅读与修改加工程序

1. 工件左端外轮廓加工程序 O2111（见表 3—9）

表 3—9　　工件左端外轮廓加工程序 O2111

程　序	注　释
O2111；	程序名
G28 U0；	
G28 W0；	
T0101；	粗车外轮廓切削参数
S100（S800）M04；	
M08；	

续表

程　序	注　释
G00 Z5.;	定位
G00 X52.;	
G71 U1. R0.5;	粗、精车外轮廓走刀路线
G71 P10 Q20 U0.5 W0.2 F0.2;	
N10 G42 G00 X32. F0.1;	
G01 Z0;	
G03 X36. Z-2. R2.;	
G01 Z-30.;	
G01 X44.;	
G01 X45.85. Z-31.;	
G01 Z-45.;	
G01 X50.;	
N20 G40 G01 X52.;	
T0100;	退刀
G28 U0;	
G28 W0;	
M05;	
M09;	
M00;	
T0101;	精车外轮廓切削参数
S100（S1000）M04;	
M08;	
G00 Z5.;	定位
G00 X52.;	
G70 P10 Q20 F0.1;	精车外轮廓
T0100;	退刀
G28 U0;	
G28 W0;	
M30;	程序结束

2. 工件左端内轮廓加工程序 O2112（见表 3—10）

3. 工件右端外轮廓加工程序 O2113（见表 3—11）

表 3—10　　工件左端内轮廓加工程序 O2112

程　序	注　释
O2112；	程序名
G28 U0；	粗车内轮廓切削参数
G28 W0；	
T0202；	
S100（S1000）M04；	
M08；	
G00 X18.；	定位
G00 Z5.；	
G71 U1. R0.5；	内轮廓粗、精加工走刀路线
G71 P10 Q20 U－0.5 W0.2 F0.2；	
N10 G41 G00 X28. F0.1；	
G01 Z0；	
G01 Z－4.；	
G01 X24.017；	
G01 Z－20.；	
G01 X20.；	
N20 G40 G01 X18.；	
T0200；	退刀
G28 U0；	
G28 W0；	
M05；	
M09；	
M00；	
T0202；	精车内轮廓切削参数
S100（S1200）M04；	
M08；	
G00 Z5.；	定位
G00 X18.；	
G70 P10 Q20 F0.1；	精车内轮廓
T0200；	退刀
G28 U0；	
G28 W0；	
M30；	程序结束

表 3—11　　工件右端外轮廓加工程序 O2113

程　序	注　释
O2113；	程序名
G28 U0；	粗车外轮廓切削参数
G28 W0；	
T0101；	
S100（S800）M04；	
M08；	
G00 Z5.；	定位
G00 X52.；	
G73 U12. W0 R12.；	粗、精车外轮廓走刀路线
G73 P10 Q20 U0.5 W0.2 F0.2；	
N10 G42 G00 X19. F0.1；	
G01 Z1.；	
G01 X24.964 Z-2.；	
G01Z-20.；	
G02 X31.371 Z-29.581 R16.；	
G03 X36. Z-47. R18.；	
G01 Z-56.；	
G01 X43.85；	
G01 X47.85 Z-58.；	
G01 X50.；	
N20 G40 G01 X52.；	
T0100；	退刀
G28 U0；	
G28 W0；	
M05；	
M09；	
M00；	
T0101；	精车外轮廓切削参数
S100（S1000）M04；	
M08；	
G00 Z5.；	定位
G00 X52.；	
G70 P10 Q20 F0.1；	精车外轮廓

续表

程　序	注　释
T0100；	退刀
G28 U0；	
G28 W0；	
M30；	程序结束

3.2.5 加工工艺分析

1. 刀具选择

（1）零件右端外轮廓凸圆弧轴向与径向尺寸非单调函数，选用外圆车刀刀尖角为35°，主偏角为93°，保证副偏角足够大，防止对圆弧轮廓过切。

（2）选用镗孔车刀刀尖角为55°，主偏角为93°。

2. 加工方法

采用粗加工、半精加工与精加工的加工工艺，加工余量按表3—12分配。

表3—12　　加工余量分配表　　mm

加工方法	径向尺寸	备注
粗加工余量	0.65	指令及磨耗设置
半精加工余量	0.15	磨耗设置
精加工余量	0	测量、计算、调整

3. 加工顺序

先车削加工零件左面内外轮廓，后车削加工零件右面轮廓。

4. 测量项目（见表3—13）

表3—13　　测量项目表　　mm

测量项目	加工尺寸	上偏差	下偏差	极限尺寸 MAX	极限尺寸 MIN
内孔直径	24.	0.033	0	24.033	24.
外圆柱直径	25.	−0.02	−0.053	24.98	24.947
外圆柱直径	38.539	0.048	0.009	38.587	38.548
外圆柱直径	46.	−0.1	−0.2	45.9	45.8
零件长度	98.	0	−0.1	98.	97.9

5. 阶梯轴封闭尺寸计算（$\phi36$ 直径台阶长）

（1）$\phi36$ 台阶长 MAX $=98-(56+12-0.021)=30.021$。

（2）$\phi36$ 台阶长 MIN $=(98-0.1)-(56+12+0.021)=29.879$。

（3）$\phi36$ 台阶中间值 $=(30.021+29.879)/2=29.95$。

6. 加工精度控制

通过测量修调刀具磨损量，控制零件的车削精度。

3.2.6 工件坐标系与走刀轨迹（见表3—14）

表3—14　　工件坐标系与走刀轨迹

1. 车削轴左端外轮廓	2. 车削轴左端内轮廓
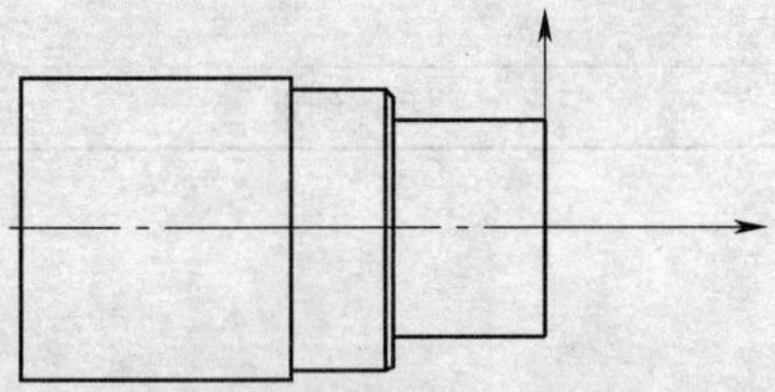	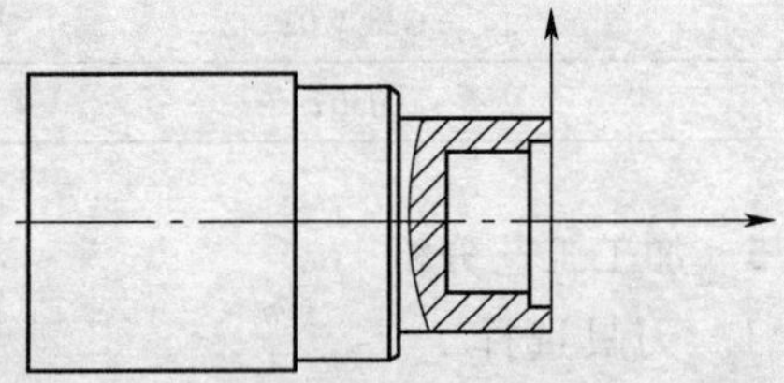
3. 车削轴右端外轮廓	
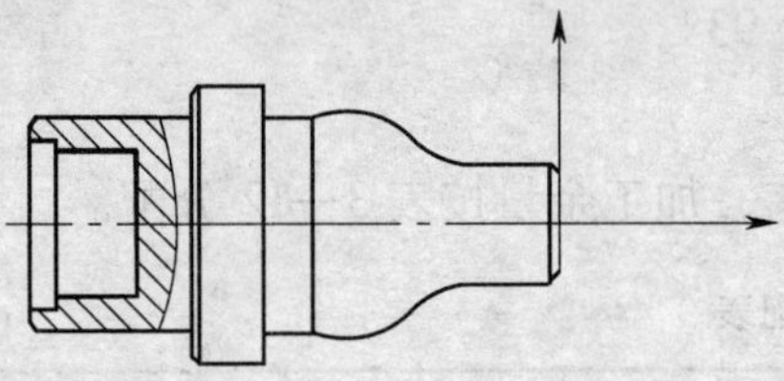	

3.2.7 加工工艺

1. 加工工艺卡（见表3—15）

表3—15　　加工工艺卡

<table>
<tr><td colspan="4" rowspan="2">数控车床加工工艺卡</td><td colspan="4">零件代号</td><td colspan="2">材料名称</td><td>零件数量</td></tr>
<tr><td colspan="4">2.1.1</td><td colspan="2">45钢</td><td>1</td></tr>
<tr><td>设备名称</td><td>HM-001</td><td>系统型号</td><td>FANUC 0i</td><td colspan="2">夹具名称</td><td colspan="3">三爪自定心卡盘</td><td>毛坯尺寸</td><td>$\phi50\times100$（孔$\phi20\times22$）</td></tr>
<tr><td>工步号</td><td colspan="3">工步内容</td><td>刀具号</td><td colspan="2">主轴转速（r/min）</td><td colspan="2">进给量（mm/r）</td><td>背吃刀量（mm）</td><td>备注</td></tr>
<tr><td></td><td colspan="3">装夹$\phi50\times25$</td><td></td><td colspan="2"></td><td colspan="2"></td><td></td><td></td></tr>
<tr><td>1</td><td colspan="3">粗车左端外轮廓</td><td>1</td><td colspan="2">800</td><td colspan="2">0.2</td><td>1</td><td></td></tr>
<tr><td>2</td><td colspan="3">精车左端外轮廓</td><td>1</td><td colspan="2">1 000</td><td colspan="2">0.1</td><td>0.5</td><td></td></tr>
<tr><td>3</td><td colspan="3">粗车左端内轮廓</td><td>2</td><td colspan="2">1 000</td><td colspan="2">0.2</td><td>1</td><td></td></tr>
<tr><td>4</td><td colspan="3">精车左端内轮廓</td><td>2</td><td colspan="2">1 200</td><td colspan="2">0.1</td><td>0.5</td><td></td></tr>
<tr><td></td><td colspan="3">掉头装夹$\phi36\times30$</td><td></td><td colspan="2"></td><td colspan="2"></td><td></td><td></td></tr>
<tr><td>5</td><td colspan="3">粗车右端外轮廓</td><td>1</td><td colspan="2">800</td><td colspan="2">0.2</td><td>1</td><td></td></tr>
<tr><td>6</td><td colspan="3">精车右端外轮廓</td><td>1</td><td colspan="2">1 000</td><td colspan="2">0.1</td><td>0.5</td><td></td></tr>
</table>

2. 刀具选用卡（见表3—16）

表3—16　　刀具选用卡

序号	刀具号	刀具名称	刀片/刀具规格	刀尖圆弧	刀具材料	备注
1	1	93°外圆车刀	35°	0.4	P20	
2	1	93°外圆车刀	35°	0.4	P20	
3	2	93°镗孔车刀	55°	0.4	P20	
4	2	93°镗孔车刀	55°	0.4	P20	
5	1	93°外圆车刀	35°	0.4	P20	
6	1	93°外圆车刀	35°	0.4	P20	

3.2.8 数控车床加工

1. 阅读文件

（1）分析图样加工要求。

（2）阅读与修改加工程序的切削参数。

（3）分析零件加工工艺。

2. 开机准备工作

（1）开启数控车床电源，机床回零操作。

（2）三爪自定心卡盘安装 ϕ100 mm×50 mm 工件坯料。

（3）安装刀尖角度55°的镗孔车刀，刀尖角度35°的外圆车刀。

3. 零件加工

（1）零件粗加工（设置刀具粗加工补偿参数）。

（2）零件半精加工（设置刀具半精加工补偿参数）。

（3）零件精加工（测量、计算与修整刀具补偿参数）。

4. 自检零件

根据测量项目表要求检验零件加工质量。

3.3 盘套类零件车削加工

本节以盘套类零件为例，通过熟悉加工图样与加工要求，在阅读加工程序的基础上编写加工工艺，并且修改加工程序，最后操作数控车床，完成对盘套类零件的车削加工。

3.3.1 加工要求

1. 加工操作条件

（1）数控车床 FANUC。

（2）外圆车刀、镗孔车刀、外径千分尺、内测千分尺、游标卡尺等工量具。

（3）提供的数控程序已在机床中。

2. 加工操作内容

（1）根据零件图样和加工程序完成零件加工。

（2）零件尺寸自检。

3. 加工操作要求

（1）根据零件图样和数控程序说明单安排加工顺序。

（2）根据数控程序说明单安装刀具、建立工件坐标系、输入刀具参数。

（3）修改程序中的切削参数。

（4）按零件图样完成零件加工。

3.3.2 加工图样（见图 3—13）

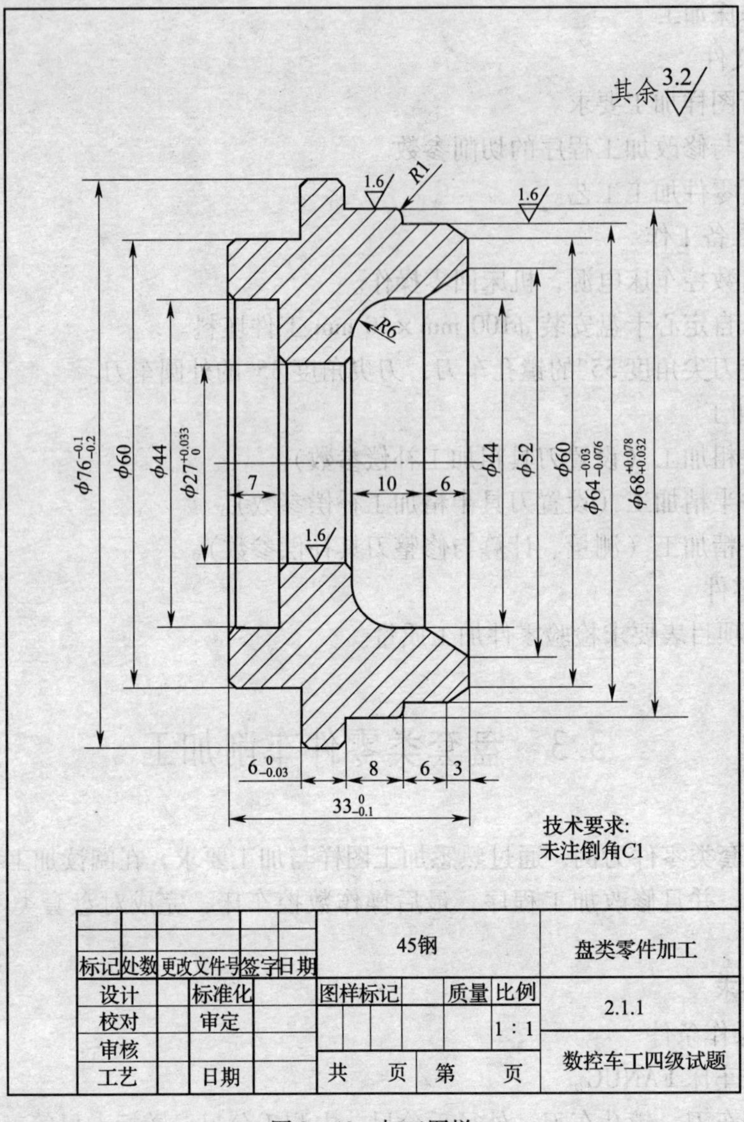

图 3—13 加工图样

3.3.3　图样分析

1．图形分析

（1）零件左端外轮廓倒角 $C1$、外圆 $\phi60\times10$、外圆 $\phi76$ 左侧倒角 $C1$、外圆 $\phi76\times6$；左端内轮廓倒角 $C1$、内孔 $\phi44\times7$、内轮廓倒角 $C1$、内孔 $\phi27\times10$。

（2）零件右端外轮廓外锥面 $\phi60-\phi64-3$、外圆 $\phi64\times6$、外圆圆弧 $R1$、外圆 $\phi68\times8$、外圆 $\phi76$ 右侧倒角 $C1$；右端内轮廓内锥面 $\phi52-\phi44-6$、内孔 $\phi44\times4$、内圆圆弧 $R6$、内轮廓倒角 $C1$。

2．尺寸分析

（1）零件左端外轮廓基点坐标见表3—17。

表3—17　　零件左端外轮廓基点坐标

基点位置	X 坐标	Z 坐标	圆弧半径
定位点	82.	5.	—
轮廓第1点	56.	1.	—
第2点	60.	-1.	—
第3点	60.	-9.935	—
第4点	74.	-9.935	—
第5点	75.85	-11.	—
第6点	75.85	-18.	—
退刀点	82.	-18.	—

（2）零件左端内轮廓基点坐标见表3—18。

表3—18　　零件左端内轮廓基点坐标

基点位置	X 坐标	Z 坐标	圆弧半径
定位点	18.	5.	—
轮廓第1点	48.	1.	—
第2点	44.	-1.	—
第3点	44.	-7.	—
第4点	29.	-7.	—
第5点	27.017	-8.	—
第6点	27.017	-20.	—
退刀点	18.	-20.	—

（3）零件右端外轮廓基点坐标见表3—19。

表3—19　　零件右端外轮廓基点坐标

基点位置	X坐标	Z坐标	圆弧半径
定位点	82.	5.	—
轮廓第1点	60.	0	—
第2点	63.947	-3.	—
第3点	63.947	-9.	—
第4点	66.	-9.	—
第5点	68.055	-10.	1.
第6点	68.055	-17.	—
第7点	74.	-17.	—
第8点	78.	-19.	—
退刀点	82.	-19.	—

（4）零件右端内轮廓基点坐标见表3—20。

表3—20　　零件右端内轮廓基点坐标

基点位置	X坐标	Z坐标	圆弧半径
定位点	18.	5.	—
轮廓第1点	52.	0	—
第2点	44.	-6.	—
第3点	44.	-10.	—
第4点	32.	-16.	6.
第5点	29.	-16.	—
第6点	25.	-18.	—
退刀点	18.	-18.	—

3. 加工精度要求（见表3—21）

表3—21　　加工精度要求　　mm

对象	加工尺寸	加工要求	上偏差	下偏差
内孔直径	27	定形尺寸精度	0.033	0
外圆直径	76	定形尺寸精度	-0.1	-0.2
外圆直径	68	定形尺寸精度	0.078	0.032
外圆直径	64	定形尺寸精度	-0.03	-0.076
工件总长	33	定位尺寸精度	0	-0.1
台阶长	6	定位尺寸精度	0	-0.03

4．加工质量分析

（1）零件 ϕ64 mm 与 ϕ68 mm 外圆轮廓面、ϕ27 mm 内孔轮廓面粗糙度要求 1.6 μm，精加工保证。

（2）其余轮廓加工表面粗糙度要求 3.2 μm，半精加工保证。

3.3.4 阅读与修改加工程序

1．工件左端外圆加工程序 O2211（见表 3—22）

表 3—22　　工件左端外圆加工程序 O2211

程　序	注　释
O2211；	程序名
G28 U0；	粗车外轮廓切削参数
G28 W0；	
T0101；	
S100（S800）M04；	
M08；	
G00 Z5.；	定位
G00 X82.；	
G71 U1. R0.5；	粗、精车外轮廓走刀路线
G71 P10 Q20 U0.5 W0.2 F0.2；	
N10 G42 G00 X56. F0.1；	
G01 Z1.；	
G01 X60. Z－1.；	
G01 Z－9.935；	
G01 X74.；	
G01 X75.85 Z－11.；	
G01 Z－18.；	
N20 G40 G01 X82.；	
T0100；	退刀
G28 U0；	
G28 W0；	
M05；	
M09；	
M00；	
T0101；	精车外轮廓切削参数
S100（S1000）M04；	
M08；	

续表

程　序	注　释
G00 X80.;	定位
G00 Z5.;	
G70 P10 Q20;	精车外轮廓
T0100;	退刀
G28 U0;	
G28 W0;	
M09;	
M05;	
M30;	程序结束

2. 工件左端内孔加工程序 O2212（见表 3—23）

表 3—23　　　　工件左端内孔加工程序 O2212

程　序	注　释
O2212;	程序名
G28 U0;	粗车内轮廓切削参数
G28 W0;	
T0202;	
S100（S800）M04;	
M08;	
G00 Z5.;	定位
G00 X18.;	
G71 U1. R0.5;	粗车内轮廓
G71 P10 Q20 U-0.5 W0.2 F0.2;	
N10 G41 G00 X48. F0.1;	
Z1.;	
G01 X44. Z-1.;	
G01 Z-7.;	
G01 X29.;	
G01 X27.017 Z-8.;	
G01 Z-20.;	
N20 G40 G01 X18.;	
T0200;	退刀
G28 U0;	
G28 W0;	
M05;	
M09;	
M00;	

续表

程　序	注　释
T0202；	精车内轮廓切削参数
S100（S1000）M04；	
M08；	
G00 Z5.；	定位
G00 X18.；	
G70 P10 Q20；	精车内轮廓
T0200；	退刀
G28 U0；	
G28 W0；	
M30；	程序结束

3．工件右端外圆加工程序 O2213（见表 3—24）

表 3—24　　　　工件右端外圆加工程序 O2213

程　序	注　释
O2213；	程序名
G28 U0；	粗车外轮廓切削参数
G28 W0；	
T0101；	
S100（S800）M04；	
M08；	
G00 Z5.；	定位
G00 X82.；	
G71 U1. R0.5；	粗车外轮廓
G71 P10 Q20 U0.5 W0.2 F0.2；	
N10 G42 G00 X60. F0.1；	
G01 Z0.；	
G01 X63.947 Z-3.；	
G01 Z-9.；	
G01 X66.；	
G03 X68.055 Z-10. R1.；	
G01 Z-17.；	
G01 X74.；	
G01 X78. Z-19.；	
N20 G40 G01 X82.；	

续表

程　　序	注　　释
T0100;	退刀
G28 U0;	
G28 W0;	
M05;	
M09;	
M00;	
T0101;	精车外轮廓切削参数
S100 (S1000) M04;	
M08;	
G00 Z5.;	定位
G00 X80.;	
G70 P10 Q20;	精车外轮廓
T0100;	退刀
G28 U0;	
G28 W0;	
M30;	程序结束

4. 工件右端内孔加工程序 O2214（见表 3—25）

表 3—25　　　　工件右端内孔加工程序 O2214

程　　序	注　　释
O2214;	程序名
G28 U0;	粗车内轮廓切削参数
G28 W0;	
T0202;	
S100 (S800) M04;	
M08;	
G00 Z5.;	定位
G00 X18.;	
G71 U1. R0.5;	粗车内轮廓
G71 P10 Q20 U-0.5 W0.2 F0.2;	
N10 G41 G00 X52. F0.1;	
G01 Z0;	
G01 X44. Z-6.;	
G01 Z-10.;	
G03 X32. Z-16. R6.;	
G01 X29.;	
G01 X25. Z-18.;	
N20 G40 G01 X18.;	

续表

程　　序	注　　释
T0200；	退刀
G28 U0；	
G28 W0；	
M05；	
M09；	
M00；	
T0202；	精车内轮廓切削参数
S100（S1000）M04；	
M08；	
G00 X18.；	定位
G00 Z5.；	
G70 P10 Q20；	精车内轮廓
T0200；	退刀
G28 U0；	
G28 W0；	
M30；	程序结束

3.3.5 加工工艺分析

1. 刀具选择

（1）刀尖角80°外圆车刀，主偏角95°。

（2）刀尖角55°镗孔车刀，主偏角93°。

2. 加工方法

采用粗加工、半精加工与精加工的加工工艺，加工余量按表3—26分配。

表3—26　　加工余量分配表　　mm

加工方法	径向尺寸	备注
粗加工余量	0.65	指令设定及磨耗参数设置
半精加工余量	0.15	磨耗参数设置
精加工余量	0	测量调整

3. 加工顺序

先加工零件左面内外轮廓，后加工零件右面内外轮廓。

4. 测量项目（见表3—27）

表 3—27　　　　测量项目表　　　　mm

测量项目	加工尺寸	上偏差	下偏差	极限尺寸 MAX	极限尺寸 MIN
内孔直径	27.	0.033	0	27.033	27.
外圆柱直径	76.	-0.1	-0.2	75.9	75.8
外圆柱直径	64.	-0.03	-0.076	63.97	63.924
外圆柱直径	68.	0.078	0.032	68.078	68.032
零件长度	33.	0	-0.1	33.	32.9
台阶长	6.	0	-0.03	6.	5.97

5. 计算 $\phi60$ 阶梯轴长度极限尺寸

（1）$\phi60$ 阶梯轴长 MAX $=33-(3+6+8+6-0.03)=10.03$。

（2）$\phi60$ 阶梯轴长 MIN $=(33-0.1)-(3+6+8+6)=9.9$。

（3）$\phi60$ 阶梯轴长中间值 $=(10.03+9.9)/2=9.965$。

6. 加工精度控制

通过测量修调刀具磨损量，控制零件的车削精度。

3.3.6　工件坐标系与走刀轨迹（见表 3—28）

表 3—28　　　　工件坐标系与走刀轨迹

1. 车削左端外轮廓	2. 车削左端内轮廓
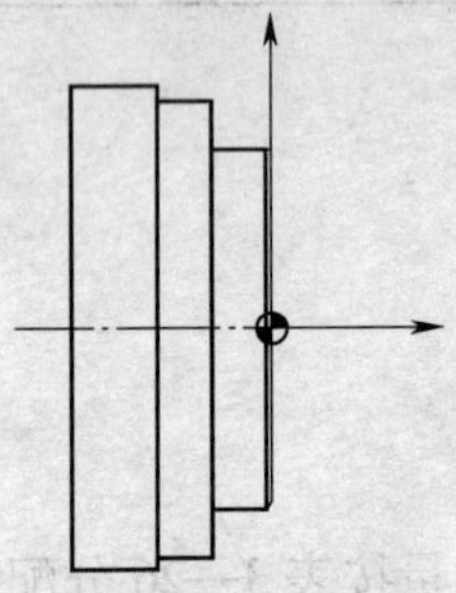	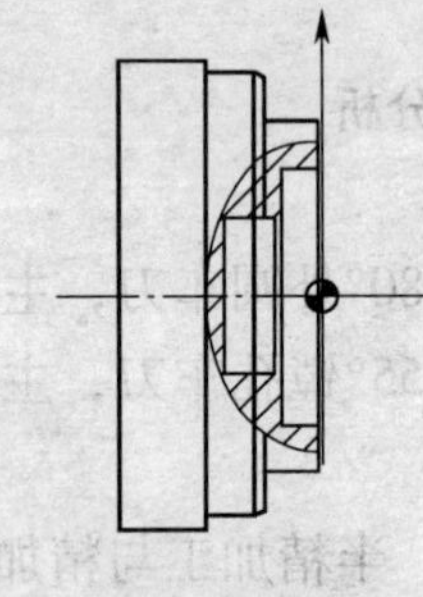
3. 车削右端外轮廓	4. 车削右端内轮廓
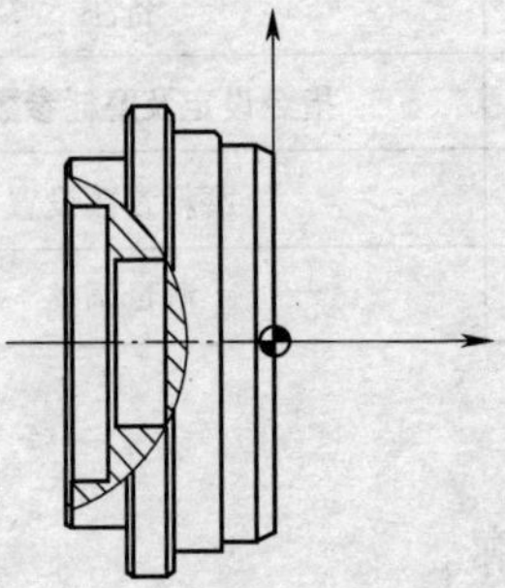	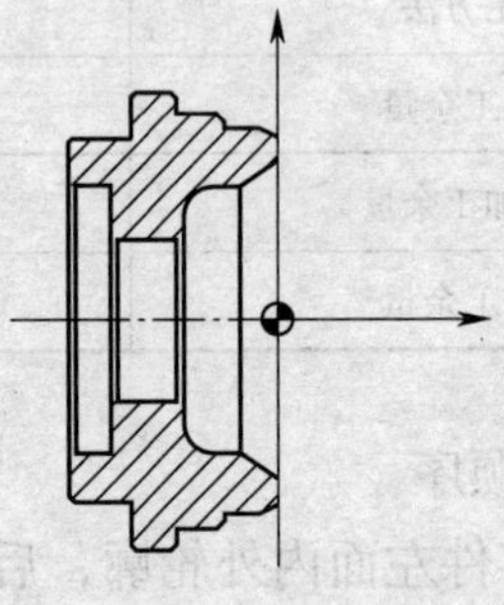

3.3.7　加工工艺

1．加工工艺卡（见表3—29）

表3—29　　　　**加工工艺卡**

加工工艺卡				零件代号		材料名称		零件数量
				2.2.1		45钢		1
设备名称	HM－001	系统型号	FANUC 0i	夹具名称	三爪自定心卡盘		毛坯尺寸	ϕ80×35（ϕ20通孔）
工步号	工步内容			刀具号	主轴转速（r/min）	进给量（mm/r）	背吃刀量（mm）	备注
	装夹ϕ80×15							
1	粗车左端外轮廓			1	800	0.2	1	
2	精车左端外轮廓			1	1 000	0.1	0.5	
3	粗车左端内轮廓			2	800	0.2	1	
4	精车左端内轮廓			2	1 000	0.1	0.5	
	掉头装夹ϕ60×10							
5	粗车右端外轮廓			1	800	0.2	1	
6	精车右端外轮廓			1	1 000	0.1	0.5	
7	粗车右端内轮廓			2	800	0.2	1	
8	精车右端内轮廓			2	1 000	0.1	0.5	

2．刀具选用卡（见表3—30）

表3—30　　　　**刀具选用卡**

序号	刀具号	刀具名称	刀片/刀具规格	刀尖圆弧	刀具材料	备注
1	1	95°外圆车刀	80°	0.4	P20	
2	1	95°外圆车刀	80°	0.4	P20	
3	2	93°镗孔车刀	55°	0.4	P20	
4	2	93°镗孔车刀	55°	0.4	P20	
5	1	95°外圆车刀	80°	0.4	P20	
6	1	95°外圆车刀	80°	0.4	P20	
7	2	93°镗孔车刀	55°	0.4	P20	
8	2	93°镗孔车刀	55°	0.4	P20	

3.3.8　数控车床加工

1．阅读文件

（1）分析图样加工要求。

（2）阅读与修改加工程序的切削参数。

（3）分析零件加工工艺。

2．开机准备工作

(1) 开启数控车床电源，机床回零操作。

(2) 三爪自定心卡盘安装 ϕ80 mm×35 mm 工件坯料。

(3) 分别安装刀尖角度 80°外圆车刀，刀尖角度 55°镗孔车刀。

3. 零件加工

(1) 零件粗加工（设置刀具粗加工补偿参数）。

(2) 零件半精加工（设置刀具半精加工补偿参数）。

(3) 零件精加工（测量、计算与修整刀具补偿参数）。

4. 自检零件

根据测量项目表要求检验零件加工质量。

3.4 数控铣床（FANUC－0i Mate－MB 系统）操作

本节以 FA－32M（FANUC－0i Mate－MB 系统）立式三轴联动的数控铣床为例，介绍数控铣床的功能与操作。数控铣床的面板主要由两部分组成：一部分为系统控制面板，另一部分为机床操作面板。

3.4.1 FA－32M 数控铣床系统控制面板

1. 数控铣床 CRT/MDI 面板

FA－32M 数控铣床的 CRT/MDI 控制面板如图 3—14 所示，由 CRT 显示部分和键盘组成。

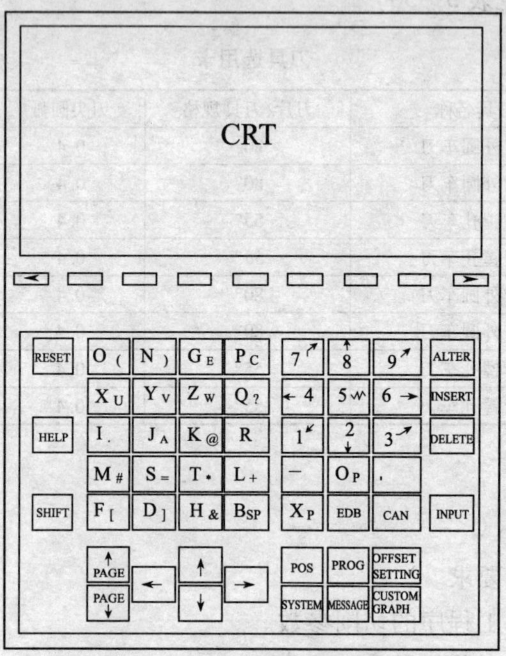

图 3—14　CRT/MDI 控制面板

2. CRT/MDI 面板中功能键

控制面板中各键的功能见表 3—31。

表 3—31 控制面板中各键的功能

名称	键图	功能
复位键	RESET	解除报警，CNC 复位
地址/数字键	N 7	字母、数字等文字的输入
输入键	INPUT	参数、偏置的输入，I/O 设备的输入，MID 方式数据输入
取消键	CAN	删除输入到缓冲寄存器中的文字或符号
程序编辑键	ALTER	替换
	INSERT	插入
	DELETE	删除
	SHIFT	上档字符选择
	EOB	分号键
	HELP	帮助键
光标移动键	↓	顺方向移动光标
	↑	反方向移动光标
	→	右方向移动光标
	←	左方向移动光标
翻页键	↑ PAGE	顺方向翻 CRT 画面
	↓ PAGE	反方向翻 CRT 画面

续表

名称	键图	功　能
软键	◀ □ ▶	左端的软键 ◀：显示初始状态的软件功能 右端的软键 ▶：显示画面中未显示的软件功能
功能键	POS	当前位置的显示
	PROG	程序显示屏
	OFFSET SETTING	偏置量显示屏
	SYSTEM	进行参数的设定，诊断数据的显示
	MESSAGE	进行报警号的显示，软控制面板的显示
	CUSTOM GRAPH	进行图形显示
数据输入键		输入的内容显示在画面倒数第二行上

3.4.2 FA－32M 数控铣床操作面板

1. 数控铣床操作面板

FA－32M 数控铣床操作面板如图 3—15 所示。

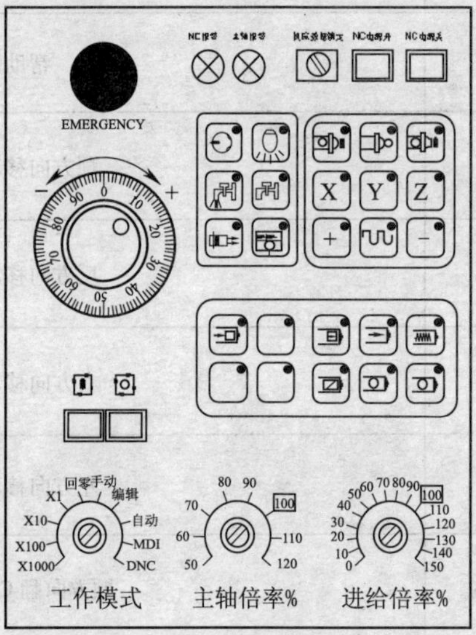

图 3—15　FA－32M 数控铣床操作面板

2. 操作面板功能键

(1) 工作模式选择开关

如图 3—16 所示，工作模式选择开关分为回零、手动、编辑、自动、MDI 和 DNC 操作方式，其功能见表 3—32。

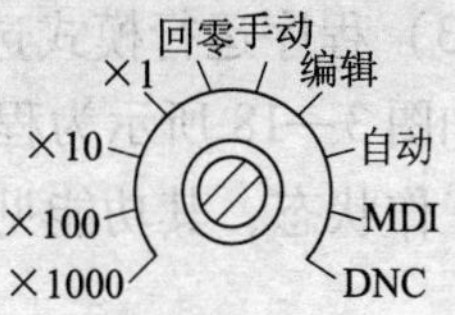

图 3—16 工作模式选择开关

表 3—32 工作模式选择开关功能表

名称	功能
×1 ×10 ×100 ×1 000	单步增量进给选择有四挡：1 μm、10 μm、100 μm 和 1 000 μm。选择开关设定增量进给值后，每按一次手动进给按钮，刀具移动的距离为增量进给选择开关指定的增量进给值
回零	以一定速度移向参考点，按先 *Z* 轴，后 *X*、*Y* 轴回零，防止刀具碰撞工件
手动	手动方式（JOG 方式），通过 *X*、*Y*、*Z* 轴方向移动按钮，实现各轴移动，进给倍率开关能控制移动速度，按快速按钮能实现快速移动
编辑	程序保护开关通过钥匙接通，编辑、修改、删除或传输零件的加工程序
自动	自动方式下，选择加工程序，设置刀补值，关好防护门，按循环启动按钮，运行加工程序；按进给保持按钮，则机床暂停；意外事发生按紧急停止按钮
MDI	手动数据输入方式（MDI 方式），在 CRT/MID 操作面板中输入一个程序段
DNC	手轮/单步方式下，手摇脉冲发生器（手轮）起作用，选择 *X*、*Y*、*Z* 移动轴与进给步长（×1、×10、×100、×1 000），实现各轴移动

(2) 倍率修调旋钮

如图 3—17 所示为主轴倍率修调旋钮和进给倍率修调旋钮，分别用于调整主轴转速与切削进给速度。

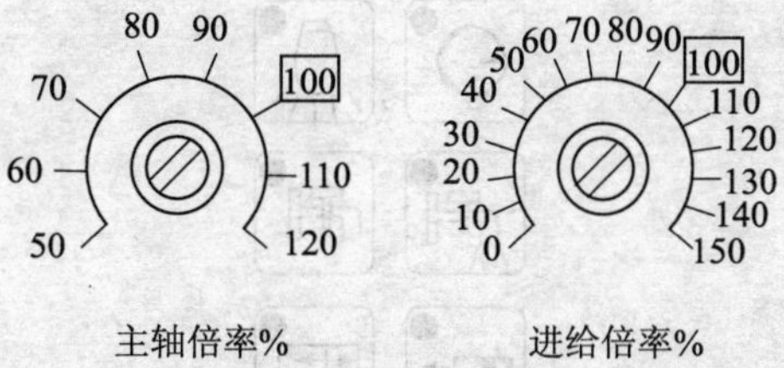

图 3—17 倍率修调旋钮

（3）程序运行模式选择开关

如图 3—18 所示为程序运行模式选择开关，可以设定程序的运行方式、机床辅助设备的工作状态，其功能见表 3—33。

图 3—18　程序运行模式选择开关

表 3—33　　程序运行模式选择开关功能表

键图	名称	功　能
	程序再启动键	按下此键，灯亮，程序再开始运行
	单段	按下此键，灯亮，程序执行一个程序段
	机床锁住键	按下此键，灯亮，机床 *X*、*Y*、*Z* 坐标轴锁住
	空运行	按下此键，灯亮，用于模拟时进给锁定状态
	跳步段跳跃	按下此键，灯亮，跳过“／”记号程序段
	程序停止键	在遇到 M00、M01 时，程序停止，灯亮
	选择停键	按下此键，灯亮，程序运行遇到 M01 指令，程序运行暂停

（4）其他选择按钮

如图 3—19 所示为数控铣床的其他选择按钮。其功能见表 3—34。

图 3—19　其他选择按钮

表 3—34　　其他选择按钮功能表

键图	名称	功　能
	报警指示	出现报警，指示灯亮
	照明灯	按下此按钮，机床照明灯亮，反之灯灭
	切削液开	按下此按钮，机床切削液打开
	切削液关	按下此按钮，机床切削液关闭
	刀具夹紧、松开	没有使用
	超程解除按钮	超程时按此按钮灯亮，在手动方式下移动机床，解除超程报警

（5）手动进给按钮

如图 3—20 所示，三个坐标选择按钮 X、Y 和 Z，选择机床运动的坐标轴，两个正、负方向按钮，代表坐标轴的运动方向，正、负按钮可以分别和中间按钮一起按下，则可以实现坐标轴的快速移动。

（6）主轴操作按钮

如图 3—21 所示为主轴操作按钮，分别表示主轴正转、主轴停和主轴反转。

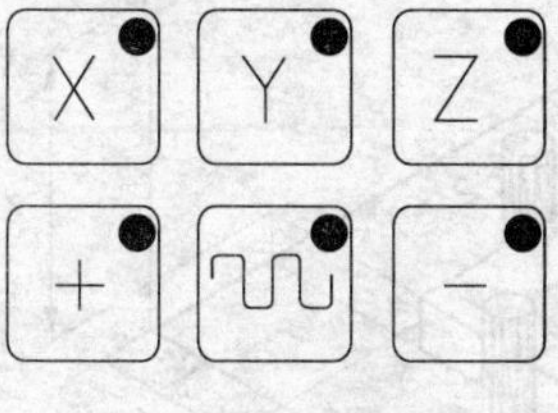

图 3—20　手动进给按钮

图 3—21　主轴操作按钮

3.4.3　FA－32M 数控铣床基本操作步骤

1. 零件装夹

数控铣床上使用的夹具种类很多，常用的通用夹具有三爪自定心卡盘和平虎钳，这类夹具主要用于单件或小批量零件的铣削加工。

2. 对刀操作

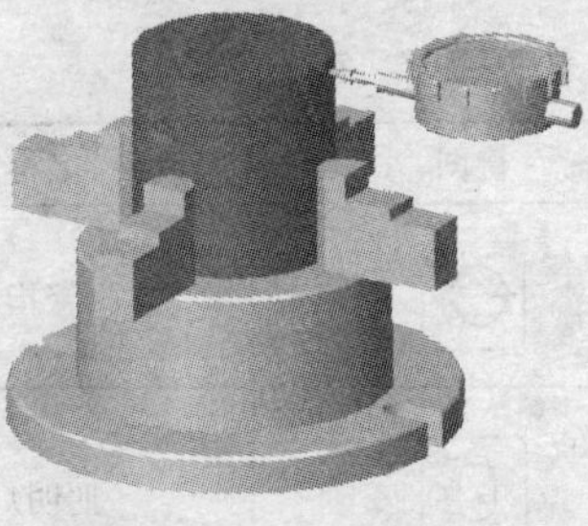

图 3—22　百分表对刀

百分表用于找正圆柱面中心对刀，操作麻烦，效率较低；采用寻边器对刀找正圆柱面中心，操作简单直观，而且对刀精度与工作效率高。

（1）百分表对刀

百分表对刀如图 3—22 所示。

1）用目测方法将刀具置于工件中心。

2）用磁力表座将杠杆百分表吸在机床主轴端面上。

3）手动操作移动表头靠近圆柱面，使表头压住被测表面。

4）使表头旋转一周，通过主轴前后左右调整使指针跳动量在允许范围内，则主轴中心与被测圆柱面中心重合。

5）记录机床坐标系中 X、Y 坐标值，即为工件坐标系的偏差值。

（2）寻边器对刀

寻边器对刀如图 3—23 所示。

1）寻边器装在主轴上。

2）沿 X（或 Y）方向缓慢移动测头接触工件左壁，记录 X_1（或 Y_1）。

3）沿 X（或 Y）方向缓慢移动测头接触工件右壁，记录 X_2（或 Y_2）。

4）记录机床相对坐标的 X（或 Y）值。

5）计算被测工件的中心位置。

$$X_0 = (X_1 + X_2)/2$$
$$Y_0 = (Y_1 + Y_2)/2$$

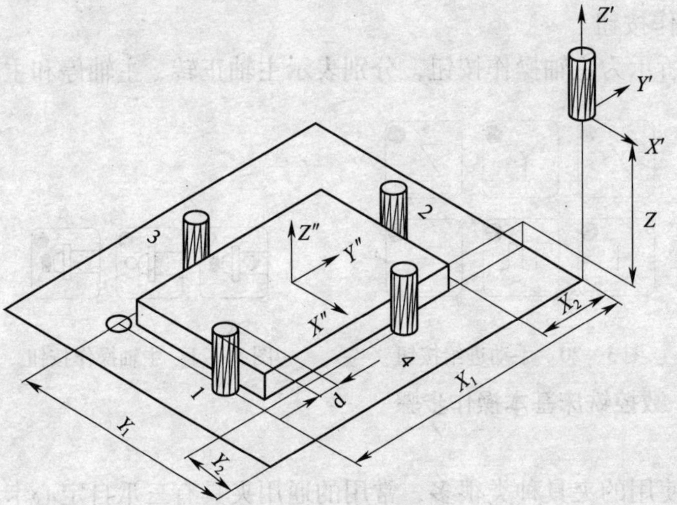

图 3—23　寻边器对刀

(3) Z 向对刀

直接更换切削刀具对刀，测定与工件坐标系 Z 轴零点位置有关的参数。

3. FANUC 0i Mate - MB 数控系统参数设置

(1) G54 ~ G59 参数设置

1) 选 MDI 工件方式，键盘点击 [OFFSET SETTING] 键。

2) 按菜单软键 [坐标系]，方向键选择坐标系与坐标轴。

3) 输入对刀得到的工件坐标原点在机床坐标系中的坐标值。

(2) 刀具补偿参数

刀具补偿参数有磨耗量补偿参数与形状补偿参数，形状补偿参数为绝对值，磨耗量补偿参数为相对值，二者叠加为刀具补偿参数，补偿参数分为刀具半径补偿与刀具长度补偿（用于加工中心）。

1) 输入磨耗量补偿参数

① 选 MDI 工件方式，键盘点击 [OFFSET SETTING] 键。

② 按菜单软键 [磨耗]，选刀具补偿号。

③ 输入需要的补偿值（相对值）。

2) 输入形状补偿参数

① 选 MDI 工件方式，键盘点击 [OFFSET SETTING] 键。

② 按菜单软键 [形状]，选刀具补偿号。

③ 输入需要的补偿值（绝对值）。

4. 程序输入与编辑

(1) 程序的输入

将工作模式选择开关调到编辑，按 [PROG] 按钮，进入程序编辑界面。

1) 输入新程序号（如 O1001），按 [INSERT]。

2) 输入各程序段，每输入一个字后按 [INSERT]，每输完一个程序段后，按 EOB 与 [INSERT]。

(2) 程序编辑

程序编辑包括修改、插入和删除等操作。

1) 用 [↓] 或 [↑] 键移动光标到需要编辑的字。

2) 修改字符：输入要替代的字符，按 [ALTER] 键，输入字符替代修改字符。

3) 插入字符：输入要插入的字符，按 [INSERT] 键，输入字符插入在光标之后。

4) 删除字符：光标放置在要删除的字符上，按下 [DELETE] 键删除。

(3) 程序调用

将工作模式选择开关调到编辑，按 [PROG] 按钮，进入程序编辑界面。

1) 输入准备调用的程序号。

2) 按下 [↓] 键，程序显示。

3）按 PAGE↓ 或 PAGE↑ 键，翻页查看程序。

5. 零件加工

（1）选择自动工作方式。

（2）设置刀具补偿参数。

（3）按循环启动按钮。

（4）运行加工程序。

3.5 板类零件铣削加工

本节以板类零件为例，通过熟悉加工图样与加工要求，在阅读加工程序的基础上编写加工工艺，并且修改加工程序，最后操作数控铣床，完成对板类零件的铣削加工。

3.5.1 加工要求

1. 操作条件

（1）数控铣床 FANUC 系统。

（2）选用键槽铣刀 ϕ6 mm 与 ϕ10 mm。

（3）使用测量工具游标卡尺与百分表。

（4）加工程序存储在数控机床中。

2. 操作内容

（1）根据零件图样和加工程序完成零件加工。

（2）零件尺寸自检。

3. 操作要求

（1）按零件图加工要求安装刀具与工件、建立工件坐标系、输入刀具参数。

（2）根据实际加工要求调整切削参数。

（3）根据零件图完成零件铣削加工。

（4）零件尺寸自检。

3.5.2 加工图样（见图 3—24）

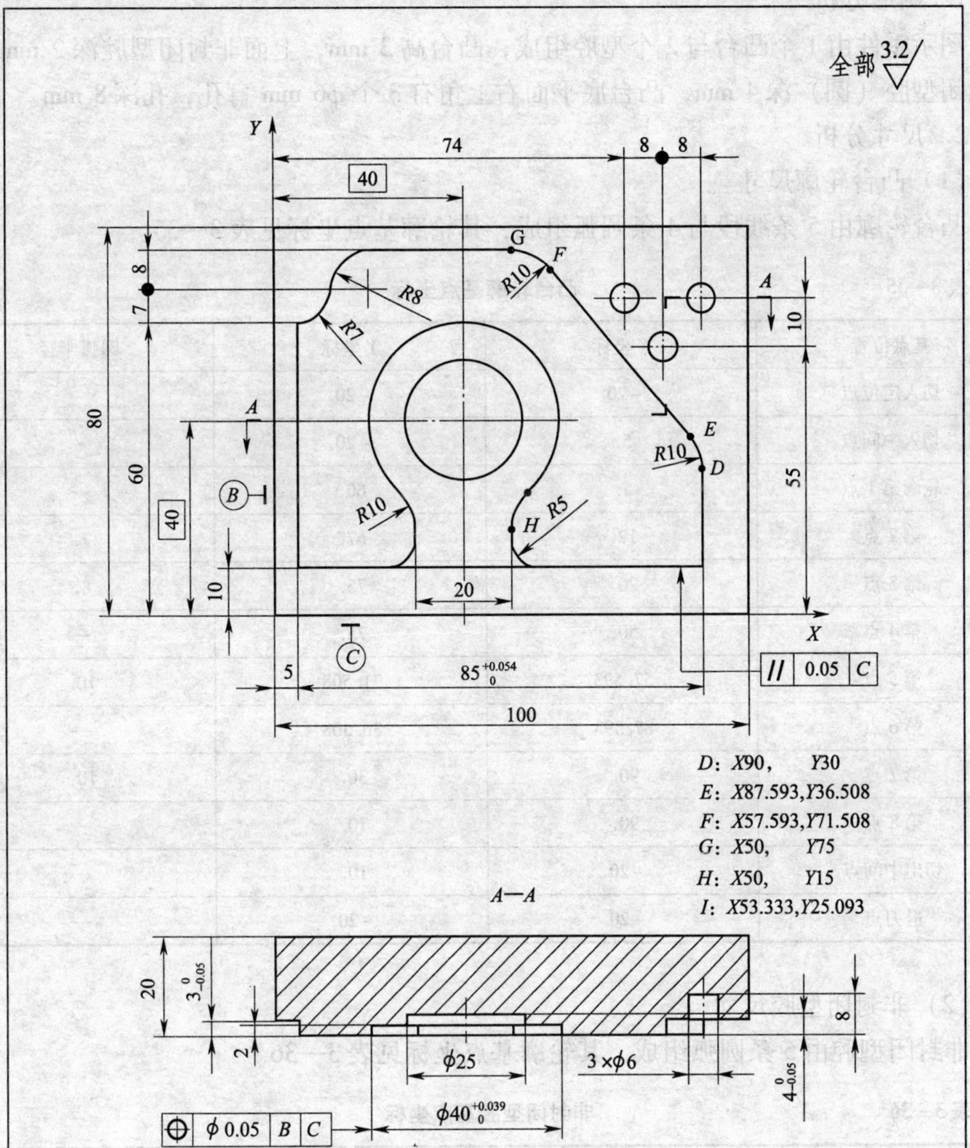

					45钢				板类零件加工
标记	处数	更改文件号	签字	日期					
设计			标准化		图样标记		质量	比例	2.1.1
校对			审定					1：1	
审核									数控铣工四级试题
工艺			日期		共	页	第	页	

图 3—24　加工图样

3.5.3 图样分析

1．图形分析

图示零件由 1 个凸台与 2 个型腔组成，凸台高 3 mm，上面非封闭型腔深 2 mm，下面封闭型腔（圆）深 4 mm，凸台底平面右上角有 3 个 ϕ6 mm 盲孔，孔深 8 mm。

2．尺寸分析

（1）凸台轮廓尺寸

凸台轮廓由 5 条线段与 4 条圆弧组成，其轮廓基点坐标见表 3—35。

表 3—35　　凸台轮廓基点坐标

基点位置	X 坐标	Y 坐标	圆弧半径
切入定位点	-20.	-20.	—
切入中间点	5.	-20.	—
轮廓第 1 点	5.	60.	—
第 2 点	12.	67.	7.
第 3 点	20.	75.	8.
第 4 点	50.	75.	—
第 5 点	57.593	71.508	10.
第 6 点	87.593	36.508	—
第 7 点	90.	30.	10.
第 8 点	90.	10.	—
切出中间点	-20.	10.	—
退刀点	-20.	-20.	—

（2）非封闭型腔尺寸

非封闭型腔由 5 条圆弧组成，其轮廓基点坐标见表 3—36。

表 3—36　　非封闭型腔基点坐标

基点位置	X 坐标	Y 坐标	圆弧半径
切入定位点	40.	2.	—
切入中间点	55.	2.	—
轮廓第 1 点	55.	10.	—
第 2 点	50.	15.	5.
第 3 点	53.333	25.093	10.
第 4 点	26.667	25.093	-20.
第 5 点	30.	15.	10.

续表

基点位置	X 坐标	Y 坐标	圆弧半径
第 6 点	25.	10.	5.
切出中间点	25.	2.	—
退刀点	40.	2.	—

(3) 封闭型腔尺寸

封闭型腔是 1 个 ϕ25 mm 圆，其轮廓基点坐标见表 3—37。

表 3—37　　封闭型腔基点坐标

基点位置	X 坐标	Y 坐标	圆弧半径
切入定位点	40. 5	40.	—
切入中间点	46. 5	34.	—
轮廓第 1 点	52. 5	40.	6.
轮廓第 2 点	52. 5	40.	-12. 5
切出中间点	46. 5	46.	6.
退刀点	40. 5	40.	—

(4) 孔尺寸

孔加工基点坐标见表 3—38。

表 3—38　　孔基点坐标

基点位置	X 坐标	Y 坐标	孔径
上左孔定位点	74.	65.	ϕ6
上右孔定位点	90.	65.	ϕ6
下中孔定位点	82.	55.	ϕ6

3. 加工精度要求（见表 3—39）

表 3—39　　加工精度要求　　mm

对象	加工尺寸	加工要求	上偏差	下偏差
轮廓尺寸	85	定形尺寸精度	0. 054	0
凸台高度	3	定位尺寸精度	0	-0. 05
型腔深度	4	定位尺寸精度	0	-0. 05
非封闭型腔中的圆	ϕ40	定形尺寸精度	0. 039	0
非封闭型腔中的圆	ϕ40	位置度	0. 05	

4. 加工质量分析

全部加工面粗糙度要求 3. 2 μm，铣削加工满足零件表面粗糙度要求。

3.5.4 阅读与修改加工程序

1. 工件轮廓加工程序 O2111（见表 3—40）

表 3—40　　　　工件轮廓加工程序 O2111

程　序	注　释
%	程序头
O2111；	程序名
G54；	
M03 S100（S800）；	设置铣削凸台参数
M08；	
G00 X－20. Y－20.；	
Z5.；	定位
G01 Z－3. F10（F30）；	
G41 X5. D01（F60）；	
G01 Y60.；	
G03 X12. Y67. R7.；	
G02 X20. Y75. R8.；	
G01 X50.；	
G02 X57.593 Y71.508 R10.；	铣削凸台
G01 X87.593 Y36.508；	
G02 X90. Y30. R10.；	
G01 Y10.；	
G01 X－20.；	
G40 X－20. Y－20.；	
G00 Z5.；	退刀
G00 X40. Y2.；	定位
G01 Z－2. F10（F30）；	
G41 G01X55. Y2. D02（F60）；	
G01 Y10.	
G02 X50. Y15. R5.；	
G02X53.333 Y25.093 R10.；	
G03 X26.667 R－20.；	铣削非封闭型腔
G02 X30. Y15. R10.；	
G02 X25. Y10. R5.；	
G01 Y2.；	
G40 G01 X40.；	
G00 Z5.；	退刀

续表

程　序	注　释
G00 X40.5 Y40.;	定位
G01 Z-4. F10 (F30);	
G41 X46.5 Y34. (F60) D02;	铣削封闭型腔
G03 X52.5 Y40. R6.;	
G03 X52.5 Y40. I-12.5;	
G03 X46.5 Y46. R6.;	
G40 G01 X40.5 Y40.;	
G00 Z100.;	退刀
X100. Y100.;	
M30;	程序结束
%	程序尾

2. 工件孔加工程序 O2112（见表 3—41）

表 3—41　　工件孔加工程序 O2112

程　序	注　释
%	程序头
O2112;	程序名
G54;	设置孔加工参数
M03 S100 (S1200);	
M08;	
G00 X0 Y0 Z100.;	定位
G99 G82 X74. Y65. Z-8. R5. P1000 F10 (F30);	孔加工
X90.;	
X82. Y55.;	
G80;	
G00 Z100.;	退刀
X100. Y100.;	
M30;	程序结束
%	程序尾

3.5.5　加工工艺分析

1. 刀具选择

（1）选用 ϕ10 mm 键槽铣刀铣削加工内、外轮廓。

（2）选用 ϕ6 mm 键槽铣刀钻铣盲孔。

2. 加工方法

（1）采用粗加工、半精加工与精加工加工工艺，ϕ10 mm 键槽铣刀铣削内、外轮廓的加工余量按表 3—42 分配。

（2）零件加工表面粗糙度要求全部 3. 2 μm，铣削加工能满足零件表面加工质量的要求。

表 3—42　　加工余量分配表　　mm

加工方法	刀具半径补偿量	备注
粗加工余量	5. 3	刀补参数设置
半精加工余量	5. 1	刀补参数设置
精加工余量	5.	测量调整

3. 加工顺序

按先近后远加工原理，从上到下分层铣削各层轮廓。

4. 测量项目（见表 3—43）

表 3—43　　测量项目表　　mm

测量项目	加工尺寸	上偏差	下偏差	极限尺寸 MAX	极限尺寸 MIN
轮廓尺寸	85.	0. 054	0	85. 054	85.
凸台高度	3.	0	-0. 05	3.	2. 95
型腔深度	4.	0	-0. 05	4.	3. 95
非封闭型腔直径	40.	0. 039	0	40. 039	40.

5. 加工精度控制

通过调整刀具半径补偿量和切削深度控制铣削加工尺寸和精度。

3. 5. 6　工件坐标系与走刀轨迹（见表 3—44）

表 3—44　　工件坐标系与走刀轨迹

1. 铣削凸台	2. 铣削非封闭型腔
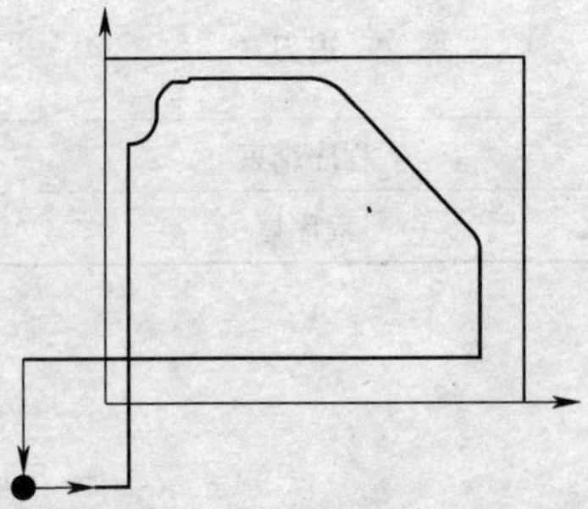	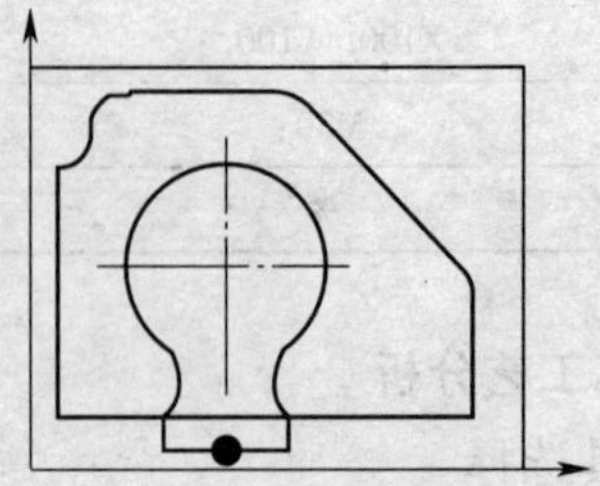

续表

<table>
<tr><th>3. 铣削封闭型腔（圆）</th><th>4. 铣孔</th></tr>
<tr><td>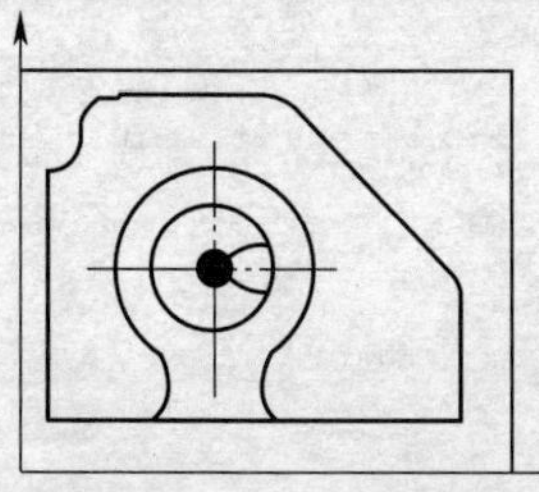</td><td>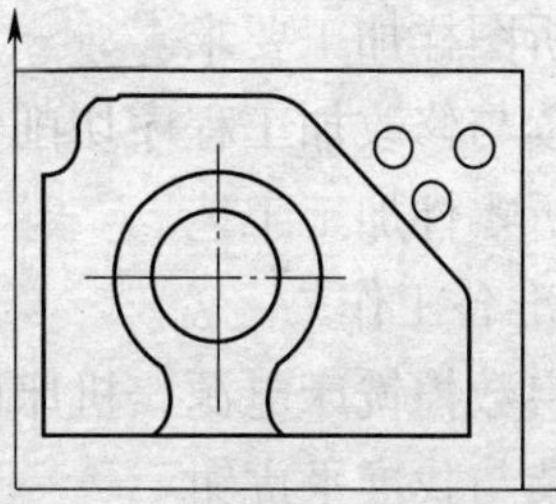</td></tr>
</table>

3.5.7　加工工艺

1. 加工工艺卡（见表3—45）

表3—45　　　　　　　　加工工艺卡

<table>
<tr><td colspan="4" rowspan="2">数控铣床加工工艺卡</td><td colspan="4">零件代号</td><td colspan="2">材料名称</td><td>零件数量</td></tr>
<tr><td colspan="4">2.1.1</td><td colspan="2">45钢</td><td>1</td></tr>
<tr><td>设备名称</td><td>FA－32M</td><td>系统型号</td><td>FANUC 0i</td><td>夹具名称</td><td colspan="4">平虎钳</td><td>毛坯尺寸</td><td>100×80×20</td></tr>
<tr><td>工序号</td><td colspan="3">工序内容</td><td>刀具号</td><td colspan="2">主轴转速（r/min）</td><td colspan="2">进给量（mm/min）</td><td>背吃刀量（mm）</td><td>备注</td></tr>
<tr><td></td><td colspan="3">平虎钳装夹与找准工件</td><td></td><td colspan="2"></td><td colspan="2"></td><td></td><td></td></tr>
<tr><td>1</td><td colspan="3">粗铣凸台</td><td>1</td><td colspan="2">800</td><td colspan="2">60</td><td>2.7</td><td></td></tr>
<tr><td>2</td><td colspan="3">精铣凸台</td><td>1</td><td colspan="2">1 000</td><td colspan="2">60</td><td>0.3</td><td></td></tr>
<tr><td>3</td><td colspan="3">粗铣非封闭型腔</td><td>1</td><td colspan="2">800</td><td colspan="2">60</td><td>1.7</td><td></td></tr>
<tr><td>4</td><td colspan="3">精铣非封闭型腔</td><td>1</td><td colspan="2">1 000</td><td colspan="2">60</td><td>0.3</td><td></td></tr>
<tr><td>5</td><td colspan="3">粗铣封闭型腔（圆）</td><td>1</td><td colspan="2">800</td><td colspan="2">60</td><td>3.7</td><td></td></tr>
<tr><td>6</td><td colspan="3">精铣封闭型腔（圆）</td><td>1</td><td colspan="2">1 000</td><td colspan="2">60</td><td>0.3</td><td></td></tr>
<tr><td>7</td><td colspan="3">铣削孔</td><td>2</td><td colspan="2">1 200</td><td colspan="2">30</td><td></td><td></td></tr>
</table>

2. 刀具选择卡（见表3—46）

表3—46　　　　　　　　刀具选择卡

序号	刀具号	刀具名称	刀具规格（mm）	刀具材料	备注
1	1	键槽铣刀	$\phi10$	高速钢	
2	1	键槽铣刀	$\phi10$	高速钢	
3	1	键槽铣刀	$\phi10$	高速钢	
4	1	键槽铣刀	$\phi10$	高速钢	
5	1	键槽铣刀	$\phi10$	高速钢	
6	1	键槽铣刀	$\phi10$	高速钢	
7	2	键槽铣刀	$\phi6$	高速钢	

3.5.8 数控铣床加工

1. 阅读文件

(1) 分析图样加工要求。

(2) 阅读与修改加工程序切削参数。

(3) 分析零件加工工艺。

2. 开机准备工作

(1) 开启数控铣床电源，机床回零操作。

(2) 安装与找准平虎钳

1) 找准平虎钳固定侧与机床 X 坐标轴的平行度。

2) 找准平虎钳安装工件底面基准与工作台平面的平行度。

(3) 安装工件，找准工件上表面与工作台平面的平行度。

(4) 分别安装 $\phi10$ mm（设置刀具半径补偿量）与 $\phi6$ mm 键槽铣刀、对刀操作、设定工件坐标系与铣削加工。

3. 零件加工

(1) 零件粗加工（设置刀具半径补偿参数）。

(2) 零件半精加工（设置刀具半径补偿参数）。

(3) 零件精加工（测量、计算与修整刀具半径补偿参数）。

4. 自检零件

根据测量项目表要求检验零件加工质量。

3.6 盘类零件铣削加工

本节以盘类零件为例，通过熟悉加工图样与加工要求，在阅读加工程序的基础上编写加工工艺，并且修改加工程序，最后操作数控铣床，完成对盘类零件的铣削加工。

3.6.1 加工要求

1. 加工要求

(1) 数控铣床 FANUC 系统。

(2) 选用键槽铣刀 $\phi6$ mm 与 $\phi10$ mm。

(3) 使用测量工具游标卡尺与百分表。

(4) 加工程序存储在数控机床中。

2. 操作内容

(1) 根据零件图样和加工程序完成零件加工。

(2) 零件尺寸自检。

3. 操作要求

(1) 按零件图加工要求安装刀具与工件、建立工件坐标系、输入刀具参数。

（2）根据实际加工要求调整切削参数。

（3）根据零件图完成零件铣削加工。

（4）零件尺寸自检。

3.6.2 加工图样（见图3—25）

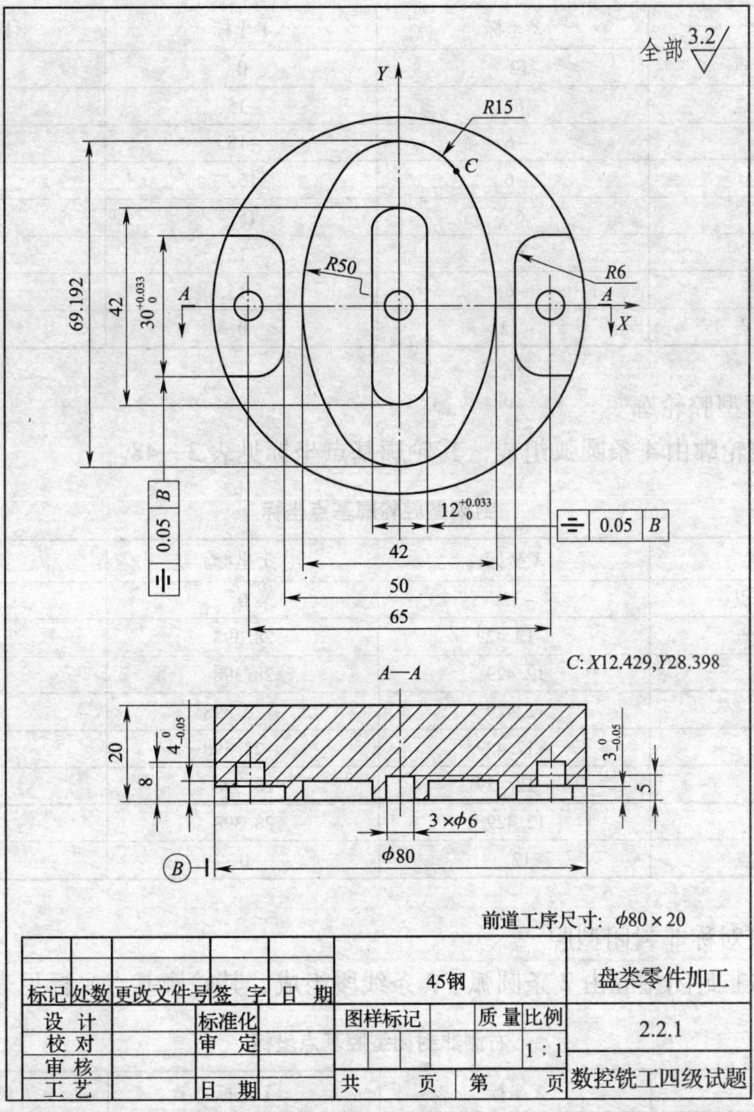

图3—25 加工图样

3.6.3 图样分析

1. 图形分析

图示零件里面有1个高4 mm封闭凸台，其外侧有一个同底平面封闭型腔，两侧是对称分布的深3 mm非封闭型腔，凸台上有1个ϕ6 mm盲孔，孔深5 mm，两侧对称分布非封闭型腔内各有1个ϕ6 mm盲孔，孔深8 mm。

2. 尺寸分析

(1) 凸台轮廓

凸台轮廓由2条线段与2条圆弧组成，其轮廓基点坐标见表3—47。

表3—47　　凸台轮廓基点坐标

基点位置	X坐标	Y坐标	圆弧半径
切入定位点	12.	0	—
轮廓第1点	6.	-15.	—
第2点	-6.	-15.	6.
第3点	-6.	15.	—
第4点	6.	15.	6.
第5点	6.	-15.	—
第6点	-6.	-15.	6.
切出定位点	-12.	0	—

(2) 封闭型腔轮廓

封闭型腔轮廓由4条圆弧组成，其轮廓基点坐标见表3—48。

表3—48　　封闭型腔轮廓基点坐标

基点位置	X坐标	Y坐标	圆弧半径
切入定位点	-12.	0	—
轮廓第1点	-12.429	28.398	—
第2点	12.429	28.398	15.
第3点	12.429	-28.398	50.
第4点	-12.429	-28.398	15.
第5点	-12.429	28.398	50.
第6点	12.429	28.398	15.
切出定位点	12.	0	—

(3) 左右对称非封闭型腔

左右对称非封闭型腔由2条圆弧、3条线段组成，其轮廓基点坐标见表3—49。

表3—49　　右侧非封闭型腔基点坐标

基点位置	X坐标	Y坐标	圆弧半径
切入定位点	50.	0	—
切入中间点	50.	15.	—
轮廓第1点	31.	15.	—
第2点	25.	9.	6.
第3点	25.	-9.	—
第4点	25.	-15.	5.

续表

基点位置	X坐标	Y坐标	圆弧半径
第5点	31.	-15.	—
切出中间点	50.	-15.	—
退刀点	50.	0	—

(4) 孔加工（见表3—50）

表3—50　孔加工定位尺寸　mm

定位尺寸	X坐标	Y坐标	孔径
第1孔	-32.5	0	$\phi6$
第2孔	0	0	$\phi6$
第3孔	32.5	0	$\phi6$

3. 加工精度要求（见表3—51）

表3—51　加工精度要求　mm

对象	加工尺寸	加工要求	上偏差	下偏差
凸台与封闭型腔同底深度	4	定位尺寸精度	0	-0.05
非封闭型腔深度	3	定位尺寸精度	0	-0.05
凸台轮廓尺寸	12	尺寸精度	0.033	0
非封闭型腔尺寸	30	尺寸精度	0.033	0
凸台轮廓尺寸	12	对称度（坐标系）	0.05	
非封闭型腔尺寸	30	对称度（坐标系）	0.05	

4. 加工质量分析

全部加工表面粗糙度要求3.2 μm，铣削加工保证零件表面加工质量要求。

3.6.4 阅读与修改加工程序

1. 工件轮廓加工程序O2111（见表3—52）

表3—52　工件轮廓加工程序O2111

程　序	注　释
%	程序头
O2111;	程序名
G54;	设置铣削内外轮廓参数
S100 (S800) M03;	
M08;	
G00 X12. Y0;	定位
Z5.;	
G01 Z-4. F10 (F30);	

续表

程　序	注　释
G41 G01 X6. Y－15. D01 F10 (F60);	铣削外轮廓
G02 X－6. Y－15. R6.;	
G01 X－6. Y15.;	
G02 X6. Y15. R6.;	
G01 X6. Y－15.;	
G02 X－6. Y－15. R6.;	
G40 G01 X－12. Y0;	
G00 Z5.;	退刀
G00 X0 Y28.398;	定位
G01 Z－4. F10 (F30);	
G42 G01 X－12.429 Y28.398 D01 F10 (F60);	铣削内轮廓
G02 X12.429 Y28.398 R15.;	
G02 X12.429 Y－28.398 R50.;	
G02 X－12.429 Y－28.398 R15.;	
G02 X－12.429 Y28.398 R50.;	
G02 X12.429 Y28.398 R15.;	
G40 G01X0 Y28.398;	
G00 Z5.;	退刀
G00 X50. Y0;	定位
G01 Z－3. F10 (F30);	
M98 P0010;	铣削右非封闭内轮廓
G00 Z5.;	退刀
G00 X－50. Y0;	定位
G01 Z－3. F10 (F30);	
G51 X0 Y0 I－1. J1.;	铣削左非封闭内轮廓
M98 P0010;	
G50;	
G00 Z100.;	退刀
X100. Y100.;	
M30;	程序结束
%	程序尾
O0010	子程序名

续表

程　序	注　释
G41 G01 Y15. D01 F10（F60）;	铣削右非封闭内轮廓
X31.;	
G03 X25. Y9. R6.;	
G01 Y-9.;	
G03 X31. Y-15. R6.;	
G01 X50.;	
G40 G01 X50. Y0;	
M99;	结束指令

2. 钻铣加工程序 O2112（见表 3—53）

表 3—53　　钻铣加工程序 O2112

程　序	注　释
%	程序头
O2112;	程序名
G54;	设置钻铣参数
M03 S100（S1000）;	
M08;	
G00 X100. Y100. Z100.;	定位
G99 G82 X-32.5 Y0 Z-8. R5. P1000 F10（F30）;	钻铣
X32.5;	
X0Z-5.;	
G80;	
G00 Z100.;	退刀
X100. Y100.;	
M30;	程序结束
%	程序尾

3.6.5　加工工艺分析

1. 刀具选择

（1）选用 ϕ10 mm 键槽铣刀铣削内、外轮廓。

（2）选用 ϕ6 mm 键槽铣刀钻铣盲孔。

2. 加工方法

（1）采用粗加工、半精加工与精加工加工工艺，设置 ϕ10 mm 键槽铣刀刀具半径补偿，加工余量按表 3—54 分配。

（2）零件加工表面粗糙度要求全部 3.2 μm，铣削加工能满足零件的加工质量要求。

表 3—54　　加工余量分配表　　mm

加工方法	刀具半径补偿量	备注
粗加工余量	5.3	刀补参数设置
半精加工余量	5.1	刀补参数设置
精加工余量	5.	测量调整

3. 加工顺序

按先近后远加工原理，从上到下分层铣削各层轮廓。

4. 测量项目（见表 3—55）

表 3—55　　测量项目表　　mm

加工项目	加工尺寸	上偏差	下偏差	极限尺寸 MAX	极限尺寸 MIN
轮廓尺寸	30.	0.033	0	30.033	30.
凸台高度	3.	0	-0.05	3.	2.95
型腔深度	4.	0	-0.05	4.	3.95
封闭型腔直径	12.	0.033	0	12.033	12.

5. 加工精度控制

通过调整刀具半径补偿量和切削深度控制铣削加工尺寸和精度。

3.6.6 工件坐标系与走刀轨迹（见表 3—56）

表 3—56　　工件坐标系与走刀轨迹

1. 铣削封闭凸台	2. 铣削封闭型腔
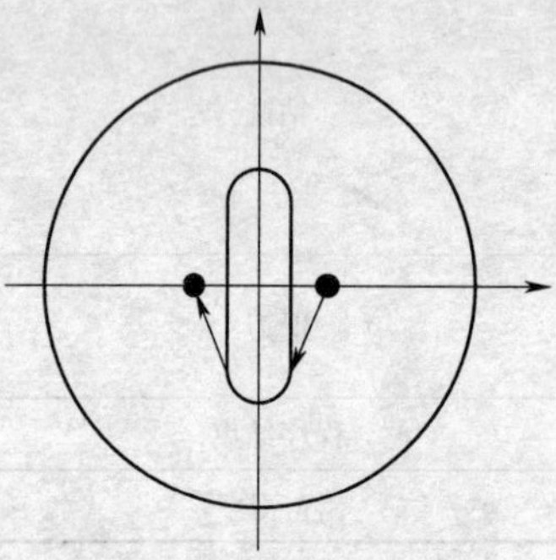	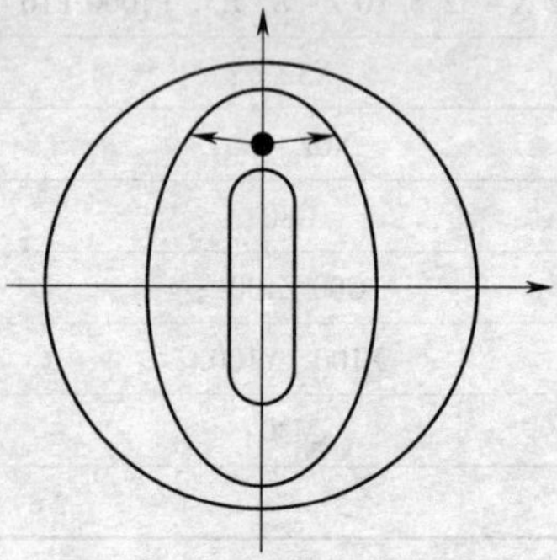
3. 铣削非封闭型腔	4. 钻铣孔
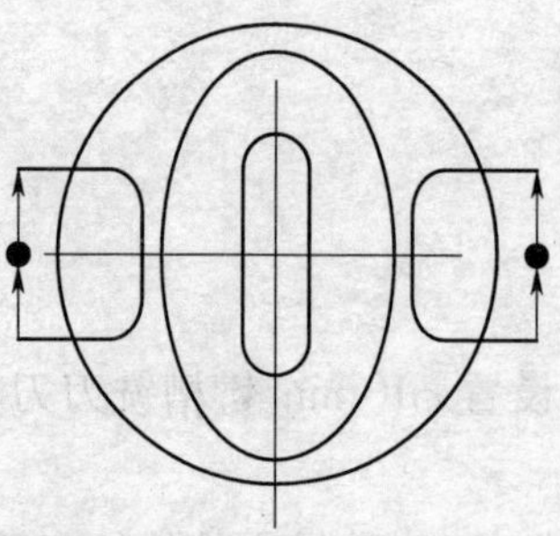	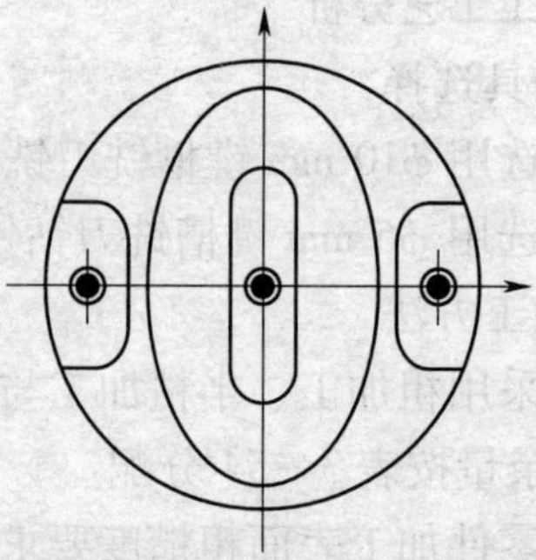

3.6.7　加工工艺

1. 加工工艺卡（见表3—57）

表3—57　　加工工艺卡

数控铣床加工工艺卡				零件代号		材料名称		零件数量
				2.1.1		45钢		1
设备名称	FA－32M	系统型号	FANUC 0i	夹具名称	平虎钳		毛坯尺寸	$\phi80\times20$
工序号	工序内容			刀具号	主轴转速（r/min）	进给量（mm/min）	背吃刀量（mm）	备注
	三爪自定心卡盘找准工件							
1	粗铣封闭凸台与型腔			1	800	60	3.7	
2	精铣封闭凸台与型腔			1	1 000	60	0.3	
3	粗铣非封闭型腔			1	800	60	2.7	
4	精铣非封闭型腔			1	1 000	60	0.3	
5	钻铣孔			2	1 000	30		

2. 刀具选择卡（见表3—58）

表3—58　　刀具选择卡

序号	刀具号	刀具名称	刀具规格（mm）	刀具材料	备注
1	1	键槽铣刀	$\phi10$	高速钢	
2	1	键槽铣刀	$\phi10$	高速钢	
3	1	键槽铣刀	$\phi10$	高速钢	
4	1	键槽铣刀	$\phi10$	高速钢	
5	2	键槽铣刀	$\phi6$	高速钢	

3.6.8　数控铣床加工

1. 阅读文件

（1）分析图样加工要求。

（2）阅读与修改加工程序的切削参数。

（3）分析零件加工工艺。

2. 开机准备工作

（1）开启数控铣床电源，机床回零操作。

（2）安装三爪自定心卡盘。

（3）安装工件。

（4）分别安装 $\phi10$ mm（设置刀具半径补偿）与 $\phi6$ mm 键槽铣刀、对刀操作与建立工件坐标系。

3. 零件加工

（1）零件粗加工（设置刀具半径补偿参数）。

（2）零件半精加工（修改刀具半径补偿参数）。

（3）零件精加工（测量、计算与修整刀具半径补偿参数）。

4. 自检零件

根据测量项目表要求检验零件的加工质量。

3.7 加工中心（HASS数控系统）操作

3.7.1 VF－1 加工中心概况

如图3—26 所示，HASS VF－1 立式加工中心是美国 HASS 公司的产品，斗笠式刀库容量可装 20 把刀，全封闭结构，*X*、*Y*、*Z* 行程为 508 mm × 406 mm × 508 mm，主轴采用 BT40 刀柄，20 马力双驱动（Y－Delta）电动机，可在 1.2 s 内加速至 7 500 r/min。

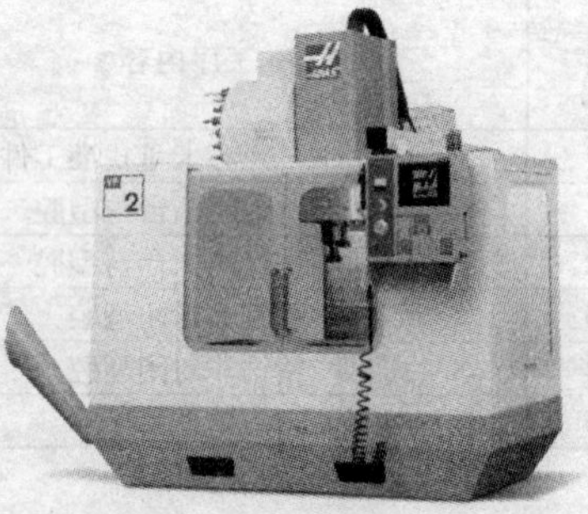

图 3—26　HASS VF－1 加工中心

3.7.2 VF－1 加工中心操作面板

如图 3—27 所示为 VF－1 加工中心操作面板，各区域功能见表 3—59。

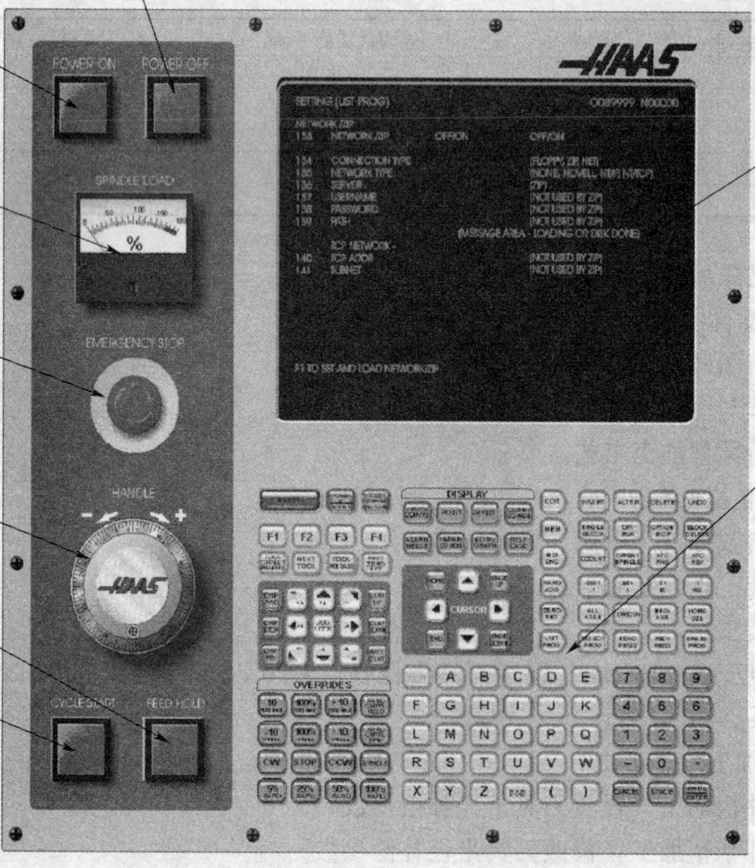

图 3—27　VF－1 加工中心操作面板

表 3—59　　面板各区域功能

序号	区域名称	功　能
1	电源断电（POWER OFF）	关闭系统电源
2	电源通电（POWER ON）	打开系统电源
3	主轴负载显示（SPINDLE LOAD）	显示当前主轴负载
4	紧急停止按钮（EMERGENCY STOP）	停止所有的轴运动，停止主轴，停止换刀，关闭冷却泵
5	手摇脉冲发生器（HANDLE）	用手轮操作机床坐标轴运动
6	进给保持（FEED HOLD）	进给保持、暂停
7	循环启动（CYCLE START）	启动程序自动运行
8	显示器	显示操作内容
9	各功能区	各种功能按钮

3.7.3　VF-1 加工中心操作面板各功能区

如图 3—28 所示，键盘分为 8 个独立区域：功能键（Function Keys）、进给键（Jog Keys），过载键（Override Keys）、显示键（Display Keys）、光标键（Cursor Keys）、字母键（Alpha Keys）、模式键（Mode Keys）和数字键（Numeric Keys）。

图 3—28　VF-1 加工中心操作键盘

1．功能键（Function Keys）

功能键如图 3—29 所示。

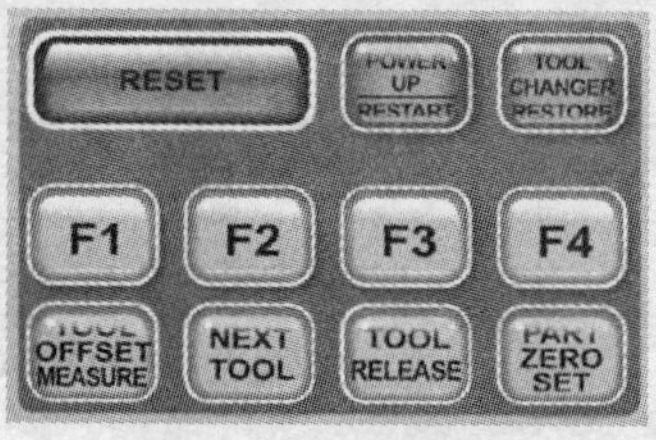

图 3—29 功能键

（1）Reset（复位）：机床停止（轴、主轴、冷却泵和换刀装置停止运行）。

（2）Power Up / Restart（加电/重新启动）：按下此键，轴会恢复到机床零点位置，更换刀具。

（3）Tool Changer Restore（恢复刀具交换）：此键是非正常停止时，帮助操作者恢复刀具交换。

（4）F1 ~ F4：根据不同的操作模式，这些键有不同的功能。例如，F1 ~ F4 在编辑模式（Editing）下、在编程模式（Program mode）下、在偏置模式（Offset mode）下会有不同的功能。

（5）Tool Offset Measure（刀具补偿测量）：用于在工件设置中记录刀具长度补偿。

（6）Next Tool（下一刀具）：从刀具交换系统中选择下一把刀具（常用在工件设置中）。

（7）Tool Release（刀具释放）：在 MDI 模式、回归零点模式或手动进给模式下，从主轴上释放刀具。

（8）Part Zero Set（工件零点设置）：在工件设置中自动设定工件坐标偏置。

2．进给键（Jog Keys）

进给键如图 3—30 所示。

图 3—30 进给键

（1）Chip Fwd（排屑器向前）：“向前”转动螺旋式排屑器，使其从机床中清除切屑。

（2）Chip Stop（排屑器停止）：停止螺旋式排屑器的运动。

（3）Chip Rev（排屑器反转）：将螺旋式排屑器“反方向”旋转，有利于清除排屑器中的堵塞物和切屑。

（4）+X/-X、+Y/-Y、+Z/-Z、+A/-A、+B/-B（轴键）：操作者通过按单键或者是所需要的轴按键，应用手轮手动进给轴。

（5）Jog Lock（进给锁定）：与轴按键同时使用。按下 Jog Lock 和一个轴键，相应的轴将会移动到最大行程或者直到再次按下 Jog Lock。

（6）Clnt Up（冷却管向上）：移动可供选择的可编辑冷却液管向上。

（7）Clnt Down（冷却管向下）：移动可供选择的可编辑冷却液管向下。

（8）Aux Clnt（附加冷却）：在 MDI 模式下，按下这个按钮将会开启可选择的主轴冷却系统（TSC），再次按下将会关闭 TSC 系统。

3．过载键（Override Keys）

过载键能使用户提高快速移动的速度、进给速度和主轴转度，过载键如图 3—31

所示。

（1）－10 Feed Rate：将当前的进给速度减慢10%。

（2）100% Feed Rate：将进给速度设置为已编程的进给速度。

（3）＋10 Feed Rate：将当前的进给速度加快10%。

（4）－10 Spindle：将当前的主轴转速减慢10%。

（5）100% Spindle：设置过载主轴转度为编程转度。

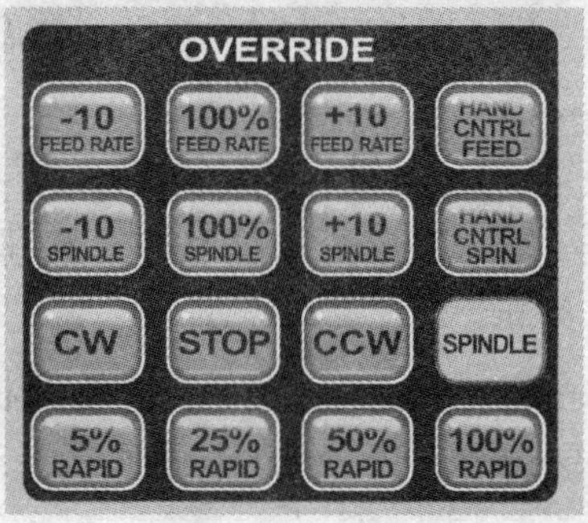

图3—31　过载键

（6）＋10 Spindle：将当前的主轴转度提高10%。

（7）Hand Cntrl Feed（手轮控制进给速度）：按这个键，允许进给手轮以±1%的增量控制进给速度。

（8）Hand Cntrl Spin（手轮控制主轴）：按这个键，允许进给手轮以±1%的增量控制主轴转速。

（9）CW：按顺时针方向启动主轴。

（10）CCW：按逆时针方向启动主轴。

（11）Stop（停止）：主轴停转。

（12）Spindle：主轴功能键。

（13）5%/25%/50%/100% Rapid（快速）：按键上的数字限制机床高速。100%高速为允许的最大高速。

4. 显示键（Display Keys）

显示键提供了机床状态显示、操作信息和帮助页，当按下不同显示键时可以显示不同的信息，显示键如图3—32所示。

（1）Prgrm/Convrs（程序）：显示当前选择的程序。

（2）Posit（位置）：显示机床轴的位置。

（3）Offset（偏置）：显示刀具长度几何形状、半径偏置、磨损偏置和冷却液位置。

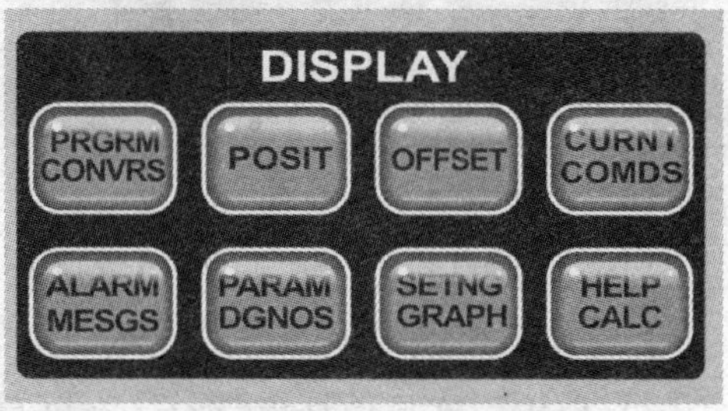

图3—32　显示键

（4）Curnt Comds（当前指令）：显示当前程序细节（例如，G、M、H、T代码）、主轴负载信息和程序运行时的机床轴位置。

（5）Alarm/Mesgs（警告/消息）：显示警告和消息信息。

（6）Param/Dgnos（参数/诊断）：显示设定的机床操作参数。

（7）Setng/Graph（设置/图形）：显示和改变用户设置。第二次按下Setng/Graph键进入图形模式。在图形模式下，如果需要在运行前调试程序，用户可以观看程序设定的刀具路径。

（8）Help/Calc（帮助/计算）：显示缩写手册。再按一次 Help/Calc 键将显示帮助计算器。

5. 光标键（Cursor Keys）

用户应用光标键可进入不同的屏幕和 CNC 程序编辑中的不同部分。光标键如图 3—33 所示。

（1）Home：按下这个按钮将进入主菜单。在编辑程序时，光标将跳到最顶端程序的左边。

（2）Up/Down Arrow：可上下选中一个菜单、块或区域。

（3）Page up/Down：转换下一个显示屏幕或者是浏览程序时转换到下一页。

（4）Left Arrow：当浏览程序时选择个别可以编辑的项目，移动光标到最左端。

（5）Right Arrow：当浏览程序时选择个别可以编辑的项目，移动光标到最右端。

（6）End：按下这个按钮通常将光标移动到屏幕的最底端。在编辑程序时，是最后一个程序块。

6. 字母键（Alpha Keys）

字母键如图 3—34 所示。

图 3—33　光标键

图 3—34　字母键

（1）字母键供用户输入 26 个字母和一些特殊字符。

（2）Shift：按 Shift 键可以选择键盘上相应的特殊字符。

（3）EOB：这是块结束字符。在屏幕上显示为分号（;），表示程序行的结束。

7. 模式键（Mode Keys）

模式键可改变 CNC 机床的操作状态。按下模式键，在同行的其他键都可以起作用。当前模式显示在最上面一行，紧靠屏幕上括号中当前显示的右侧，模式键如图 3—35 所示。

（1）Edit：选择编辑模式，可以用来编辑控制存储器中的程序。

（2）Insert：按下此键可在程序中把命令插入到光标后，将粘贴板中的文本插到光标所在处，还可用于复制程序中的代码块。

（3）Alter：将选中的命令或文本改变成新键入的命令或文本，将选中的变量变成文本存储在剪贴板中，或移动选中的块到另一个位置。

（4）Delete：删除光标所在的项目或选中的程序块。

（5）Undo：撤销最后9次编辑修改和删除已选中的块。

（6）Mem（存储）：选择存储模式，该页显示程序单中选中的当前程序。

图3—35　模式键

（7）Single Block：开启/关闭单步。

（8）Dry Run：用于在不切削工件的情况下检查机床的实际运动状态。

（9）Option Stop（可选择停止）：启动/关闭可选择停止。

（10）Block Delete：开启/关闭块删除功能。当激活该选项时，以斜线“/”作为起始的块不予执行。

（11）MDI/DNC：MDI模式是“手动数字输入”模式，程序可以手动写入但不能存储。DNC模式是“直接数控”，将庞大的程序输入到控制系统就能被执行。

（12）Coolnt（冷却液）：打开或关闭可选冷却液。

（13）Orient Spindle：将主轴转至已知位置，然后锁定主轴。可在设置时用于指示工件。

（14）Atc Fwd：将刀库向前转动至下一刀具处。

（15）Atc Rev：将刀库向后转动至前一刀具处。

（16）Hand Jog：选择轴进给模式。

（17）Zero Ret（回零）：选择回零模式。

（18）All Axes：所有轴回零功能。

（19）Origin：设置选择的显示和计时器归零。

（20）Singl Axis（一个轴）：将一根轴返回到机床原点。

（21）Home G28：所有轴快速回到机床原点。

（22）List Prog（程序列表）：显示存储器中存储的程序。

（23）Select Prog：使程序列表中的选中程序成为当前程序，当前程序前面以一个“*”表示。

（24）Send RS232：将程序从RS－232串行端口中传送出来。

（25）Recv RS232：从RS－232串行端口接收程序。

（26）Erase Prog：删除记忆模式下选中的程序或MDI模式下的整个程序。

8. 数字键（Numeric Keys）

数字键使用户能够向控制器输入数字和一些特殊字符，如图 3—36 所示。

图 3—36　数字键

（1）Cancel：删除最后一个输入的字符。

（2）Space：将格式指令放置在程序中或消息区域。

（3）Write/Enter：这是通用的输入键。

（4）-（负号）：用于表示负数。

（5）.（小数点）：表示十进小数。

3.7.4　VF-1 加工中心基本操作步骤

1. 开机

（1）打开机床后侧的总电源。

（2）打开键盘右上角的“POWER ON”控制电源。

2. 回零

（1）所有轴和刀库都回零

按 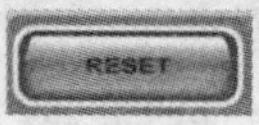

按钮，再按 

按钮，此时刀库回至 1 号刀位，Z、X、Y 轴依次回到零点。

（2）所有轴回零

按 

按钮，选择回零模式，再按 

按钮，Z、X、Y 轴依次回零点，刀库不动。

（3）单轴回零

按 

按钮，选择回零模式，按字母键的 Z 或 X 或 Y，按 

按钮，所选的轴回到零点。

3. 手动操作机床

（1）手动进给

按 

按钮，选择手动模式，按坐标轴及方向选择按钮，所选轴可按所选方向运动，按倍率选择按钮 

，可调整进给速度，按 

按钮，进给停止。

（2）手轮进给

按 

按钮，选择手轮模式，按坐标轴选择按钮 

或 

，选择 X 轴，其他轴同样操作。按 

选择脉冲当量，摇动手轮可实现坐标轴运动。

（3）主轴旋转

按 

按钮，选择手动输入模式，输入程序段“M03 S1000”，按 

按钮，再按“CYCLE START”程序启动按钮，这时主轴正向旋转。按 

按钮，可调整

转动方向和停止。按 -10 SPINDLE 100% SPINDLE +10 SPINDLE 按钮，可控制主轴转速快慢。

4. 编辑程序

按 LIST PROG 按钮，进入程序列表模式，可通过键盘输入一个新程序名，再按 WRITE ENTER 按钮，则新程序名进入程序列表，并且程序名前有“＊”符号，表示此程序为当前程序。按 EDIT 按钮，进入编辑模式，如图3—37所示。依次输入程序段，每次输入后按 WRITE ENTER 按钮，输入时注意，HASS数控系统是小数点编程，所有表示坐标和速度的代码数值后加小数点。输入过程中可用 INSERT 插入、ALTER 改写、DELETE 删除、UNDO 撤销等按钮编辑。

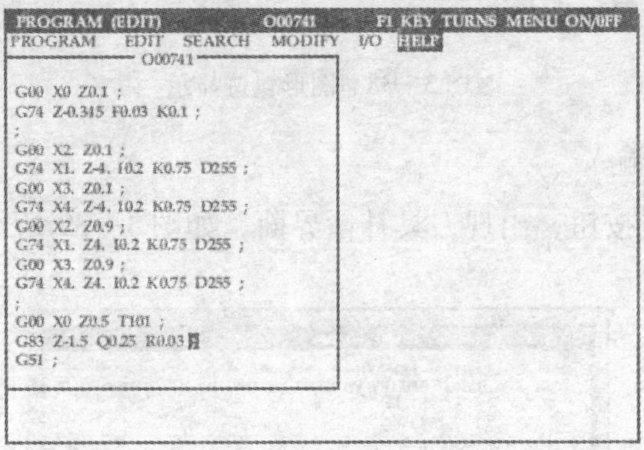

图3—37 编辑程序

5. 图形轨迹显示

（1）按 LIST PROG 按钮，进入程序列表模式，按光标键 ▲ 或 ▼ 至所要选程序，按 WRITE ENTER 按钮，所选程序前出现“＊”符号，表示已经将程序选为当前程序。

（2）按 MEM 进入自动循环模式，按 SETNG GRAPH 两次，进入图形设置界面，按循环启动按钮，显示刀具轨迹图形。

（3）根据实际情况通过 SINGLE BLOCK DRY RUN OPTION STOP BLOCK DELETE 按钮进行单段、空运行、选择停止、程序段跳转等功能。

（4）调整轨迹图形，先按 HOME 按钮，图形显示初始状态，按F2键，界面右下角出现图形框，按 PAGE UP 放大图形框，按 PAGE DOWN 缩小图形框，按光标键移动图形框，使图形位于图形框中间位置，按 WRITE ENTER 按钮确认，再按循环启动按钮，显示调整后的轨迹图形，如图3—38所示。

（5）图形轨迹图显示过程中，按F3在图形显示同时查看各类坐标值，按F4键可同时观察当前运行的程序段。

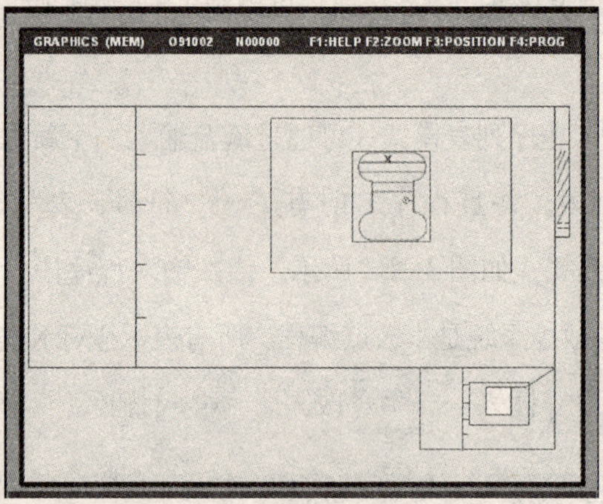

图 3—38　图形轨迹显示

6. 刀具补偿值的输入

（1）按 

设置按钮，出现刀具补偿界面，如图 3—39 所示。

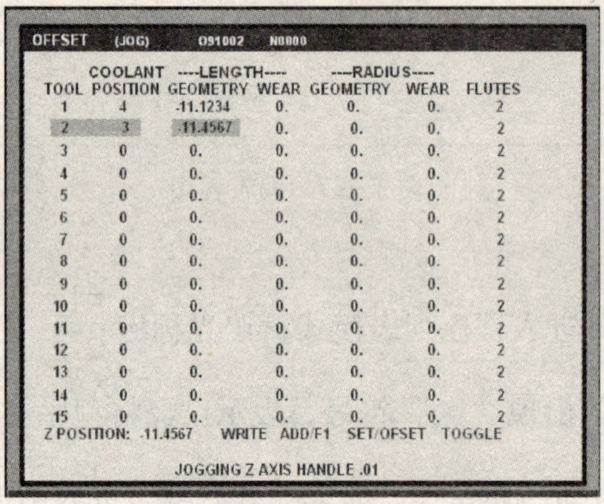

OFFSET (JOG) O91002 N0000

TOOL	COOLANT POSITION	----LENGTH---- GEOMETRY	WEAR	----RADIUS---- GEOMETRY	WEAR	FLUTES
1	4	-11.1234	0.	0.	0.	2
2	3	-11.4567	0.	0.	0.	2
3	0	0.	0.	0.	0.	2
4	0	0.	0.	0.	0.	2
5	0	0.	0.	0.	0.	2
6	0	0.	0.	0.	0.	2
7	0	0.	0.	0.	0.	2
8	0	0.	0.	0.	0.	2
9	0	0.	0.	0.	0.	2
10	0	0.	0.	0.	0.	2
11	0	0.	0.	0.	0.	2
12	0	0.	0.	0.	0.	2
13	0	0.	0.	0.	0.	2
14	0	0.	0.	0.	0.	2
15	0	0.	0.	0.	0.	2

Z POSITION: -11.4567 WRITE ADD/F1 SET/OFSET TOGGLE

JOGGING Z AXIS HANDLE .01

图 3—39　刀具几何/磨耗

（2）按光标键，移动光标到输入刀具补偿位置。

（3）输入刀具补偿值，按 F1 键，出现对话框“changes the offset by move than setting 142！Accept（Y/N）?”，选择“Y”输入刀具补偿值，选择“N”取消退出。

（4）若要修改刀具补偿值，直接输入所要修正的值，按 

确认，修改处的值与输入的修正值进行算术运算。

7. 刀具和工件安装

（1）按 

，进入 MDI 方式，输入 M06 T01，按循环启动按钮，此时主轴上无刀具。

（2）按

，选择手动方式，手握装有刀具的刀柄，如图3—40所示对准主轴端面键槽插入主轴孔内，按主轴箱右边的刀具释放按钮，确认安装稳定后松手，这样完成1号刀的安装。

（3）依次重复前两步骤，安装其他刀具进入刀库。

（4）选择需要的夹具，安装在工作台上，并进行校正，再用夹具装夹工件。

8．工件坐标系设置

（1）调整刀具和工件之间的相对位置，使刀具中心与工件坐标系原点重合，多次按

设置按钮，出现工件坐标系设置界面，图3—41所示。

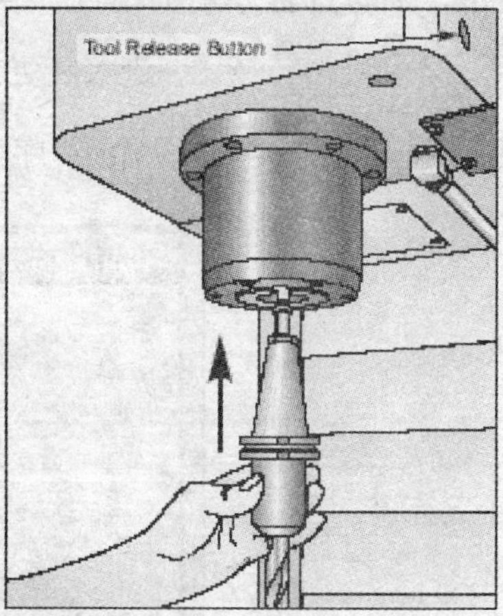

图3—40　刀具的安装

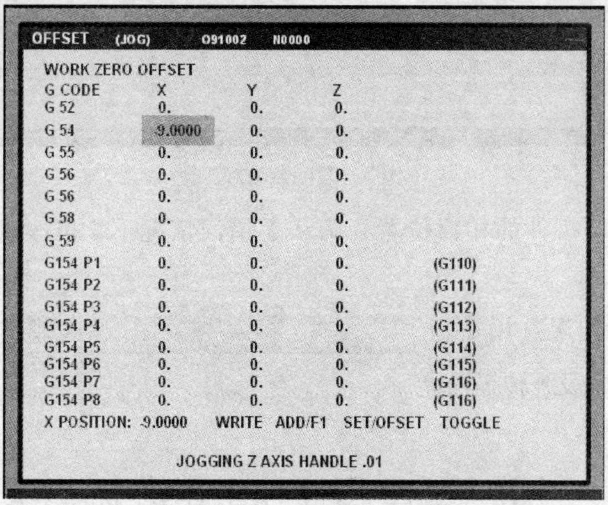

图3—41　工件零点偏置

（2）移动光标到所需工件坐标系位置，如G54的*X*轴处，按

按钮，机床坐标系值自动输入光标所在位置。

（3）移动光标，依次设定其他轴的坐标值。

（4）若要修改工件坐标系值，直接输入所要修正的值，按

确认，出现对话框“changes the offset by move than setting 142！Accept（Y/N）?”，选择“Y”，修改处的值与输入的修正值进行算术运算。

（5）若要手动直接输入坐标值，则输入后按F1键，并输入“Y”确认，即输入了工件坐标系的值。

9．自动加工

（1）按

按钮，进入程序列表模式，移动光标到所要选的程序位置，按

按钮，则所选程序名前出现“＊”符号，即表示所选程序为当前程序。

（2）按

按钮，进入自动加工模式，初次运行应选择

单段模式，调整进给倍率和快速倍率。按

显示当前程序细节，如图3—42所示，按循环启动按钮，程序自动运行。

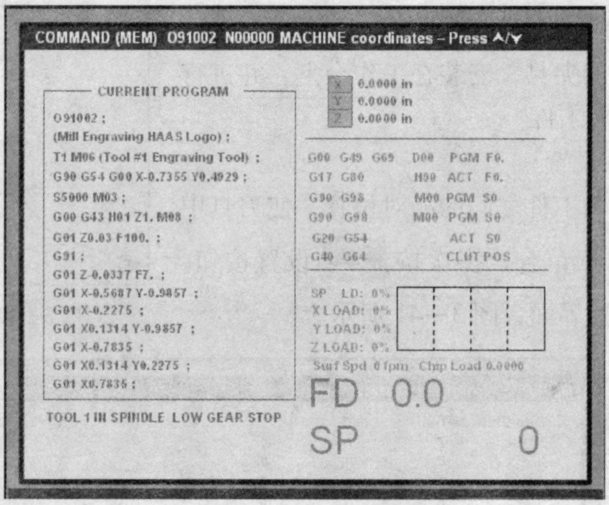

图3—42　自动加工

（3）观察刀具与工件的相对位置，确认无错误情况下，可改为连续方式，并且调整进给倍率。

（4）根据实际情况选用按钮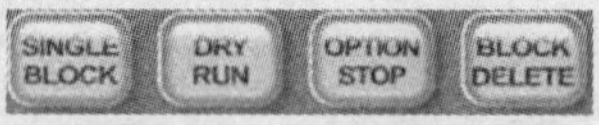

，这些按钮具有单段、空运行、选择停止、程序段跳转等功能。

3.8　板类零件加工中心加工

本节以板类零件为例，通过熟悉加工图样与加工要求，在阅读加工程序的基础上编写加工工艺，并且修改加工程序，最后操作加工中心，完成板类零件的切削加工。

3.8.1　加工要求

1. 加工操作条件

（1）加工中心数控系统为FANUC或HASS。

（2）使用ϕ10 mm键槽铣刀、ϕ3 mm中心钻、ϕ7.8 mm麻花钻、机用铰刀。

（3）使用游标卡尺与百分表等测量工具。

（4）加工程序存储在数控机床中。

2. 加工操作内容

（1）根据零件图样和加工程序完成零件加工。

（2）零件尺寸自检。

3. 加工操作要求

（1）按零件图加工要求安装刀具与工件、建立工件坐标系、输入刀具参数。

（2）根据实际加工要求调整切削参数。

（3）根据零件图完成零件切削加工。

（4）零件尺寸自检。

3.8.2 加工图样（见图3—43）

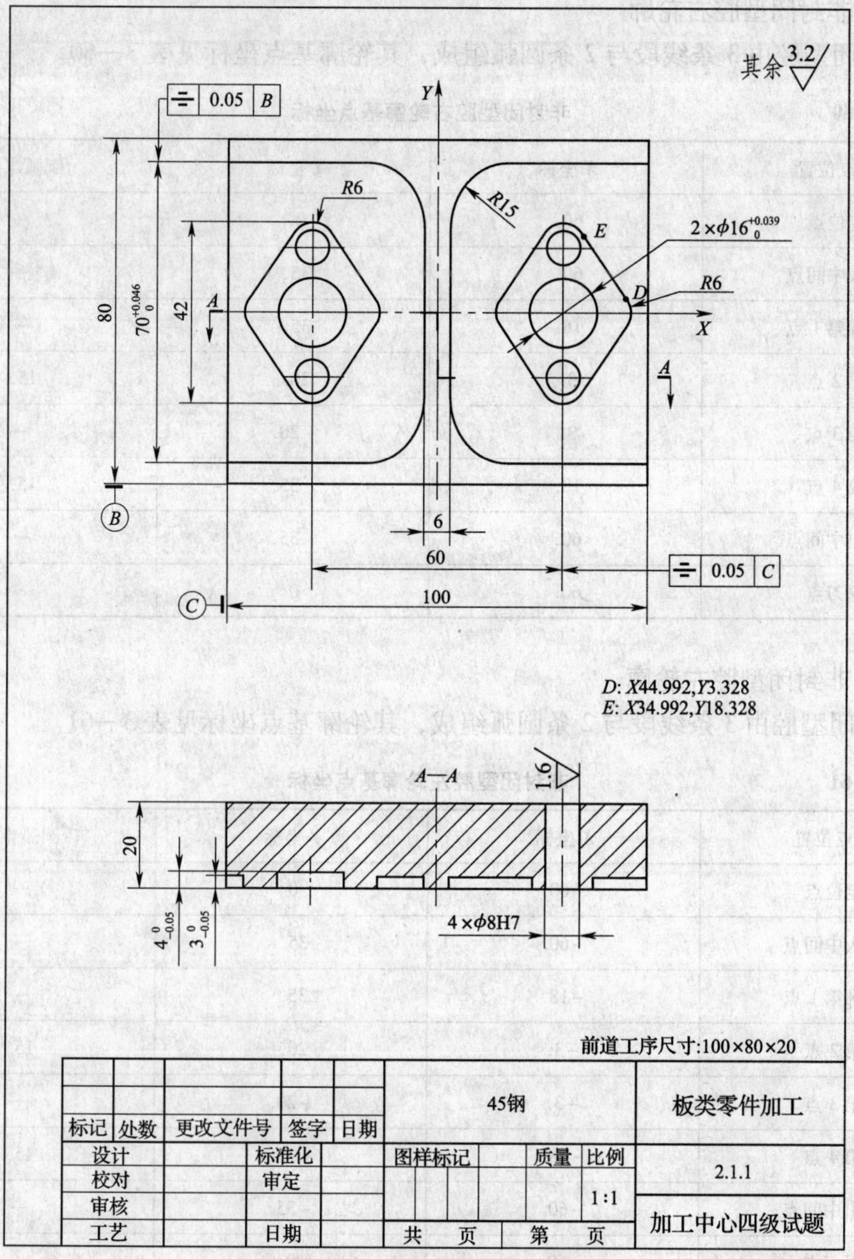

图3—43 加工图样

3.8.3 图样分析

1. 图形分析

图示零件由左右对称非封闭型腔与左右对称菱形凸台组成，非封闭型腔与菱形凸台同一底平面（$Z-3$ mm），菱形凸台中间有 1 个 ϕ16 mm 盲孔，孔深 4 mm，盲孔上下有 2 个对称分布的通孔 ϕ8H7。

2. 尺寸分析

(1) 非封闭型腔右轮廓

非封闭型腔由 3 条线段与 2 条圆弧组成，其轮廓基点坐标见表 3—60。

表 3—60　　非封闭型腔右轮廓基点坐标

基点位置	X 坐标	Y 坐标	圆弧半径
定位点	60.	0.	—
切入中间点	60.	35.	—
轮廓第 1 点	18.	35.	—
第 2 点	3.	20.	15.
第 3 点	3.	-20.	—
第 4 点	18.	-35.	15.
切出中间点	60.	-35.	—
退刀点	60.	0	—

(2) 非封闭型腔左轮廓

非封闭型腔由 3 条线段与 2 条圆弧组成，其轮廓基点坐标见表 3—61。

表 3—61　　非封闭型腔左轮廓基点坐标

基点位置	X 坐标	Y 坐标	圆弧半径
定位点	-60.	0	—
切入中间点	-60.	35.	—
轮廓第 1 点	-18.	35.	—
第 2 点	-3.	20.	15.
第 3 点	-3.	-20.	—
第 4 点	-18.	-35.	15.
切出中间点	-60.	-35.	—
退刀点	-60.	0	—

(3) 菱形凸台右轮廓

菱形凸台轮廓由4条线段与4条圆弧组成，其轮廓基点坐标见表3—62。

表3—62 菱形凸台右轮廓基点坐标

基点位置	X坐标	Y坐标	圆弧半径
定位点	60.	-30.	—
切入中间点	60.	-21.	—
轮廓第1点	30.	-21.	—
第2点	25.008	-18.328	6.
第3点	15.008	-3.328	—
第4点	15.008	3.328	6.
第5点	25.008	18.328	—
第6点	34.992	18.328	6.
第7点	44.992	3.328	—
第8点	44.992	-3.328	6.
第9点	34.992	-18.328	—
第10点	30.	-21.	6.
切出中间点	15.	-21.	—
退刀点	15.	-30.	—

(4) 菱形凸台左轮廓

菱形凸台轮廓由4条线段与4条圆弧组成，其轮廓基点坐标见表3—63。

表3—63 菱形凸台左轮廓基点坐标

基点位置	X坐标	Y坐标	圆弧半径
定位点	-60.	-30.	—
切入中间点	-60.	-21.	—
轮廓第1点	-30.	-21.	—
第2点	-25.008	-18.328	6.
第3点	-15.008	-3.328	—
第4点	-15.008	3.328	6.
第5点	-25.008	18.328	—
第6点	-34.992	18.328	6.

续表

基点位置	X坐标	Y坐标	圆弧半径
第7点	-44.992	3.328	—
第8点	-44.992	-3.328	6.
第9点	-34.992	-18.328	—
第10点	-30	-21.	6.
切出中间点	-15	-21.	
退刀点	-15	-30.	

(5) 孔的定位与定形尺寸（见表3—64）

表3—64　　孔的定位与定形尺寸　　mm

位置	轮廓名称	X	Y	孔径
右菱形凸台	上面孔	30	15	ϕ8 通孔
	中间孔	30	0	ϕ16 盲孔
	下面孔	30	-15	ϕ8 通孔
左菱形凸台	上面孔	-30	15	ϕ8 通孔
	中间孔	-30	0	ϕ16 盲孔
	下面孔	-30	-15	ϕ8 通孔

3. 加工精度要求（见表3—65）

表3—65　　加工精度要求　　mm

对象	加工尺寸	加工要求	上偏差	下偏差
非封闭型腔	70	定形尺寸精度	0.046	0
凸台高度	3	定位尺寸精度	0	-0.05
型腔深度	4	定位尺寸精度	0	-0.05
盲孔直径	16	定形尺寸精度	0.039	0
非封闭型腔	70	对称度（坐标系）	0.05	
盲孔圆心	60	对称度（坐标系）	0.05	

4. 加工质量分析

(1) ϕ16 mm通孔表面粗糙度1.6 μm，铰刀精加工达到表面粗糙度要求。

(2) 其余加工表面粗糙度3.2 μm，铣削加工达到表面粗糙度要求。

3.8.4　阅读与修改加工程序

FANUC 加工程序 O2111 见表 3—66。

表 3—66　　FANUC 加工程序 O2111

程　序	注　释
O2111；	程序名
G54；	设置铣削参数
G91 G28 Z0；	
M06 T01；	
S100（S1000）M03；	
M08；	
G90 G43 G00 Z100. H01；	定位
G00 X60. Y0；	
G01 Z－3. F10.（F30.）；	
G41 G01 X60. Y35. D01（F60.）；	铣削右非封闭轮廓
G01 X18.；	
G03 X3. Y20. R15.；	
G01 Y－20.；	
G03 X18. Y－35. R15.；	
G01 X65.；	
G40 G01 X65. Y0；	
G41 G01 X60. Y－21 D01；	铣削右菱形凸台
G01 X30. Y－21.；	
G02 X25.008 Y－18.328 R6.；	
G01 X15.008 Y－3.328；	
G02 X15.008 Y3.328 R6.；	
G01 X25.008 Y18.328；	
G02 X34.992 Y18.328 R6.；	
G01 X44.992 Y3.328；	
G02 X44.992 Y－3.328 R6.；	
G01 X34.992 Y－18.328；	

续表

程　序	注　释
G02 X30. Y－21. R6.;	铣削右菱形凸台
G01 X20. Y－21.;	
G40 G01 X18. Y－18.;	
G00 Z5.;	退刀
G00 X30. Y0;	定位
G01 Z－4. F10. (F30.);	
G41 G01 X38. D01 (F60.);	铣削右圆型腔
G03 I－8.;	
G03 X30. Y8. R8.;	
G40 G01 Y0;	
G00 Z5.;	退刀
G00 X－60. Y0;	定位
G01 Z－3. F10. (F30.);	
G42 G01 X－60. Y35. D01 (F60.);	铣削左非封闭轮廓
G01 X－18.;	
G02 X－3. Y20. R15.;	
G01 Y－20.;	
G02 X－18. Y－35. R15.;	
G01 X－60.;	
G40 G01 X－60. Y0;	
G42 G01 X－60. Y－21. D01;	铣削左菱形凸台
G01 X－30. Y－21.;	
G03 X－25.008 Y－18.328 R6.;	
G01 X－15.008 Y－3.328;	
G03 X－15.008 Y3.328 R6.;	
G01 X－25.008 Y18.328;	
G03 X－34.992 Y18.328 R6.;	
G01 X－44.992 Y3.328;	

续表

程　序	注　释
G03 X-44.992 Y-3.328 R6.;	铣削左菱形凸台
G01 X-34.992 Y-18.328;	
G03 X-30. Y-21. R6.;	
G01 X-20. Y-21.;	
G40 G01 X-18. Y-18.;	
G00 Z5.;	退刀
G00 X-30. Y0;	定位
G01 Z-4. F10. (F30.);	
G42 G01 X-38. D01 (F60.);	铣削左圆型腔
G02 I8.;	
G02 X-30. Y8. R8.;	
G40 G01 Y0;	
G49 G00 Z100.;	退刀
G00 X100. Y100.;	
M05;	
M09;	
M00;	
G55;	设置中心钻钻削参数
G91 G28 Z0;	
M06 T02;	
S100 (S1200) M03;	
M08;	
G90 G43 G00 Z100. H02;	定位
G99 G81 X30. Y15. Z-3. R5. F10. (F30.);	中心钻定位
Y-15.;	
X-30.;	
Y15.;	
G80;	

续表

程　序	注　释
G49 G00 Z100.；	
G00 X100. Y100.；	
M05；	退刀
M09；	
M00；	
G56；	
G91 G28 Z0；	
M06 T03；	设置麻花钻削参数
S100（S600）M03；	
M08；	
G90 G43 G00 Z100. H03；	定位
G99 G73 X30. Y15. Z-24. R5. Q5. F10.（F60.）；	
Y-15.；	
X-30.；	麻花钻钻孔
Y15.；	
G80；	
G49 G00 Z100.；	
G00 X100. Y100.；	
M05；	退刀
M09；	
M00；	
G57；	
G91 G28 Z0；	
M06 T04；	设置铰削参数
S100（S200）M03；	
M08；	
G90 G43 G00 Z100. H04；	定位
G99 G85 X30. Y15. Z-24. R5. F10.（F30.）；	
Y-15.；	
X-30.；	铰刀铰削
Y15.；	
G80；	
G49 G00 Z100.；	退刀
G00 X100. Y100.；	
M30；	程序结束

3.8.5 加工工艺分析

1. 刀具选择

（1）选用键槽铣刀 ϕ10 mm 铣削加工内、外轮廓与盲孔。

（2）选用中心钻 ϕ3 mm 定位。

（3）选用麻花钻 ϕ7.8 mm 钻通孔。

（4）选用铰刀 ϕ8H7 铰孔。

2. 加工方法

采用粗加工、半精加工与精加工的加工工艺，ϕ10 mm 键槽铣刀铣削加工内、外轮廓与盲孔，用刀具半径补偿方法分配的加工余量按表 3—67 所示。

表 3—67　加工余量分配表　mm

加工方法	刀具半径补偿量	备注
粗加工余量	5.3	刀补参数设置
半精加工余量	5.1	刀补参数设置
精加工余量	5.	测量、计算与调整

3. 加工顺序

按先近后远加工原理，从上到下分层铣削各层轮廓。

4. 测量项目（见表 3—68）

表 3—68　测量项目表　mm

测量项目	加工尺寸	上偏差	下偏差	极限尺寸 MAX	极限尺寸 MIN
轮廓尺寸	70	0.046	0	70.046	70
盲孔直径	16	0.039	0	16.039	16
凸台高度	3	0	-0.05	3.	2.95
型腔深度	4	0	-0.05	4.	3.95

5. 加工精度控制

通过调整刀具半径补偿量和长度补偿量控制工件的加工尺寸和精度。

3.8.6 工件坐标系与走刀轨迹（见表 3—69）

表 3—69　工件坐标系与走刀轨迹

1. 铣削非封闭型腔	2. 铣削凸台
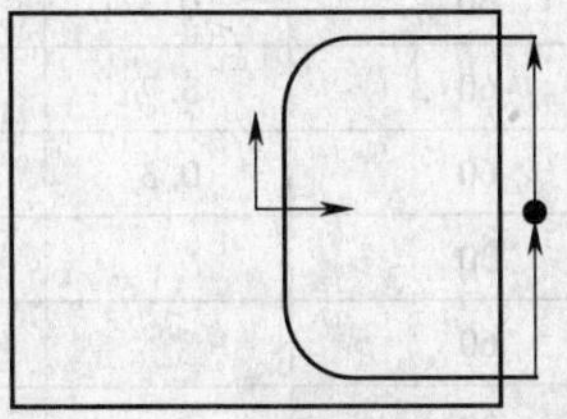	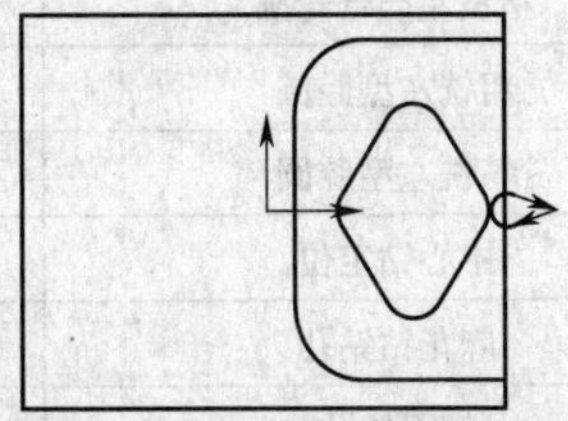

续表

<table>
<tr><td>3. 铣削圆形型腔</td><td>4. 钻、铰孔</td></tr>
<tr><td>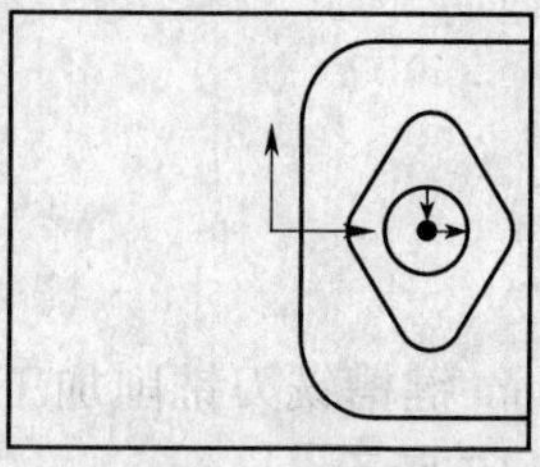</td><td>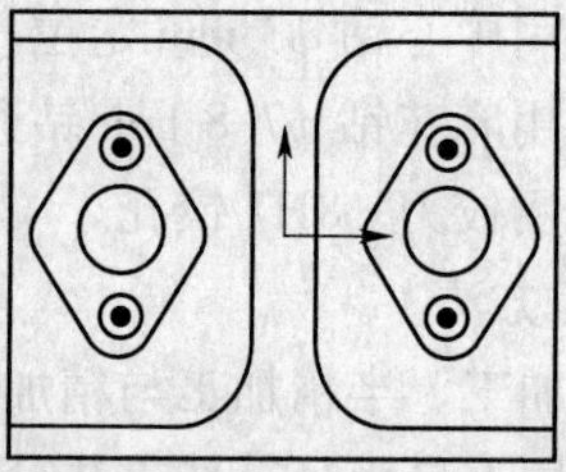</td></tr>
</table>

3.8.7 加工工艺

1. 加工工艺卡（见表 3—70）

表 3—70　　加工工艺卡

<table>
<tr><td colspan="4" rowspan="2">加工中心加工工艺卡</td><td colspan="3">零件代号</td><td colspan="2">材料名称</td><td>零件数量</td></tr>
<tr><td colspan="3">2.1.1</td><td colspan="2">45 钢</td><td>1</td></tr>
<tr><td>设备名称</td><td>加工中心</td><td>系统型号</td><td>FANUC</td><td>夹具名称</td><td colspan="3">平虎钳</td><td>毛坯尺寸</td><td>100×80×20</td></tr>
<tr><td>工序号</td><td colspan="3">工序内容</td><td>刀具号</td><td>主轴转速（r/min）</td><td colspan="2">进给量（mm/min）</td><td>背吃刀量（mm）</td><td>备注</td></tr>
<tr><td></td><td colspan="3">平虎钳装夹与找准工件</td><td></td><td></td><td colspan="2"></td><td></td><td></td></tr>
<tr><td>1</td><td colspan="3">粗铣右非封闭型腔</td><td>1</td><td>800</td><td colspan="2">60</td><td>2.7</td><td></td></tr>
<tr><td>2</td><td colspan="3">粗铣右凸台轮廓</td><td>1</td><td>800</td><td colspan="2">60</td><td>2.7</td><td></td></tr>
<tr><td>3</td><td colspan="3">精铣右非封闭型腔</td><td>1</td><td>1 000</td><td colspan="2">60</td><td>0.3</td><td></td></tr>
<tr><td>4</td><td colspan="3">精铣右凸台轮廓</td><td>1</td><td>1 000</td><td colspan="2">60</td><td>0.3</td><td></td></tr>
<tr><td>5</td><td colspan="3">粗铣右型腔圆</td><td>1</td><td>800</td><td colspan="2">60</td><td>3.7</td><td></td></tr>
<tr><td>6</td><td colspan="3">精铣右型腔圆</td><td>1</td><td>1 000</td><td colspan="2">60</td><td>0.3</td><td></td></tr>
<tr><td>7</td><td colspan="3">粗铣左非封闭型腔</td><td>1</td><td>800</td><td colspan="2">60</td><td>2.7</td><td></td></tr>
<tr><td>8</td><td colspan="3">粗铣左凸台轮廓</td><td>1</td><td>800</td><td colspan="2">60</td><td>2.7</td><td></td></tr>
<tr><td>9</td><td colspan="3">精铣左非封闭型腔</td><td>1</td><td>1 000</td><td colspan="2">60</td><td>0.3</td><td></td></tr>
<tr><td>10</td><td colspan="3">精铣左凸台轮廓</td><td>1</td><td>1 000</td><td colspan="2">60</td><td>0.3</td><td></td></tr>
<tr><td>11</td><td colspan="3">粗铣左型腔圆</td><td>1</td><td>800</td><td colspan="2">60</td><td>3.7</td><td></td></tr>
<tr><td>12</td><td colspan="3">精铣左型腔圆</td><td>1</td><td>1 000</td><td colspan="2">60</td><td>0.3</td><td></td></tr>
<tr><td>13</td><td colspan="3">中心钻定位</td><td>2</td><td>1 200</td><td colspan="2">30</td><td></td><td></td></tr>
<tr><td>14</td><td colspan="3">麻花钻钻孔</td><td>3</td><td>600</td><td colspan="2">60</td><td></td><td></td></tr>
<tr><td>15</td><td colspan="3">铰刀铰孔</td><td>4</td><td>200</td><td colspan="2">30</td><td></td><td></td></tr>
</table>

2. 刀具选择卡（见表3—71）

表3—71　　刀具选择卡

序号	刀具号	刀具名称	刀具规格（mm）	刀具材料	备注
1	T01	键槽铣刀	$\phi10$	高速钢	
2	T01	键槽铣刀	$\phi10$	高速钢	
3	T01	键槽铣刀	$\phi10$	高速钢	
4	T01	键槽铣刀	$\phi10$	高速钢	
5	T01	键槽铣刀	$\phi10$	高速钢	
6	T01	键槽铣刀	$\phi10$	高速钢	
7	T01	键槽铣刀	$\phi10$	高速钢	
8	T01	键槽铣刀	$\phi10$	高速钢	
9	T01	键槽铣刀	$\phi10$	高速钢	
10	T01	键槽铣刀	$\phi10$	高速钢	
11	T01	键槽铣刀	$\phi10$	高速钢	
12	T01	键槽铣刀	$\phi10$	高速钢	
13	T02	中心钻	$\phi3$	高速钢	
14	T03	麻花钻	$\phi7.8$	高速钢	
15	T04	铰刀	$\phi8H7$	高速钢	

3.8.8 加工步骤

1. 阅读文件

（1）分析图样加工要求。

（2）阅读与修改加工程序的切削参数。

（3）分析零件加工工艺。

2. 开机准备工作

（1）开启加工中心电源，机床回零操作。

（2）安装与找准平虎钳。

1）找准平虎钳固定侧与机床 X 坐标轴的平行度。

2）找准平虎钳安装工件底面基准与工作台平面的平行度。

（3）安装工件，找准工件上表面与工作台平面的平行度。

（4）分别安装键槽铣刀 $\phi10$ mm、中心钻 $\phi3$ mm、麻花钻 $\phi7.8$ mm、铰刀 $\phi8H7$，

对刀操作设定工件坐标系与刀具补偿参数。

3. 零件加工

(1) 零件粗加工（设置刀具半径补偿参数）。

(2) 零件半精加工（修改刀具半径补偿参数）。

(3) 零件精加工（测量、计算与修整刀具半径补偿参数）。

4. 自检零件

根据测量项目表检验零件的加工质量。

3.9 盘类零件加工中心加工

本节以盘类零件为例，通过熟悉加工图样与加工要求，在阅读加工程序的基础上编写加工工艺，并且修改加工程序，最后操作加工中心，完成盘类零件的切削加工。

3.9.1 加工要求

1. 操作条件

(1) 加工中心数控系统 FANUC 或 HASS。

(2) 使用 ϕ10 mm 键槽铣刀、ϕ3 mm 中心钻、ϕ7.8 mm 麻花钻、机用铰刀。

(3) 使用游标卡尺与百分表等测量工具。

(4) 加工程序存储在数控机床中。

2. 操作内容

(1) 根据零件图样和加工程序完成零件加工。

(2) 零件尺寸自检。

3. 操作要求

(1) 按零件图加工要求安装刀具与工件、建立工件坐标系、输入刀具补偿参数。

(2) 根据实际加工要求调整切削参数。

(3) 根据零件图完成零件切削加工。

(4) 零件尺寸自检。

3.9.2 加工图样（见图 3—44）

3.9.3 图样分析

1. 图形分析

图示零件有 1 个高 4 mm 封闭凸台，上下有两条深 3 mm 对称分布的圆弧槽，左右两个对称分布的 ϕ8 mm 通孔，中间有 1 个深 4 mm 盲孔 ϕ15 mm。

2. 尺寸分析

(1) 封闭凸台

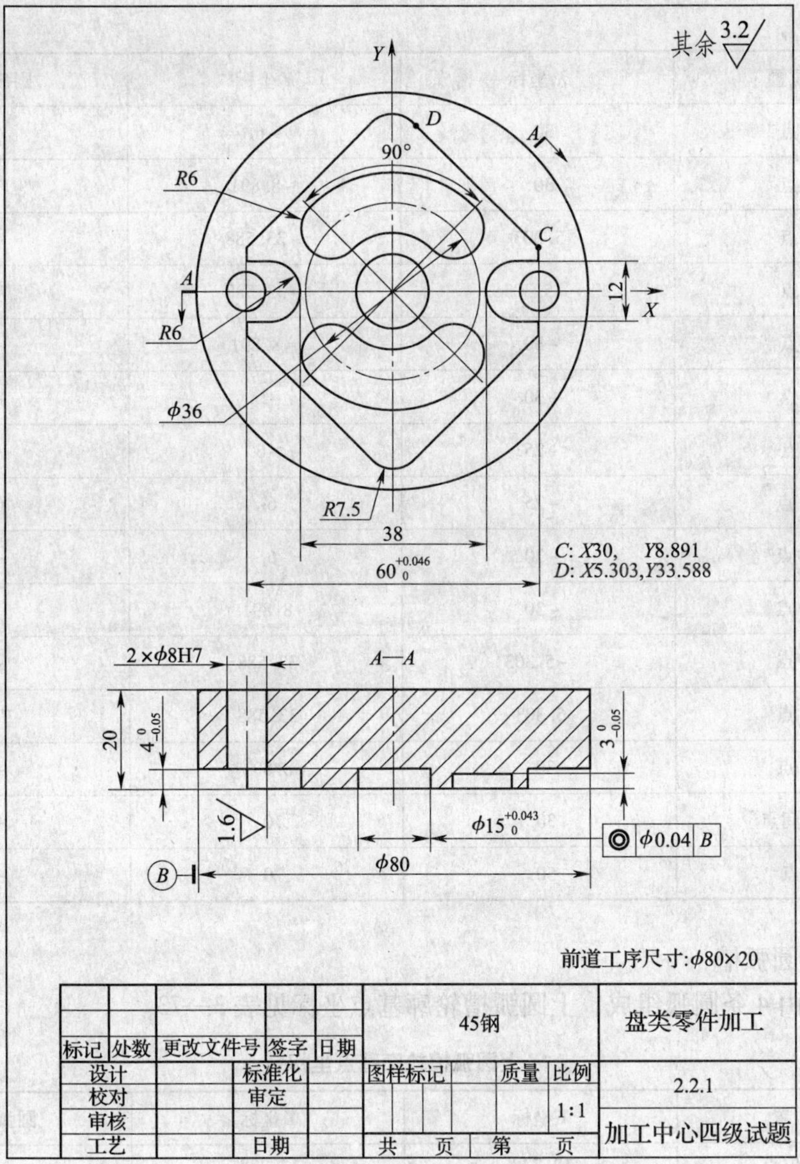

图 3—44　加工图样

封闭凸台轮廓由 12 条线段与 4 条圆弧首尾相接而成，其轮廓基点坐标见表 3—72。

表 3—72　　封闭凸台轮廓基点坐标

基点位置	X 坐标	Y 坐标	圆弧半径
切入定位点	50.	0	—
切入中间点	30.	0	—
轮廓第 1 点	25.	6.	—
第 2 点	25.	–6.	6.

续表

基点位置	X 坐标	Y 坐标	圆弧半径
第 3 点	30.	-6.	—
第 4 点	30.	-8.891	—
第 5 点	5.303	-33.588	—
第 6 点	-5.303	-33.588	7.5
第 7 点	-30.	-8.891	—
第 8 点	-30.	-6.	—
第 9 点	-25.	-6.	—
第 10 点	-25.	6.	6.
第 11 点	-30.	6.	—
第 12 点	-30.	8.891	—
第 13 点	-5.303	33.588	—
第 14 点	5.303	33.588	7.5
第 15 点	30.	8.891	—
切出中间点	30.	0	—
退刀点	50.	0	—

（2）上圆弧槽

圆弧槽由 4 条圆弧组成，上圆弧槽轮廓基点坐标见表 3—73。

表 3—73　上圆弧槽轮廓基点坐标

基点位置	X 坐标	Y 坐标	圆弧半径
切入定位点	12.728	12.728	—
切入中间点	8.485	8.485	—
轮廓第 1 点	16.971	16.971	6.
第 2 点	-16.971	16.971	24.
第 3 点	-8.458	8.458	6.
第 4 点	8.485	8.485	12.
切出中间点	16.971	16.971	6.
退刀点	12.728	12.728	—

（3）下圆弧槽

下圆弧槽轮廓基点坐标见表 3—74。

表 3—74　　下圆弧槽轮廓基点坐标

基点位置	X 坐标	Y 坐标	圆弧半径
切入定位点	12.728	-12.728	—
切入中间点	8.485	-8.485	—
轮廓第 1 点	16.971	-16.971	6.
第 2 点	-16.971	-16.971	24.
第 3 点	-8.458	-8.458	6.
第 4 点	8.485	-8.485	12.
切出中间点	16.971	-16.971	6.
退刀点	12.728	-12.728	—

（4）孔加工尺寸（见表 3—75）

表 3—75　　孔加工尺寸　　mm

基点位置	X 坐标	Y 坐标	孔径
左边孔	-30	0	8
中间孔	0	0	15
右边孔	30	0	8

（5）左右对称 $\phi 8$ mm 通孔尺寸

左面 $\phi 8$ mm 通孔定位点 X 坐标 -25.，Y 坐标 0。右面 $\phi 8$ mm 通孔定位点 X 坐标 25.，Y 坐标 0。

3. 加工精度要求（见表 3—76）

表 3—76　　加工精度要求　　mm

对象	加工尺寸	加工要求	上偏差	下偏差
轮廓尺寸	60	定形尺寸精度	0.046	0
型腔深度	3	定位尺寸精度	0	-0.05
凸台高度	4	定位尺寸精度	0	-0.05
盲孔直径	15	定形尺寸精度	0.043	0
盲孔直径	15	圆度	0.04	

4. 加工质量分析

（1）$\phi 8$ mm 通孔表面粗糙度要求 1.6 μm，铰刀精加工达到加工质量要求。

（2）其余加工表面粗糙度要求 3.2 μm，铣削加工能达到加工质量要求。

3.9.4 阅读与修改加工程序

FANUC 加工程序 O2211 见表 3—77。

表 3—77　　FANUC 加工程序 O2211

程　序	注　释
%	程序头
O2211；	程序名
G54；	设置铣削参数
G91 G28 Z0；	
M06 T01；	
S100（S800）M03；	
M08；	
G90 G43 G00 Z100. H01；	定位
G00 X50. Y0；	
G01 Z－4. F10.（F30.）；	
G41 G01 X30. Y0 D01（F60.）；	铣削凸台轮廓
G01 Y6.；	
G01 X25.；	
G03 Y－6. R6.；	
G01 X30.；	
G01 Y－8.891；	
G01 X5.303 Y－33.588；	
G02 X－5.303 R7.5；	
G01 X－30. Y－8.891；	
G01 Y－6.；	
G01 X－25.；	
G03 Y6. R6.；	
G01 X－30.；	
G01 Y8.891；	
G01 X－5.303 Y33.588；	

续表

程　序	注　释
G02 X5.303 R7.5；	铣削凸台轮廓
G01 X30. Y8.891；	
G01 Y0；	
G40 G01 X50. Y0；	
G00 Z5.；	退刀
G00 X12.728 Y12.728.；	定位
G01 Z－3. F10.（F30.）；	
G41 G01 X8.485 Y8.485 D01（F60.）；	铣削上圆弧槽
G03 X16.971 Y16.971 R6.；	
G03 X－16.971 Y16.971 R24.；	
G03 X－8.485 Y8.485 R6.；	
G02 X8.485 Y8.485 R12.；	
G03 X16.971 Y16.971 R6.；	
G40 G01 X12.728 Y12.728.；	
G00 Z5.；	退刀
G00 X12.728 Y－12.728.；	铣削下圆弧槽
G01 Z－3. F10.（F30.）；	
G42 G01 X8.485 Y－8.485 D01（F60.）；	
G02 X16.971 Y－16.971 R6.；	
G02 X－16.971 Y－16.971 R24.；	
G02 X－8.485 Y－8.485 R6.；	
G03 X16.971 Y－16.971 R12.；	
G02 X8.485 Y－8.485 R6.；	
G40 G01 X12.728 Y－12.728.；	
G00 Z5.；	退刀
G00 X0 Y0；	定位
G01 Z－4. F10.（F30.）；	

续表

程　　序	注　　释
G41 G01 X7.5 Y0D02（F60.）;	铣削型腔圆
G02 I-7.5;	
G02 X0 Y7.5 R7.5;	
G40 G01 X0 Y0;	
G49 G00 Z100.;	退刀
G00 X100. Y100.;	
M05;	
M09;	
M00;	
G55;	设置中心钻参数
G91 G28 Z0;	
M06 T02;	
S100（S2000）M03;	
M08;	
G90 G43 G00 Z100. H02;	定位
G99 G81 X30. Y0 Z-3. R5. F10.（F30.）;	中心钻定位
X-30.;	
G80;	
G49 G00 Z100.;	退刀
G00 X100. Y100.;	
M05;	
M09;	
M00;	
G56;	设置麻花钻参数
G91 G28 Z0;	
M06 T03;	
S100（S600）M03;	
M08;	

续表

程　序	注　释
G90 G43 G00 Z20. H03;	定位
G99 G83 X30. Y0 Z－24. R5. Q8. F10. (F60.);	麻花钻钻孔
X－30.;	
G80;	
G49 G00 Z100.;	退刀
G00 X100. Y100.;	
M05;	
M09;	
M00;	
G57;	设置铰刀铰削参数
G91 G28 Z0;	
M06 T04;	
S100 (S200) M03;	
G90 G43 G00 Z20. H04;	定位
G99 G85 X30. Y0 Z－24. R5. F10. (F30.);	孔铰削
X－30.;	
G80;	
G49 G00 Z100.;	退刀
G00 X100. Y100.;	
M30;	程序结束
%	程序尾

3.9.5　加工工艺分析

1. 刀具选择

(1) 选用键槽铣刀 ϕ10 mm 铣削加工内、外轮廓与盲孔。

(2) 选用中心钻 ϕ3 mm 定位。

(3) 选用麻花钻 ϕ7.8 mm 钻通孔。

(4) 选用 ϕ8H7 铰刀铰孔。

2. 加工方法

采用粗加工、半精加工与精加工的加工工艺，ϕ10 mm 键槽铣刀铣削轮廓与盲孔，通过刀具半径补偿的加工余量分配见表3—78。

表 3—78　　加工余量分配表　　mm

加工方法	刀具半径补偿量	备注
粗加工余量	5.3	刀补参数设置
半精加工余量	5.1	刀补参数设置
精加工余量	5.	测量调整

3. 加工顺序

按先近后远加工原理，从上到下分层铣削各层轮廓。

4. 测量项目（见表 3—79）

表 3—79　　测量项目表　　mm

测量项目	加工尺寸	上偏差	下偏差	公差	极限尺寸 MAX	极限尺寸 MIN
轮廓尺寸	60	0.046	0	0.046	60.046	60.
盲孔直径	15	0.043	0	0.043	15.043	15.
型腔深度	3	0	−0.05	0.05	3.	2.95
凸台高度	4	0	−0.05	0.05	4.	3.95

5. 加工精度控制

调整刀具半径补偿量和长度补偿量控制零件的加工尺寸和精度。

3.9.6　工件坐标系与走刀轨迹（见表 3—80）

表 3—80　　工件坐标系与走刀轨迹

1. 铣削凸台	2. 铣削型腔
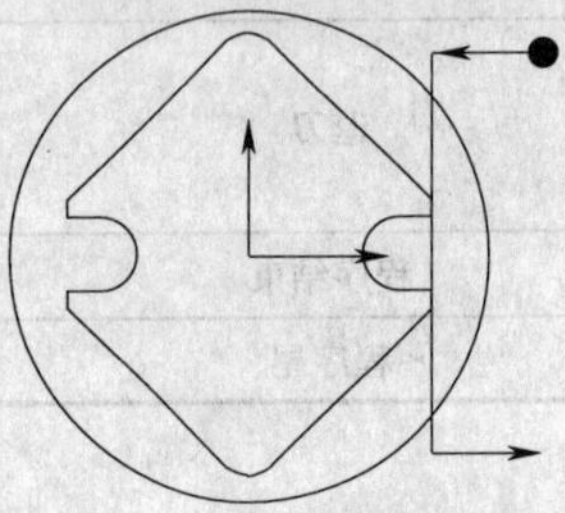	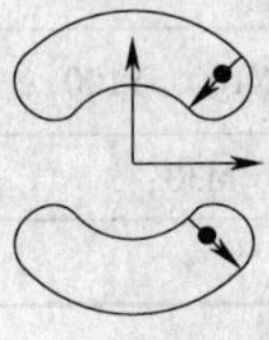
3. 铣削型腔圆	4. 孔加工
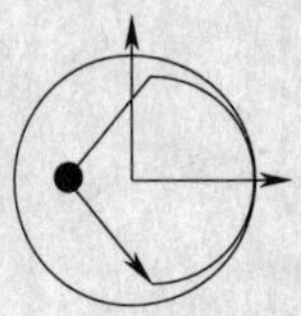	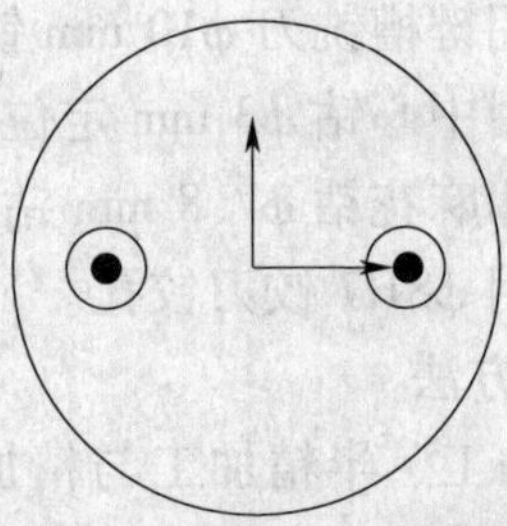

3.9.7 加工工艺

1. 加工工艺卡（见表3—81）

表3—81 加工工艺卡

加工中心加工工艺卡				零件代号		材料名称		零件数量
				2.2.1		45钢		1
设备名称	加工中心	系统型号	FANUC	夹具名称	平虎钳		毛坯尺寸	$\phi80\times20$
工序号	工序内容			刀具号	主轴转速（r/min）	进给量（mm/min）	背吃刀量（mm）	备注
	三爪自定心卡盘找准工件							
1	粗铣凸台轮廓			1	800	60	3.7	
2	精铣凸台轮廓			1	1 000	60	0.3	
3	粗铣型腔轮廓			1	800	60	2.7	
4	精铣型腔轮廓			1	1 000	60	0.3	
5	粗铣型腔圆			1	800	60	3.7	
6	精铣型腔圆			1	1 000	60	0.3	
7	中心钻定位			2	2 000	30		
8	麻花钻钻孔			3	600	60		
9	铰刀铰孔			4	200	30		

2. 刀具选择卡（见表3—82）

表3—82 刀具选择卡

序号	刀具号	刀具名称	刀具规格（mm）	刀具材料	备注
1	1	键槽铣刀	$\phi10$	高速钢	
2	1	键槽铣刀	$\phi10$	高速钢	
3	1	键槽铣刀	$\phi10$	高速钢	
4	1	键槽铣刀	$\phi10$	高速钢	
5	1	键槽铣刀	$\phi10$	高速钢	
6	1	键槽铣刀	$\phi10$	高速钢	
7	2	中心钻定位	$\phi3$	高速钢	
8	3	麻花钻钻孔	$\phi7.8$	高速钢	
9	4	铰刀铰孔	$\phi8H7$	高速钢	

3.9.8 加工步骤

1. 阅读文件

（1）分析图样加工要求。

(2) 阅读与修改加工程序的切削参数。

(3) 分析零件加工工艺。

2. 开机准备工作

(1) 开启加工中心电源，机床回零操作。

(2) 安装三爪自定心卡盘。

(3) 装夹盘状工件。

(4) 分别安装键槽铣刀 ϕ10 mm、中心钻 ϕ3 mm、麻花钻 ϕ7.8 mm、铰刀 ϕ8H7，对刀操作，设定工件坐标系与刀具补偿参数。

3. 零件加工

(1) 零件粗加工（设置刀具半径补偿参数）。

(2) 零件半精加工（修改刀具半径补偿参数）。

(3) 零件精加工（测量、计算与修整刀具半径补偿参数）。

4. 自检零件

根据测量项目表要求检验零件加工质量。

第 4 章
数控机床仿真与加工练习题

4.1 数控机床仿真练习题

4.1.1 数控车床仿真练习题

1. 轴类零件编程与仿真 1（见图 4—1）

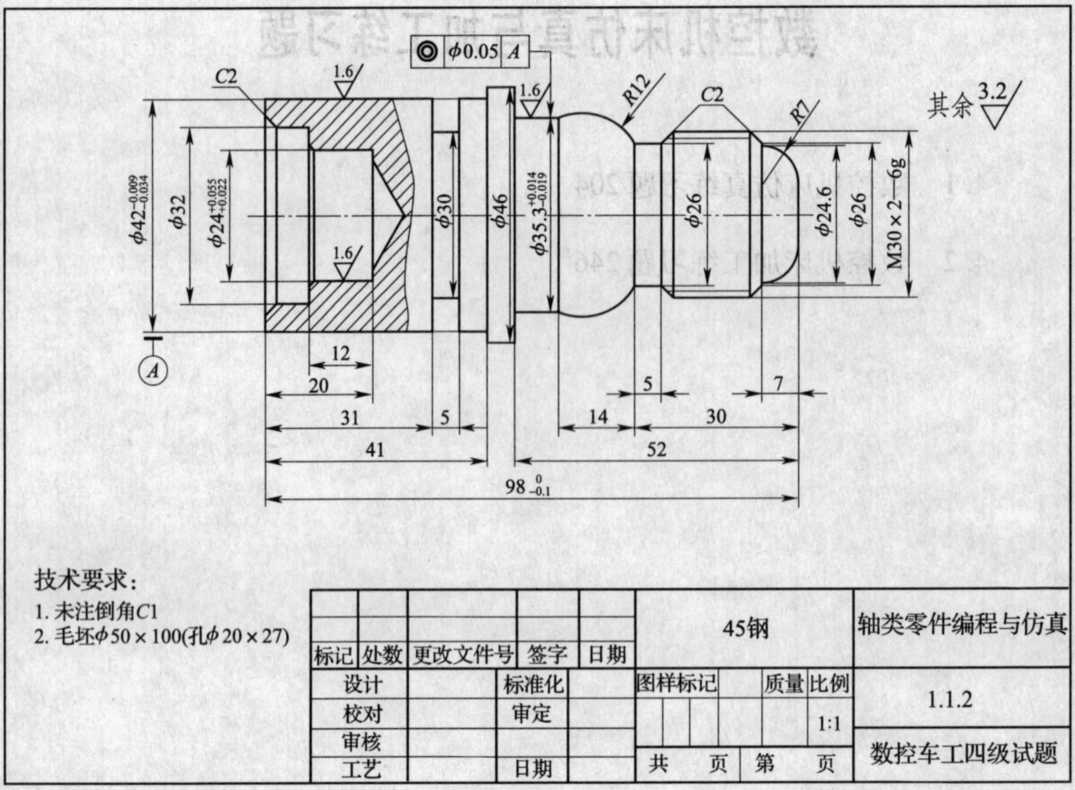

图 4—1　轴类零件编程与仿真图 1

2. 轴类零件编程与仿真 2（见图 4—2）

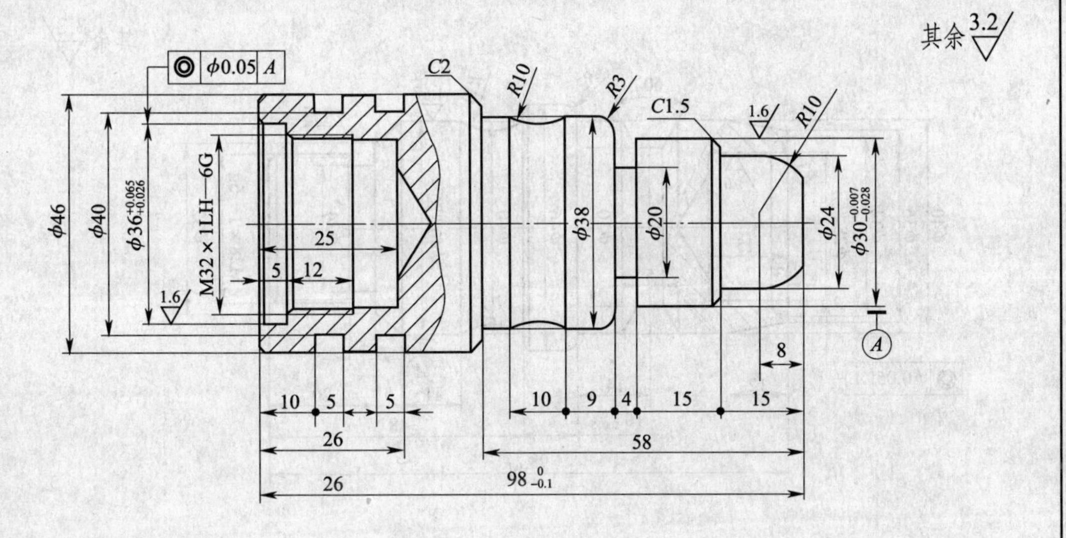

技术要求：
1. 未注倒角C1
2. 毛坯ϕ50×100(孔ϕ25×32)

标记	处数	更改文件号	签字	日期	45钢	轴类零件编程与仿真
设计		标准化			图样标记 / 质量 / 比例	1.1.3
校对		审定			1:1	
审核						数控车工四级试题
工艺		日期			共　页　第　页	

图 4—2　轴类零件编程与仿真图 2

3．轴类零件编程与仿真 3（见图 4—3）

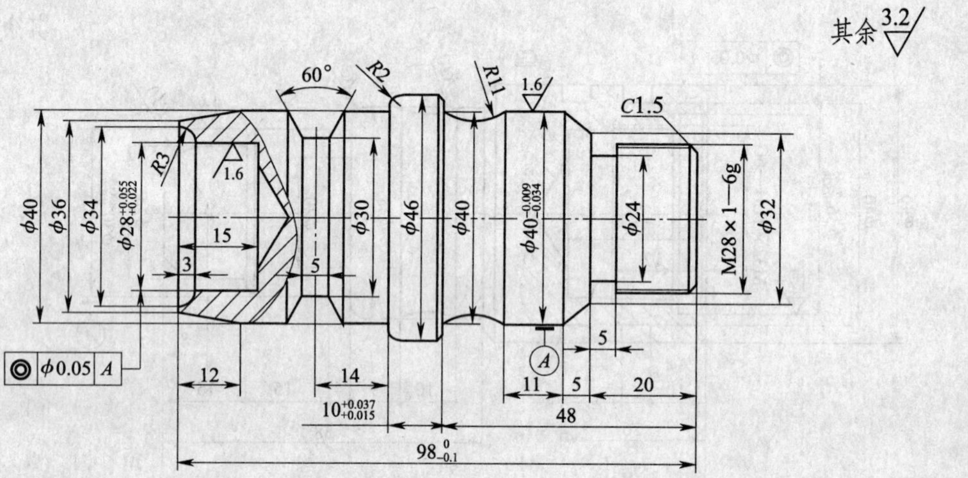

技术要求：

1. 未注倒角C1
2. 毛坯ϕ50×100(孔ϕ25×22)

					45钢			轴类零件编程与仿真
标记	处数	更改文件号	签字	日期				
设计		标准化			图样标记	质量	比例	1.1.4
校对		审定						
审核							1:1	
工艺		日期			共　页	第　页		数控车工四级试题

图 4—3　轴类零件编程与仿真图 3

4. 轴类零件编程与仿真4（见图4—4）

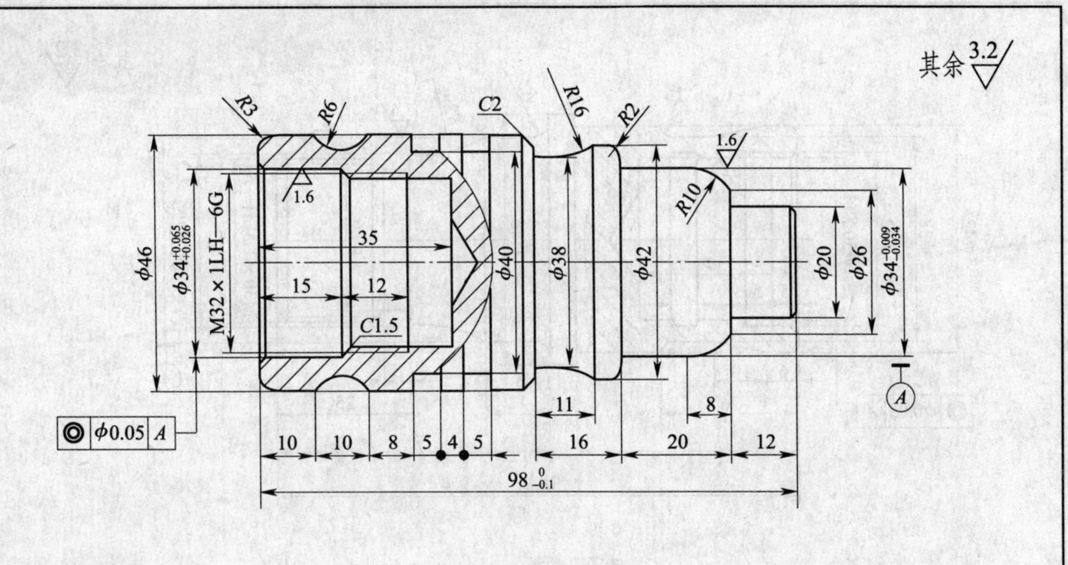

技术要求：
1. 未注倒角C1
2. 毛坯φ50×100(孔φ25×41)

					铝合金2017	轴类零件编程与仿真
标记	处数	更改文件号	签字	日期		
设计		标准化			图样标记　质量　比例	1.1.5
校对		审定			1:1	
审核						数控车工四级试题
工艺		日期			共　页　第　页	

图4—4　轴类零件编程与仿真图4

5. 轴类零件编程与仿真 5（见图 4—5）

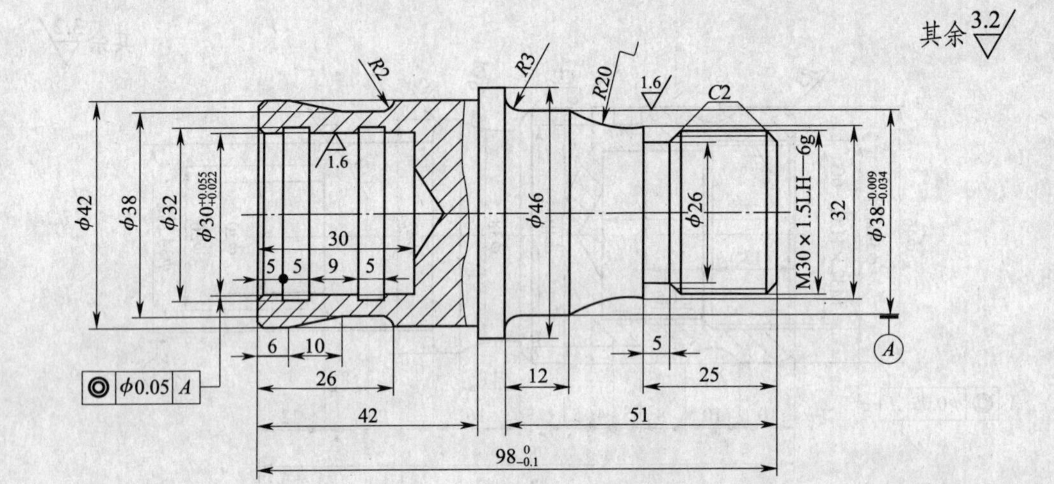

技术要求：

1. 未注倒角C1
2. 毛坯φ50×100(孔φ25×36)

					铝合金2017			轴类零件编程与仿真
标记	处数	更改文件号	签字	日期				
设计		标准化			图样标记	质量	比例	1.1.6
校对		审定					1:1	
审核								数控车工四级试题
工艺		日期			共 页	第 页		

图 4—5 轴类零件编程与仿真图 5

6. 轴类零件编程与仿真6（见图4—6）

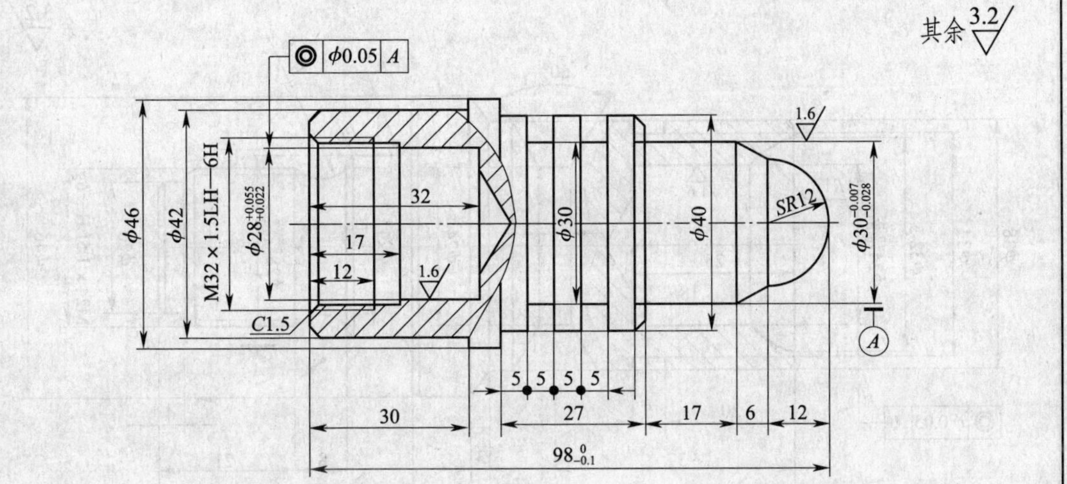

技术要求：

1. 未注倒角C2
2. 毛坯φ50×100(孔φ25×40)

					铝合金2017		轴类零件编程与仿真
标记	处数	更改文件号	签字	日期			
设计		标准化		图样标记	质量	比例	1.1.7
校对		审定				1:1	
审核							数控车工四级试题
工艺		日期		共　页	第　页		

图4—6　轴类零件编程与仿真图6

7. 轴类零件编程与仿真 7（见图 4—7）

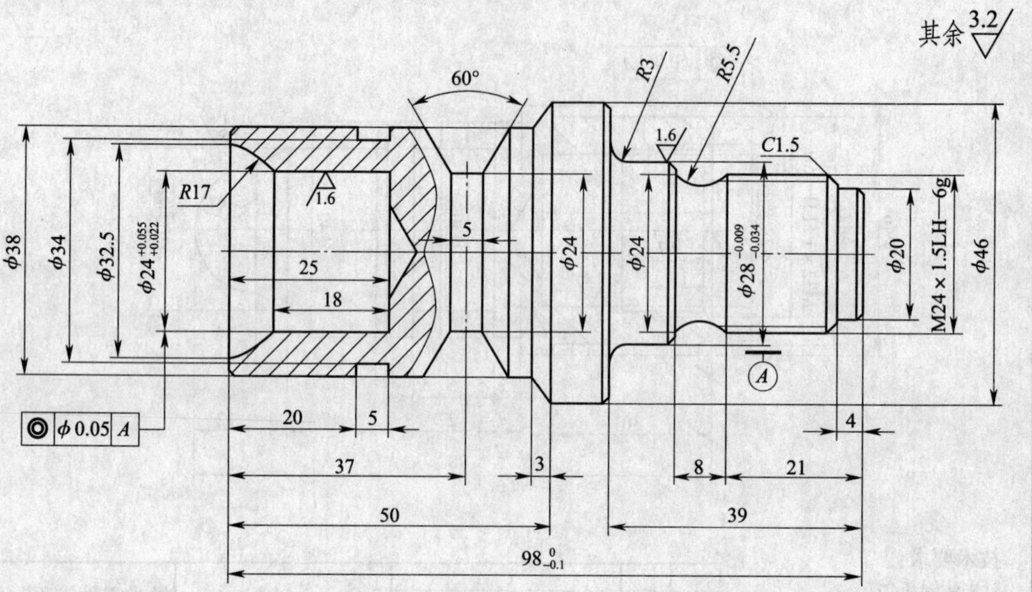

技术要求:

1.未注倒角 $C1$

2.毛坯 $\phi 50 \times 100$(孔 $\phi 20 \times 30$)

标记	处数	更改文件号	签字	日期	铝合金2017	轴类零件编程与仿真
设计		标准化		图样标记	质量	比例
校对		审定				1:1
审核						1.1.8
工艺		日期		共　页	第　页	数控车工四级试题

图 4—7　轴类零件编程与仿真图 7

8. 盘类零件编程与仿真 8（见图 4—8）

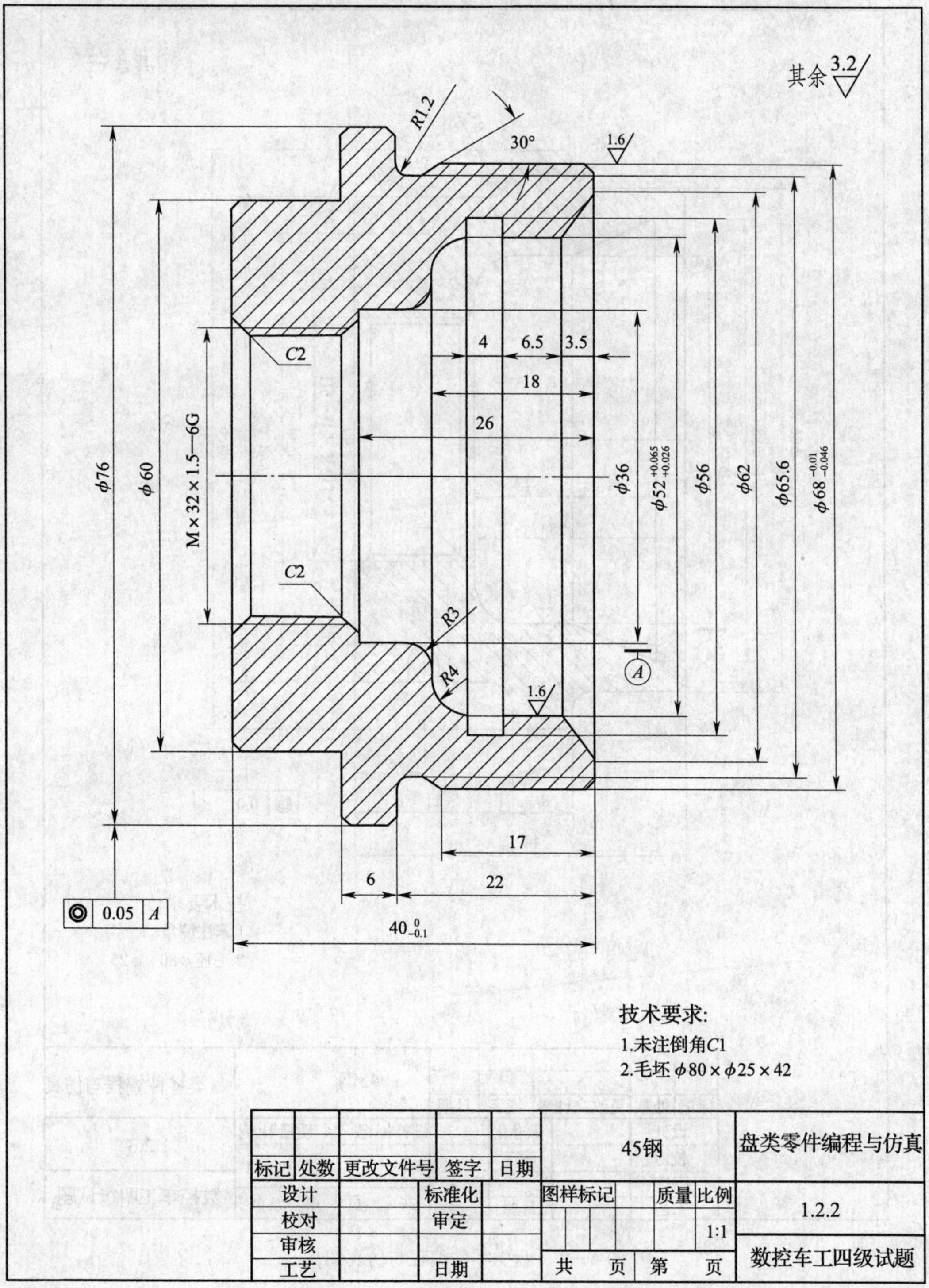

图 4—8　盘类零件编程与仿真图 8

9. 盘类零件编程与仿真 9（见图 4—9）

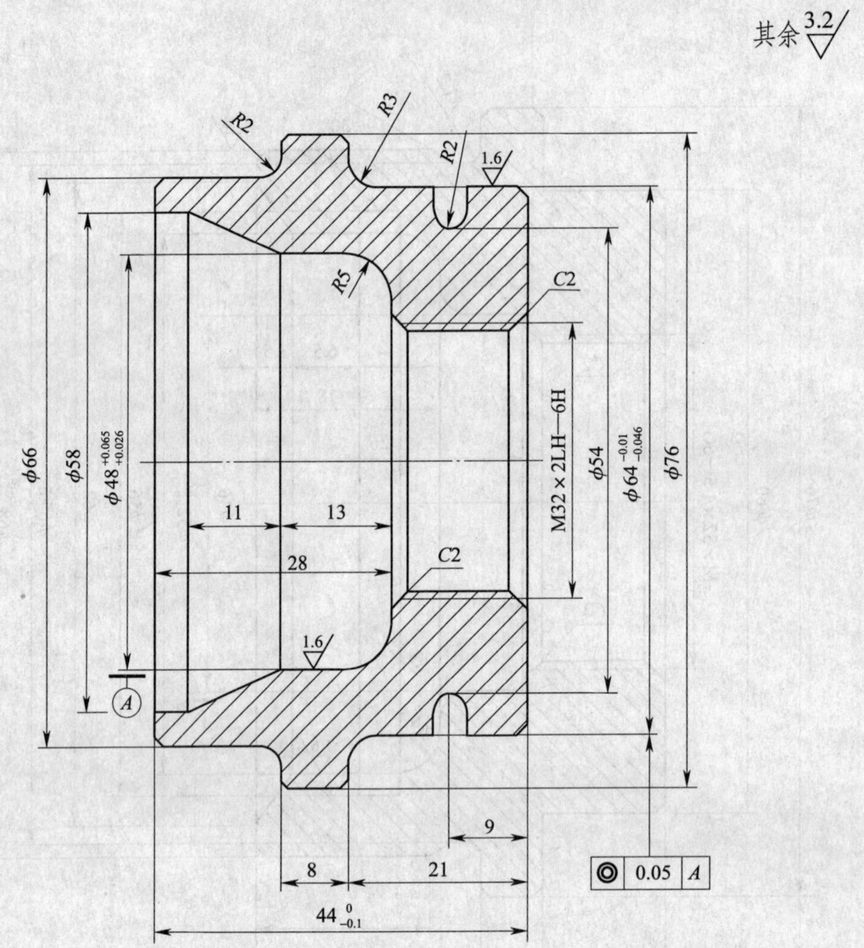

技术要求:

1.未注倒角C1

2.毛坯 ϕ80×ϕ25×46

					45钢			盘类零件编程与仿真
标记	处数	更改文件号	签字	日期				
设计		标准化			图样标记	质量	比例	1.2.3
校对		审定					1:1	
审核								
工艺		日期			共　页	第　页		数控车工四级试题

图 4—9　盘类零件编程与仿真图 9

10. 盘类零件编程与仿真 10（见图 4—10）

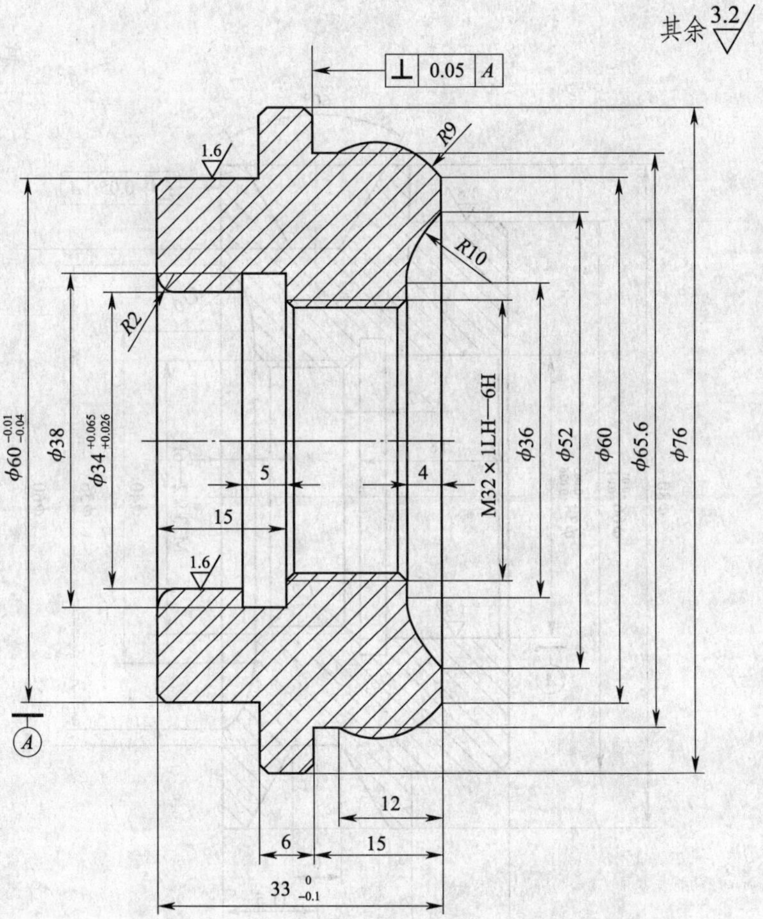

技术要求:

1.未注倒角C1

2.毛坯 φ80×φ25×35

					45钢			盘类零件编程与仿真
标记	处数	更改文件号	签字	日期				
设计		标准化			图样标记	质量	比例	1.2.4
校对		审定					1:1	
审核								数控车工四级试题
工艺		日期			共　页	第　页		

图 4—10　盘类零件编程与仿真图 10

11. 盘类零件编程与仿真11（见图4—11）

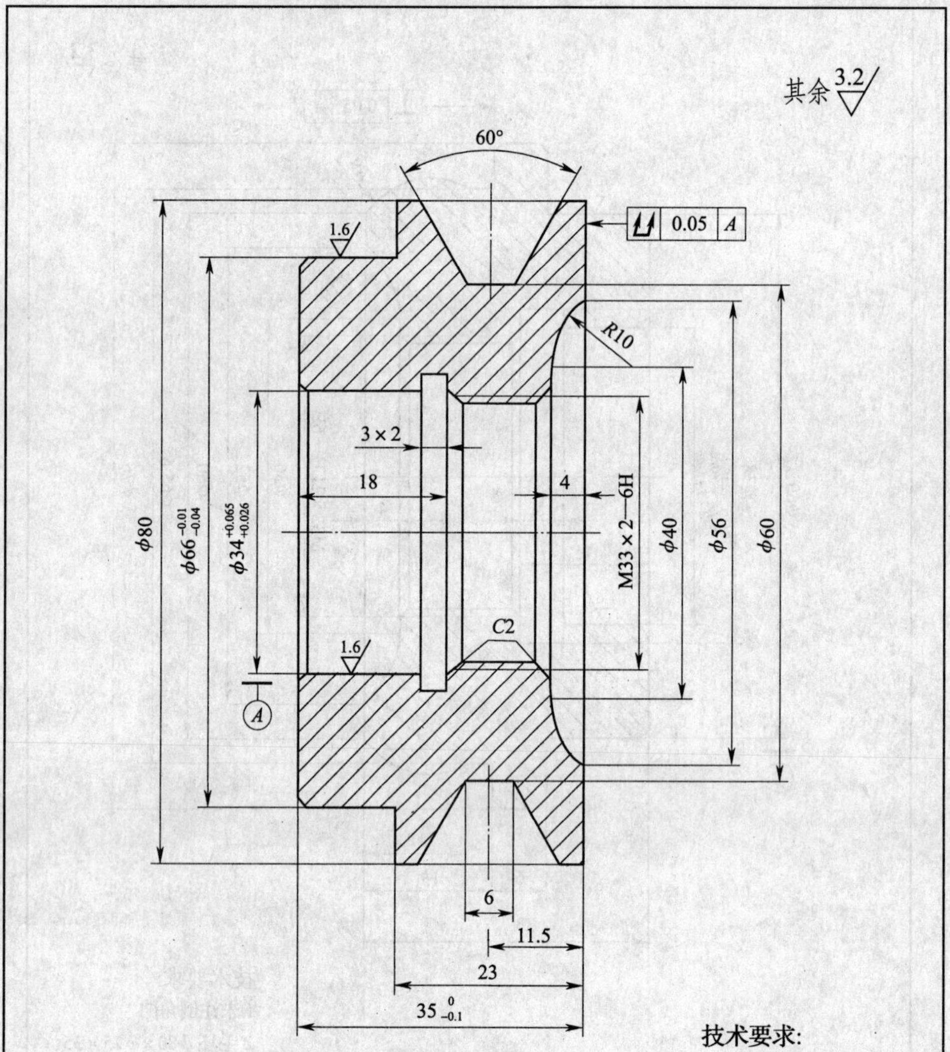

图4—11　盘类零件编程与仿真图11

12. 盘类零件编程与仿真12（见图4—12）

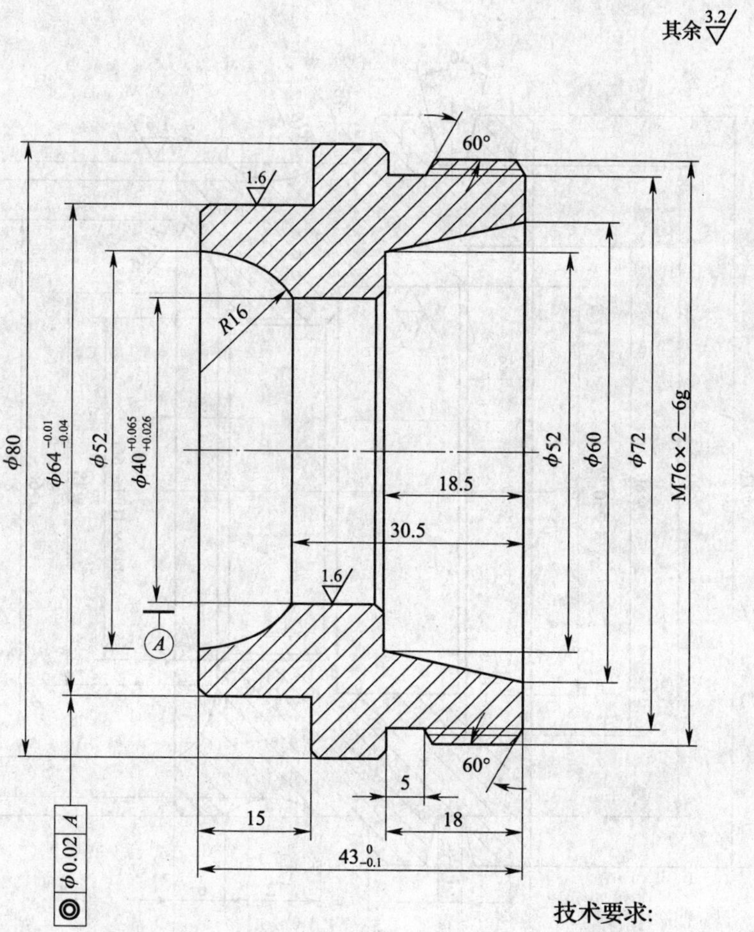

技术要求:

1.未注倒角C1

2.毛坯 $\phi80\times\phi35\times45$

					铝合金2017				盘类零件编程与仿真
标记	处数	更改文件号	签字	日期					
设计			标准化		图样标记		质量	比例	1.2.6
校对			审定					1:1	
审核									数控车工四级试题
工艺			日期		共	页	第	页	

图4—12 盘类零件编程与仿真图12

13. 盘类零件编程与仿真 13（见图 4—13）

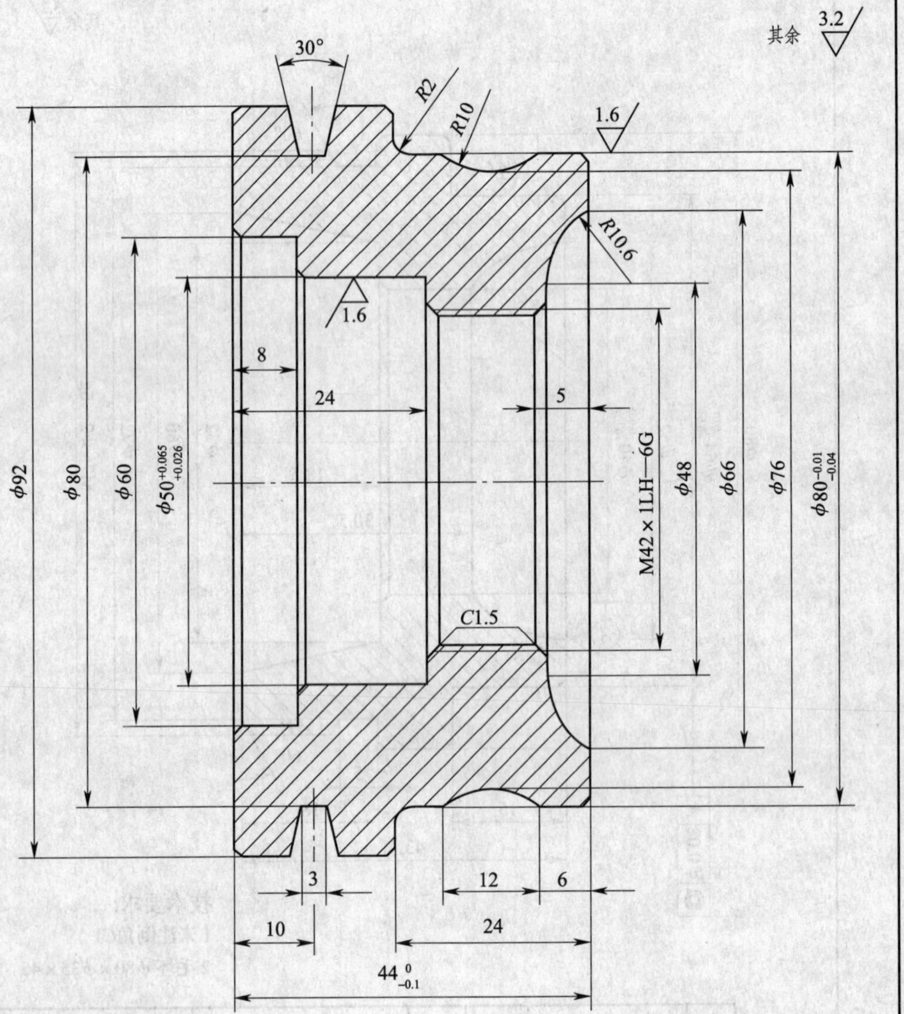

技术要求:
1.未注倒角C1
2.毛坯ϕ95×ϕ35×46

					铝合金2017			盘类零件编程与仿真
标记	处数	更改文件号	签字	日期				
设计		标准化			图样标记	质量	比例	1.2.7
校对		审定					1:1	
审核								
工艺		日期			共 页	第 页		数控车工四级试题

图 4—13 盘类零件编程与仿真图 13

14．盘类零件编程与仿真 14（见图 4—14）

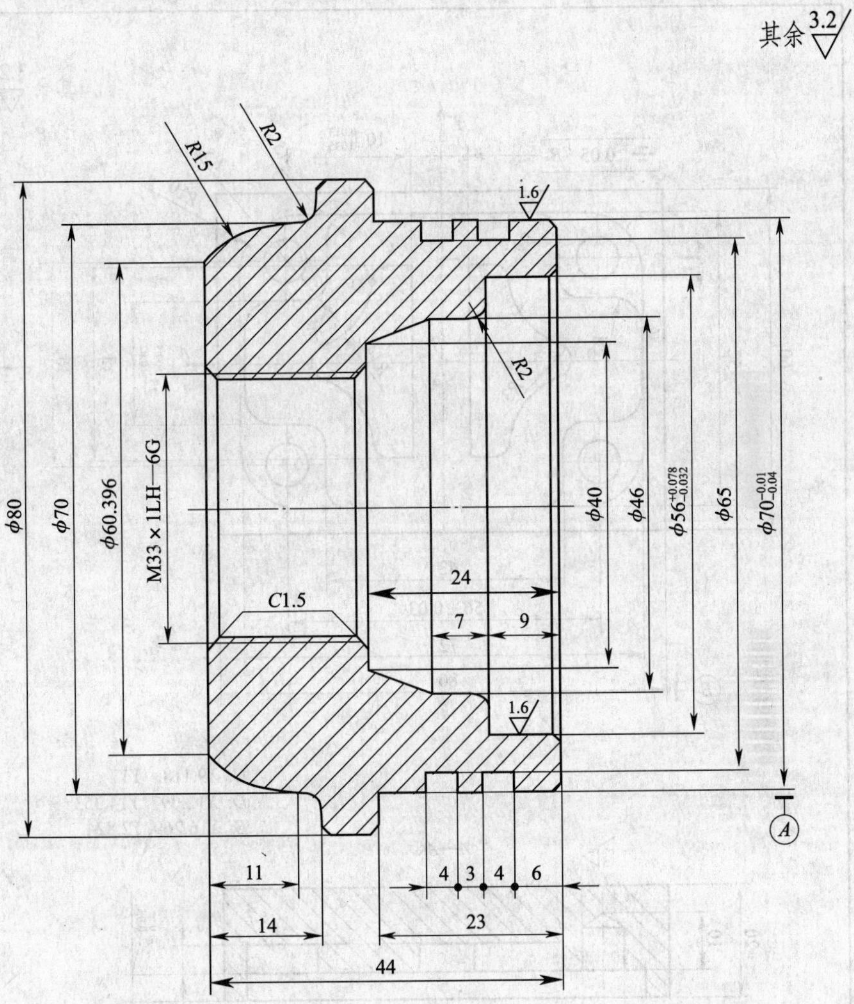

技术要求:
1.未注倒角C1
2.毛坯ϕ85×ϕ25×46

					铝合金2017		盘类零件编程与仿真
标记	处数	更改文件号	签字	日期			
设计			标准化		图样标记	质量	比例	1.2.8
校对			审定				1:1	
审核								数控车工四级试题
工艺			日期		共　页	第　页		

图 4—14　盘类零件编程与仿真图 14

4.1.2 数控铣床仿真练习题

1. 板类零件编程与仿真 1（见图 4—15）

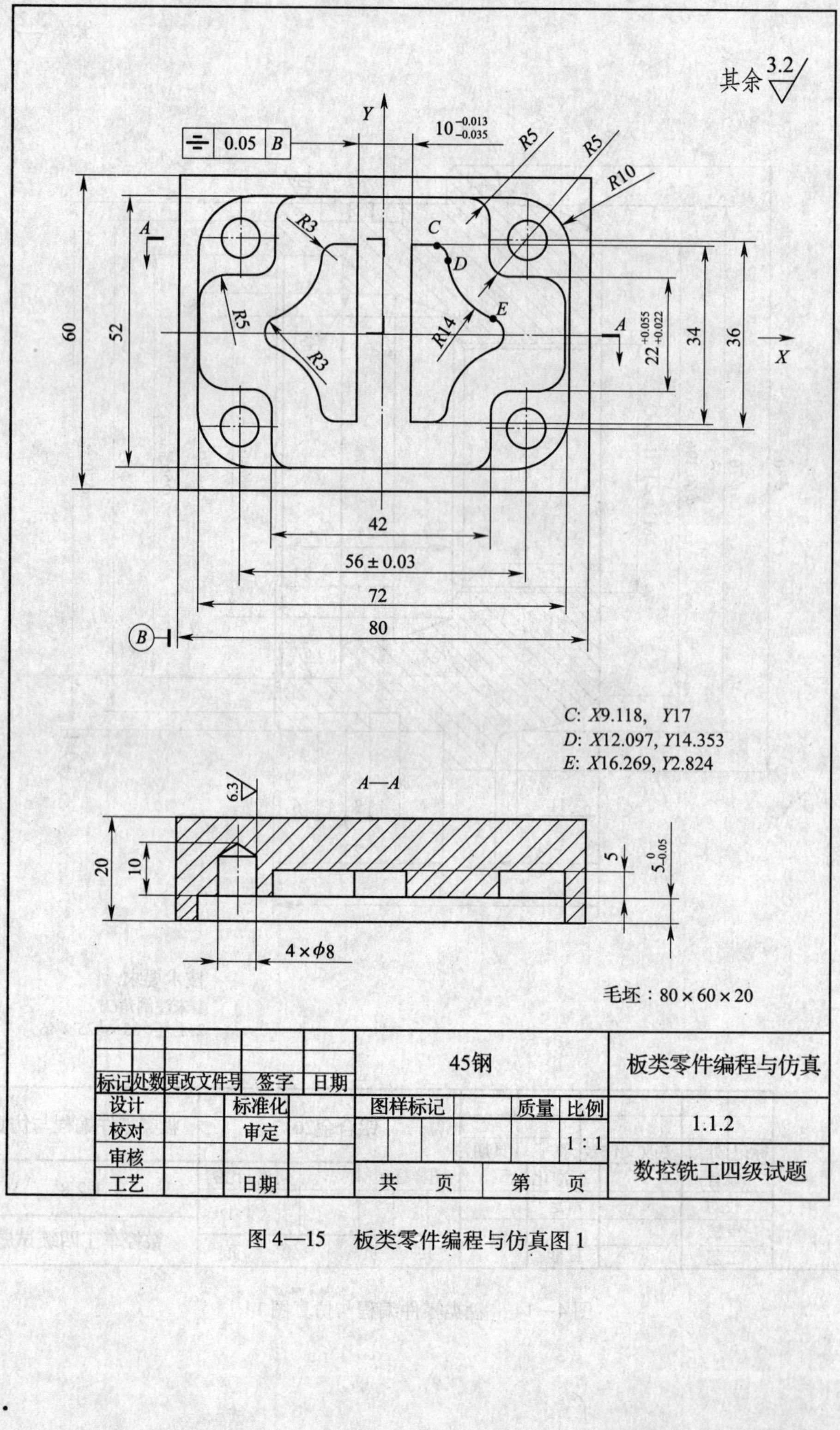

图 4—15 板类零件编程与仿真图 1

2. 板类零件编程与仿真 2（见图 4—16）

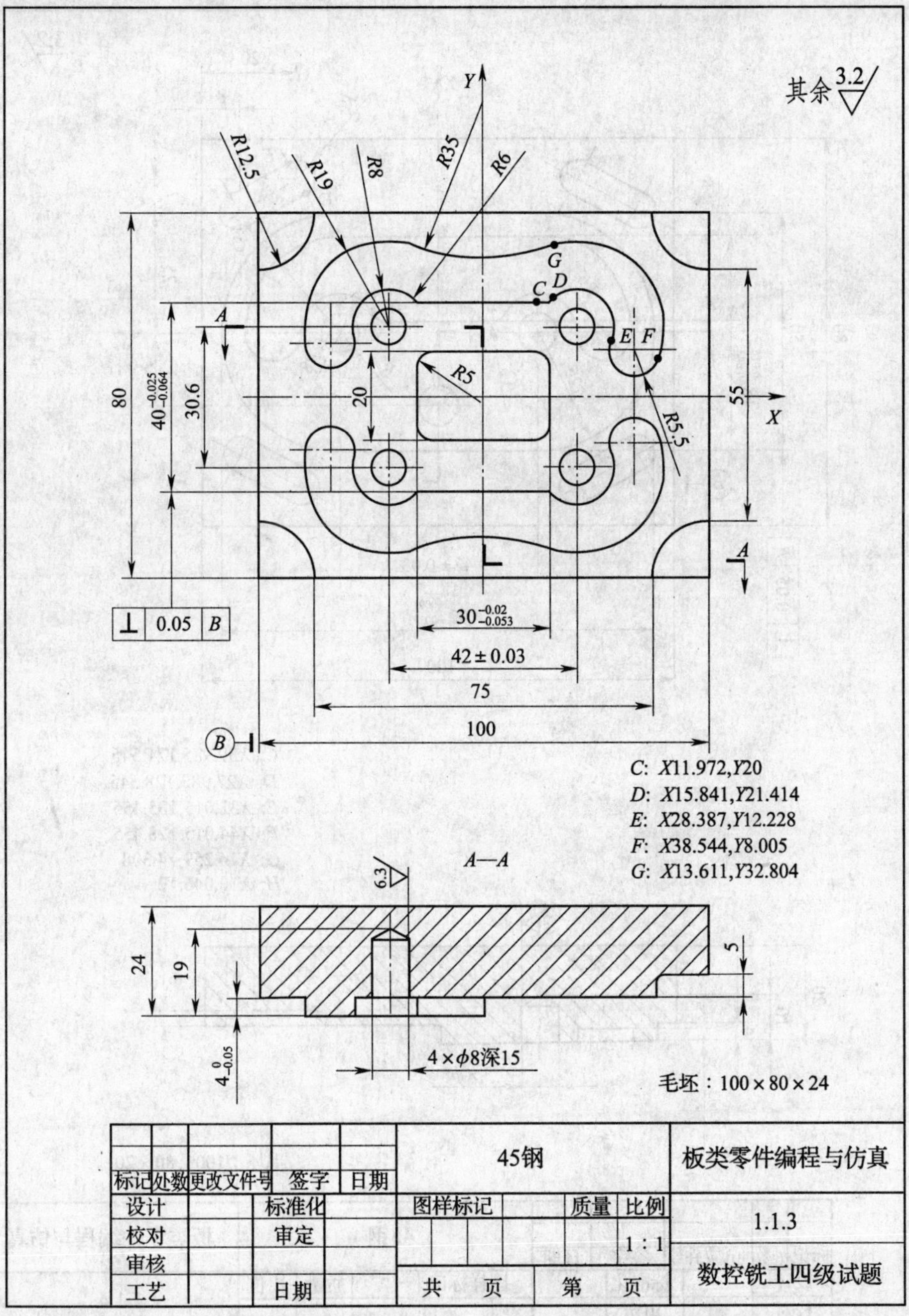

图 4—16　板类零件编程与仿真图 2

3. 板类零件编程与仿真 3（见图 4—17）

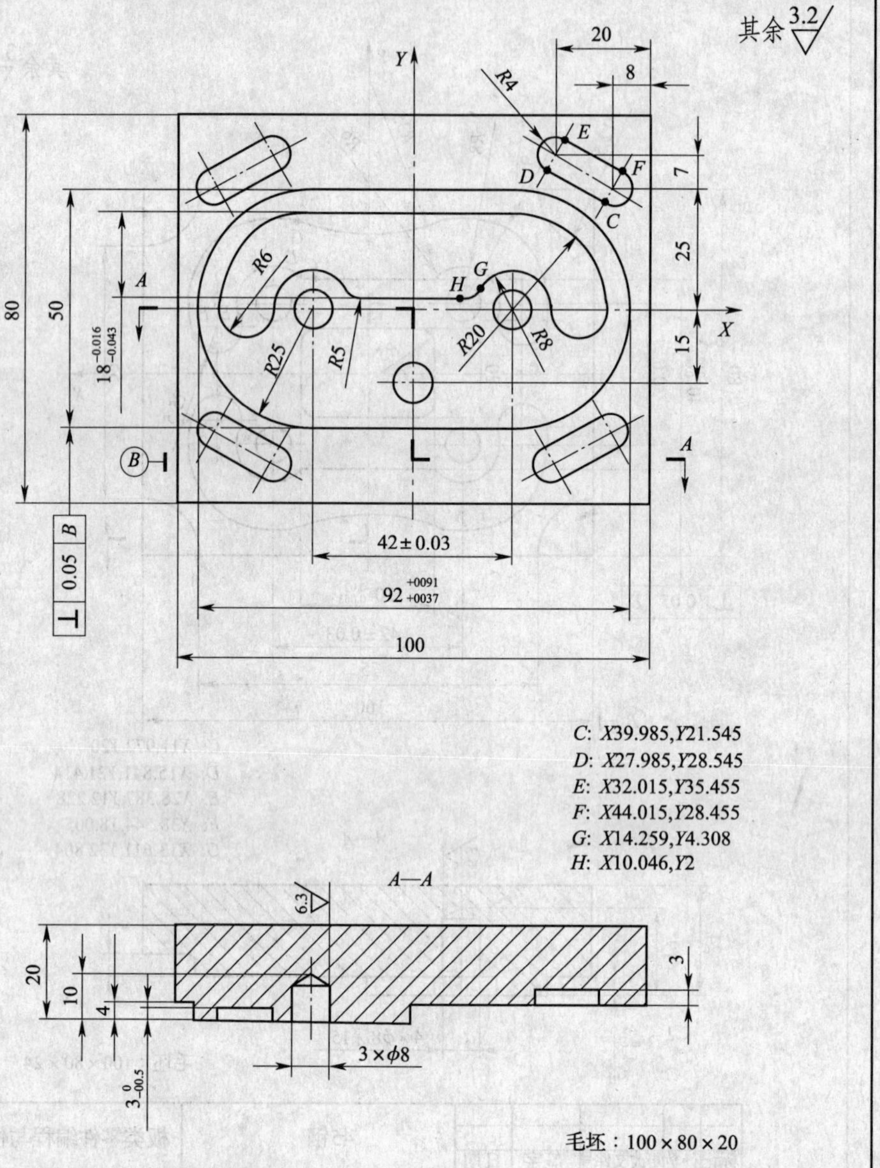

					45钢		板类零件编程与仿真
标记	处数	更改文件号	签字	日期			
设计		标准化			图样标记	质量	比例
校对		审定					1∶1	1.1.4
审核								数控铣工四级试题
工艺		日期			共 页	第 页	

图 4—17　板类零件编程与仿真图 3

4. 板类零件编程与仿真4（见图4—18）

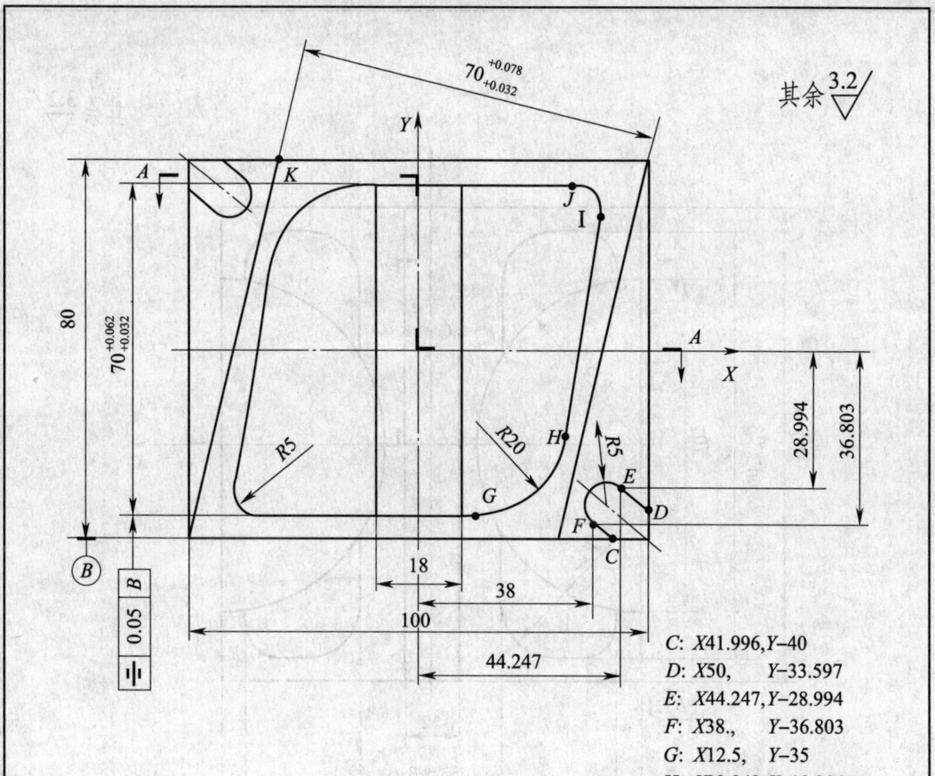

图4—18　板类零件编程与仿真图4

5. 板类零件编程与仿真 5（见图 4—19）

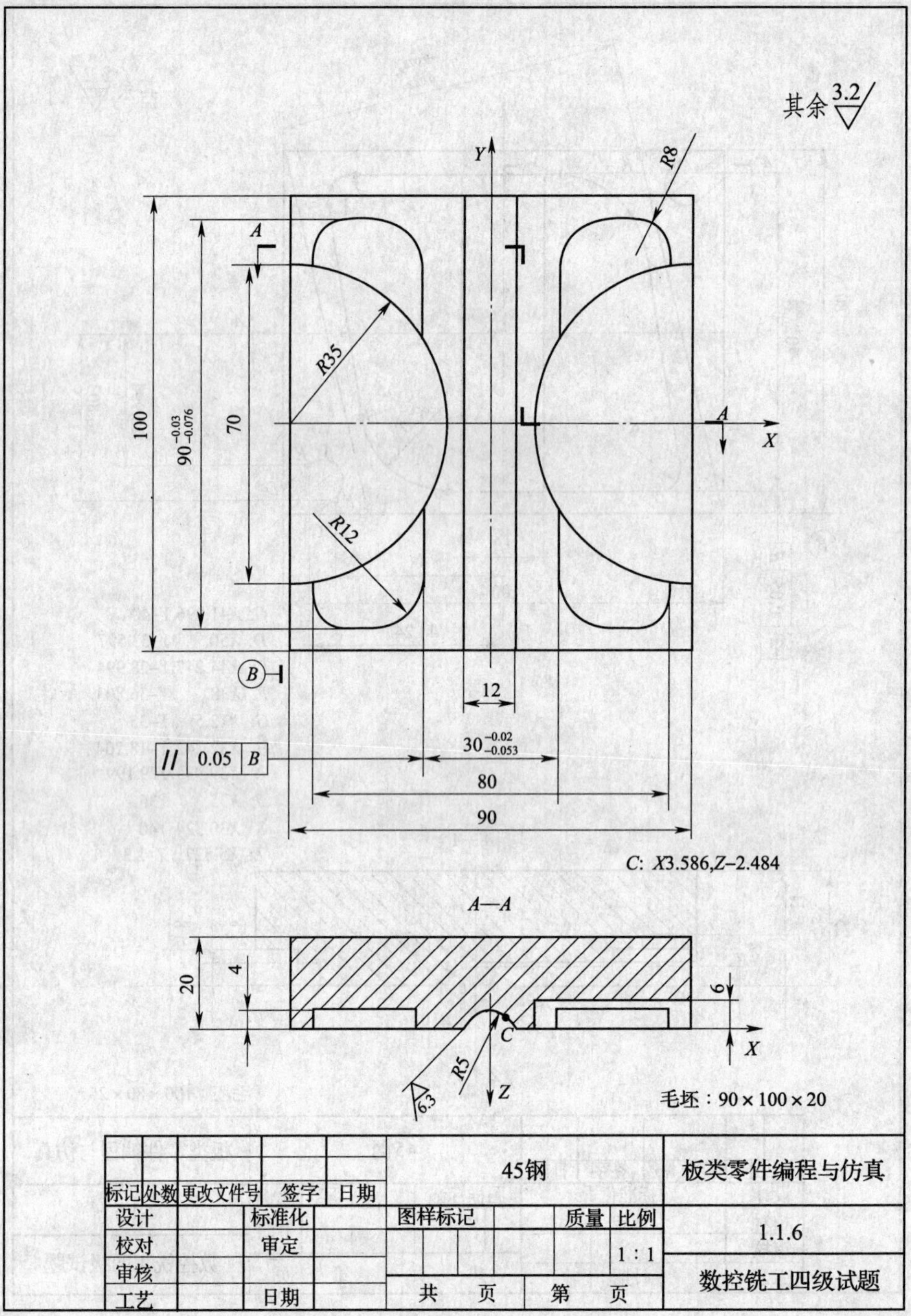

图 4—19　板类零件编程与仿真图 5

6. 板类零件编程与仿真6（见图4—20）

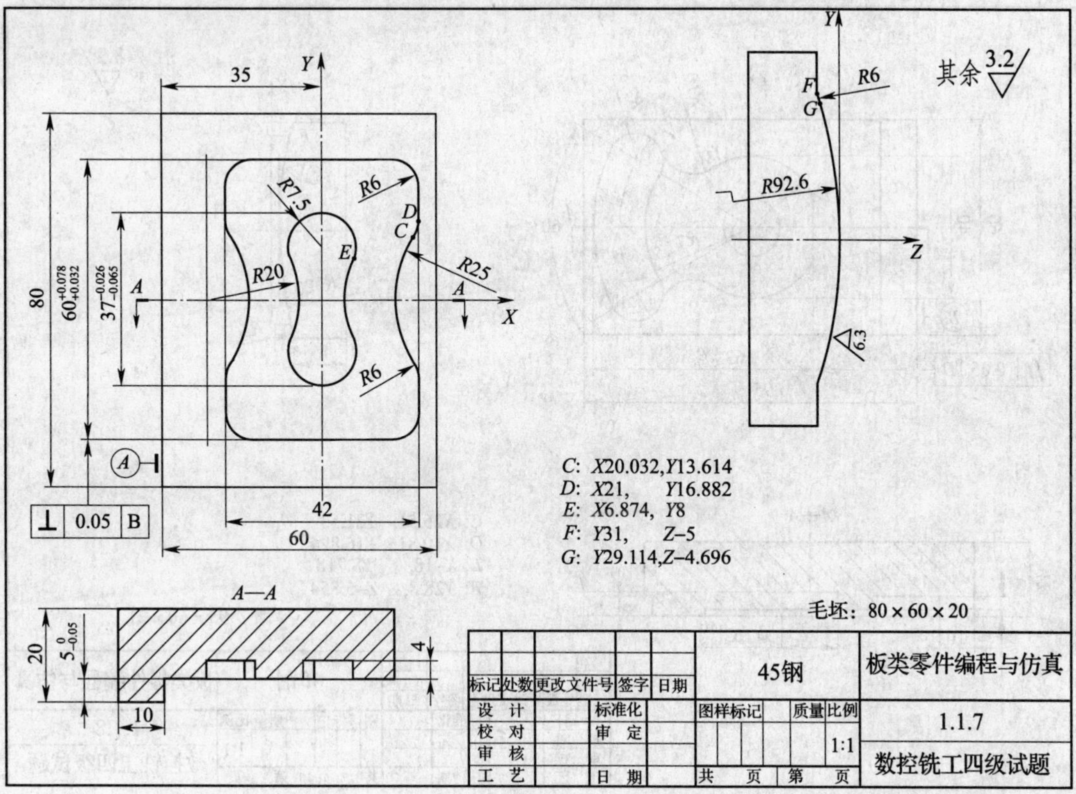

图4—20　板类零件编程与仿真图6

7. 板类零件编程与仿真 7（见图 4—21）

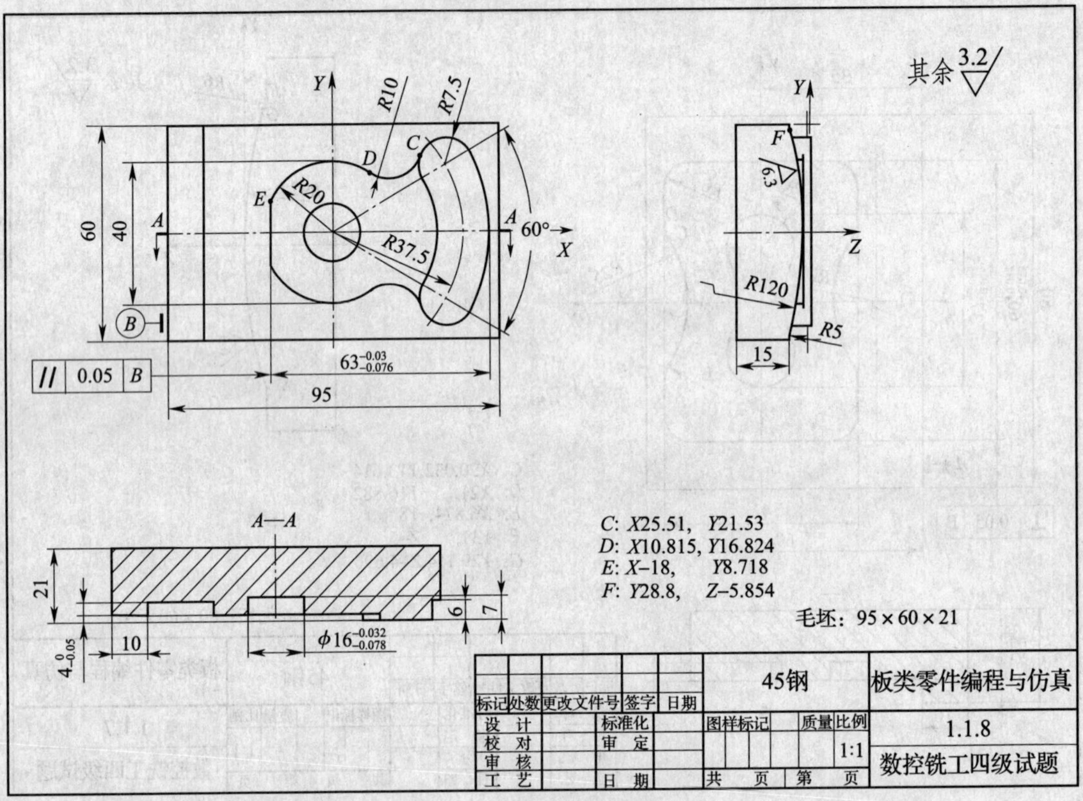

图 4—21　板类零件编程与仿真图 7

8. 盘类零件编程与仿真8（见图4—22）

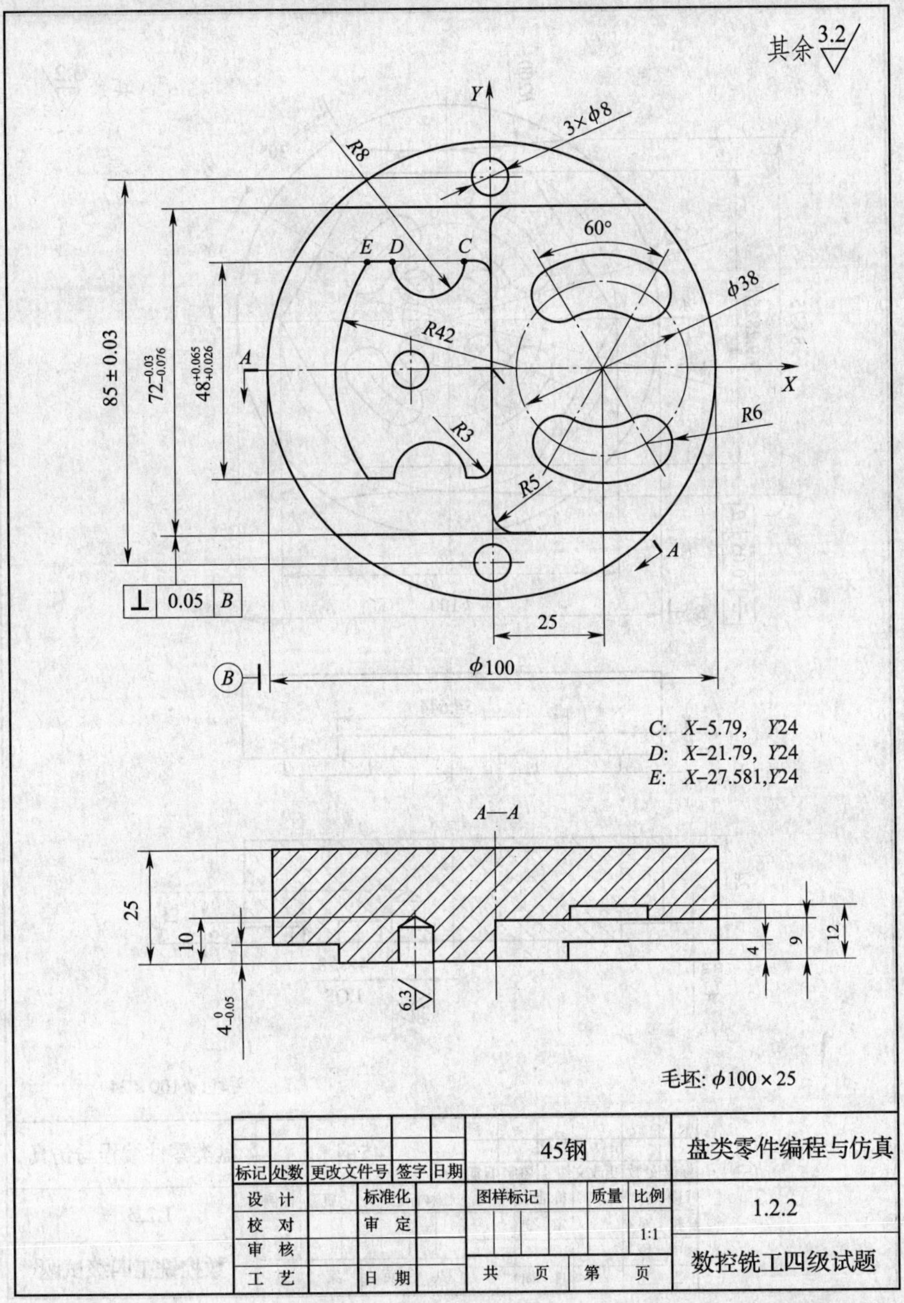

图4—22　盘类零件编程与仿真图8

9. 盘类零件编程与仿真 9（见图 4—23）

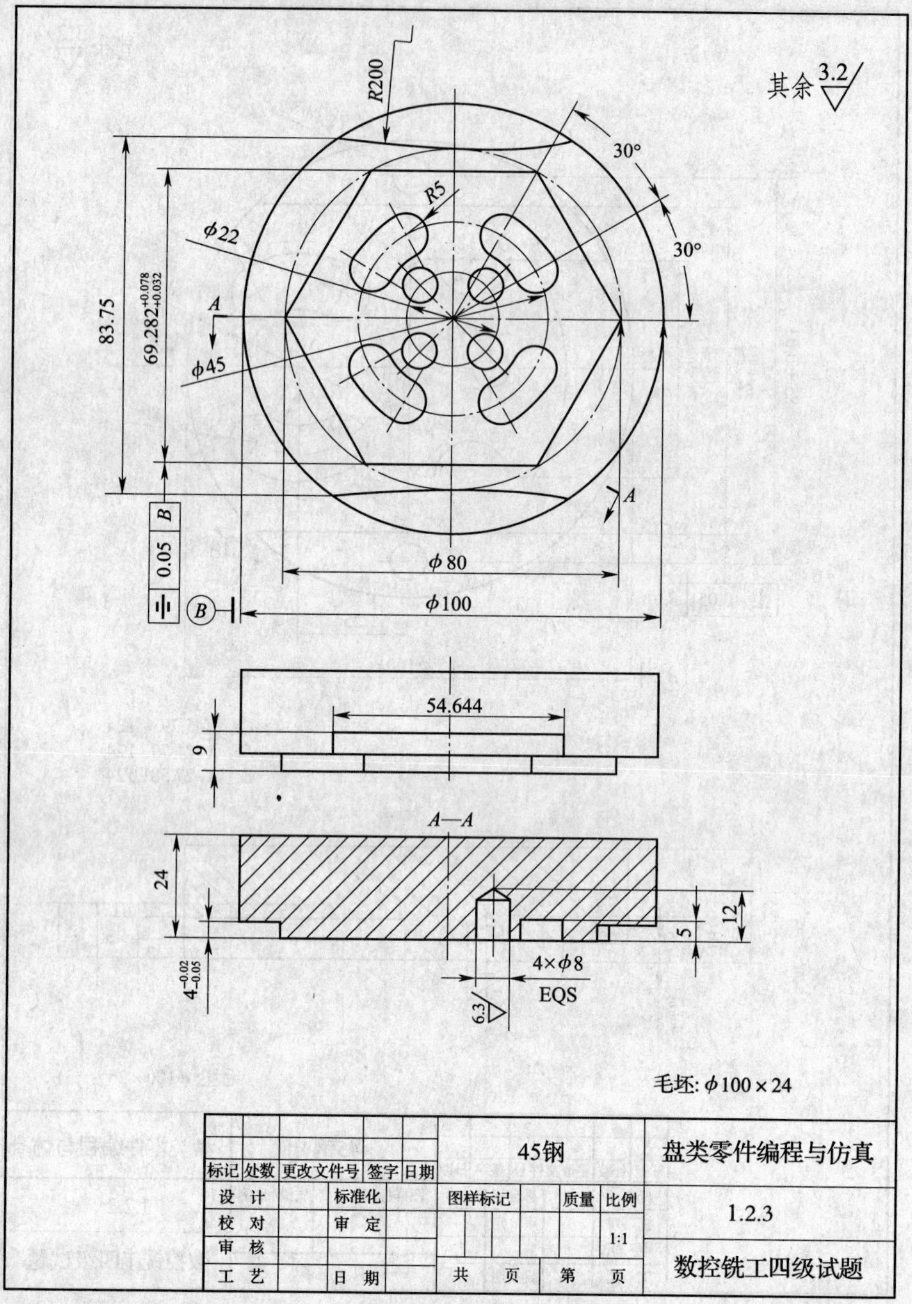

图 4—23　盘类零件编程与仿真图 9

10. 盘类零件编程与仿真 10（见图 4—24）

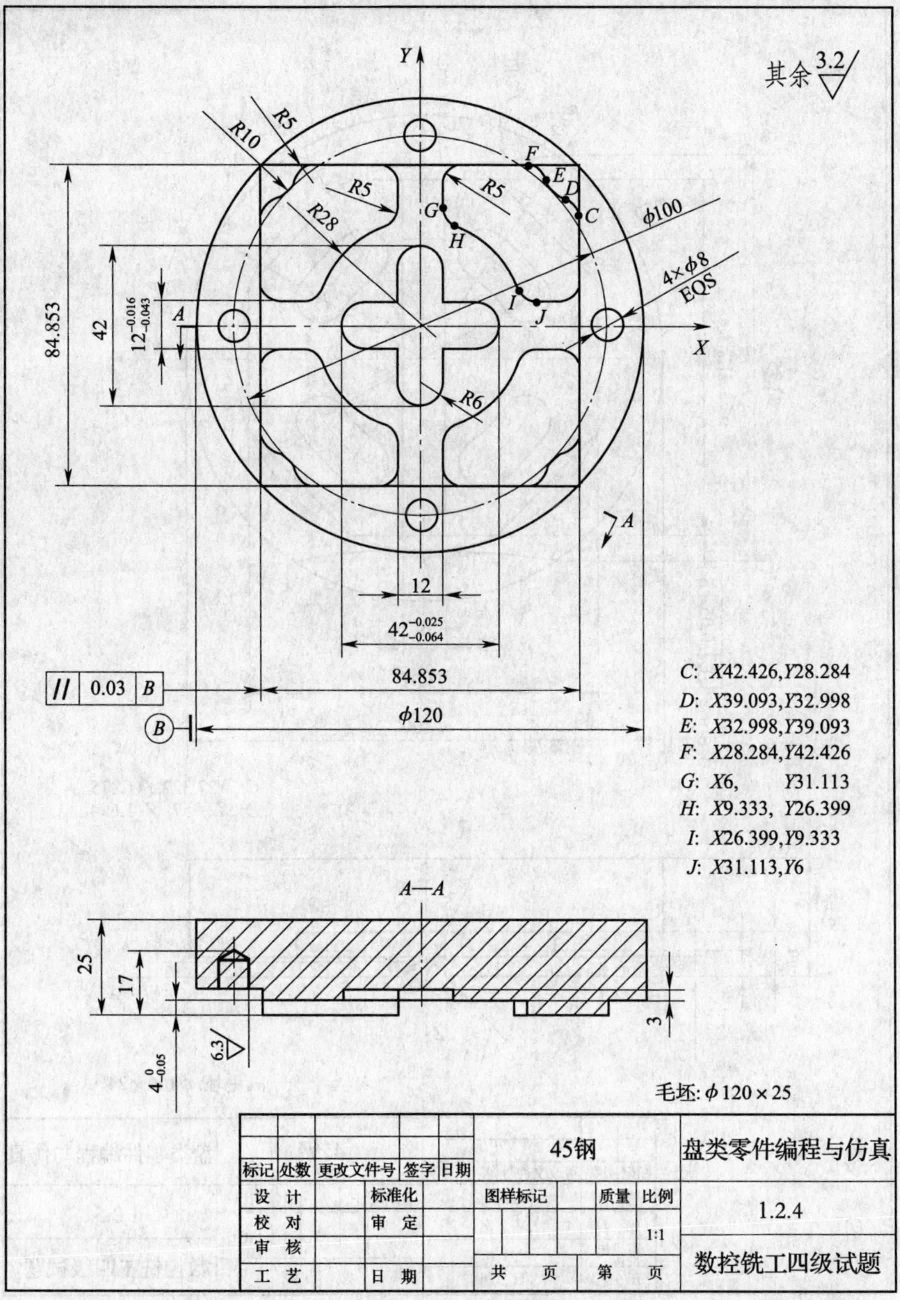

图 4—24 盘类零件编程与仿真图 10

11．盘类零件编程与仿真11（见图4—25）

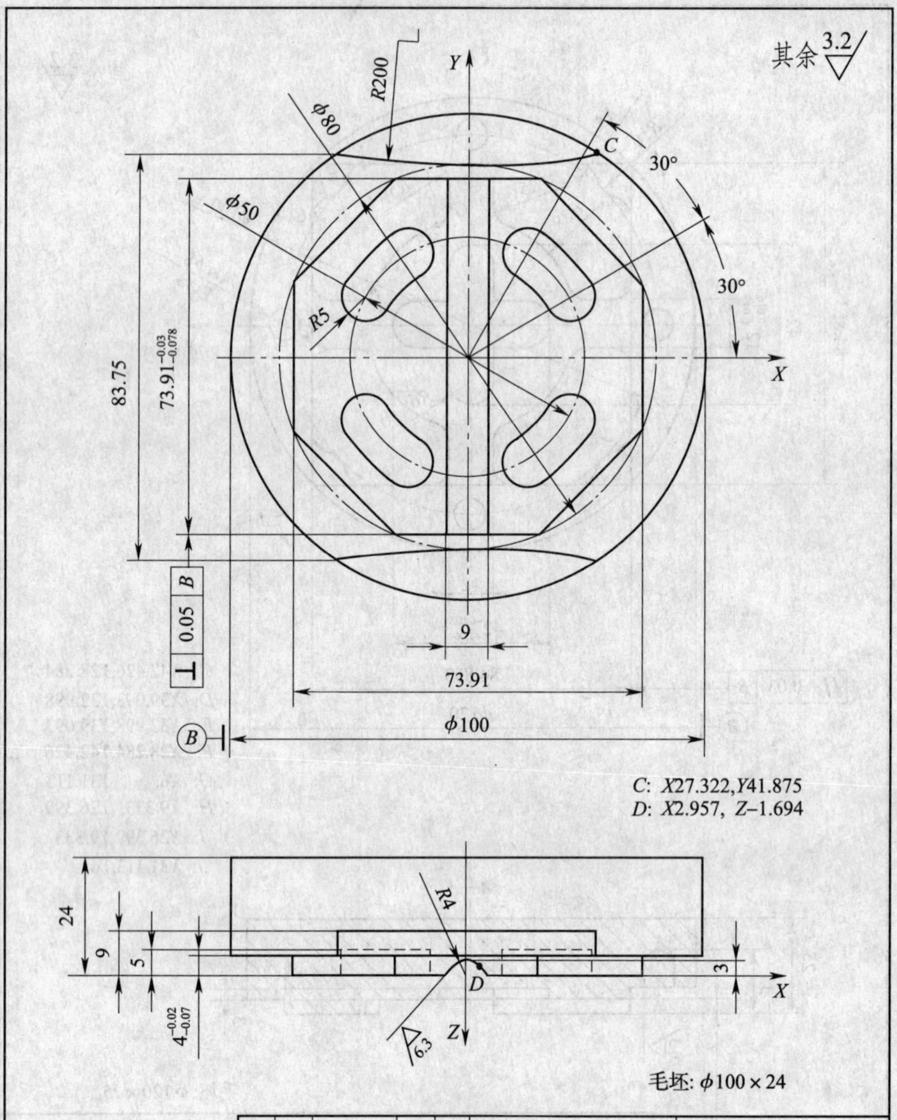

标记	处数	更改文件号	签字	日期	45钢		盘类零件编程与仿真
设计		标准化		图样标记	质量	比例	1.2.5
校对		审定				1:1	
审核							数控铣工四级试题
工艺		日期		共 页	第 页		

图4—25　盘类零件编程与仿真图11

12. 盘类零件编程与仿真 12（见图 4—26）

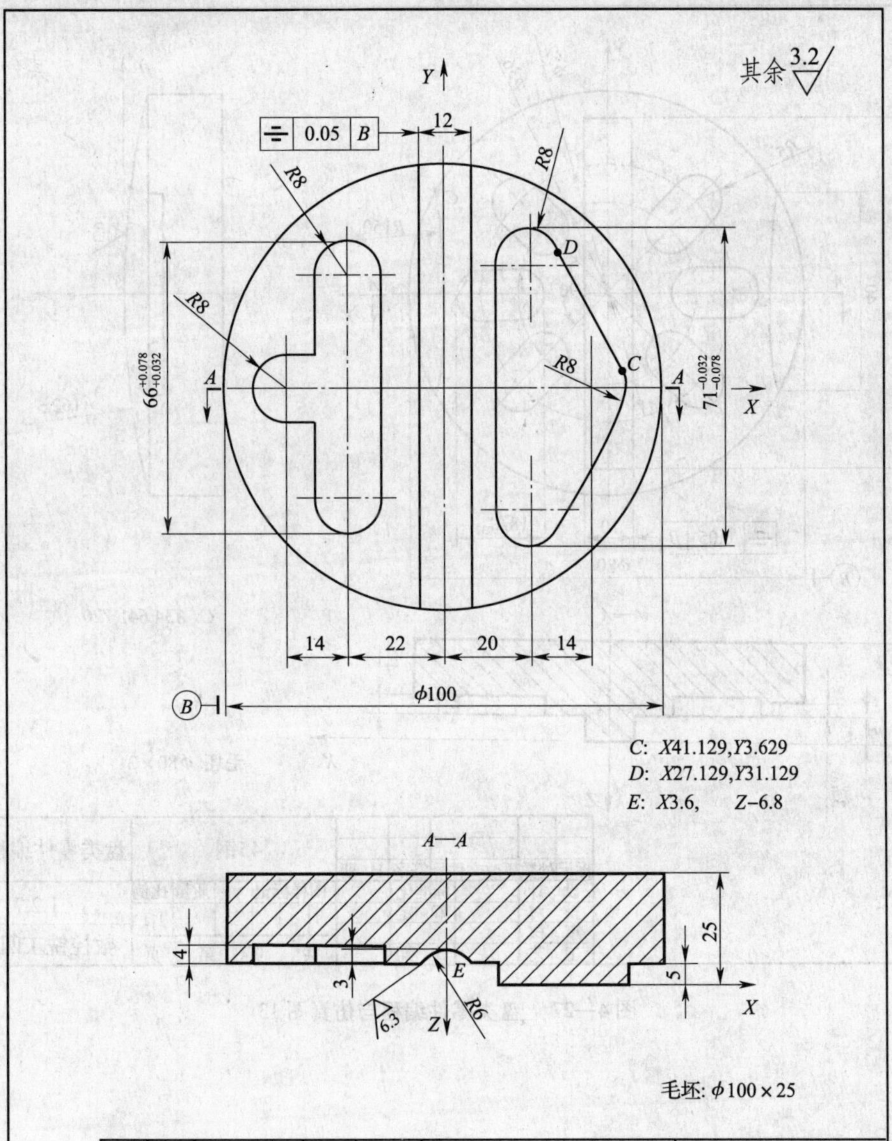

					45钢				盘类零件编程与仿真
标记	处数	更改文件号	签字	日 期					
设 计		标准化			图样标记		质量	比例	1.2.6
校 对		审 定						1:1	
审 核									
工 艺		日 期			共 页		第 页		数控铣工四级试题

图 4—26　盘类零件编程与仿真图 12

13. 盘类零件编程与仿真 13（见图 4—27）

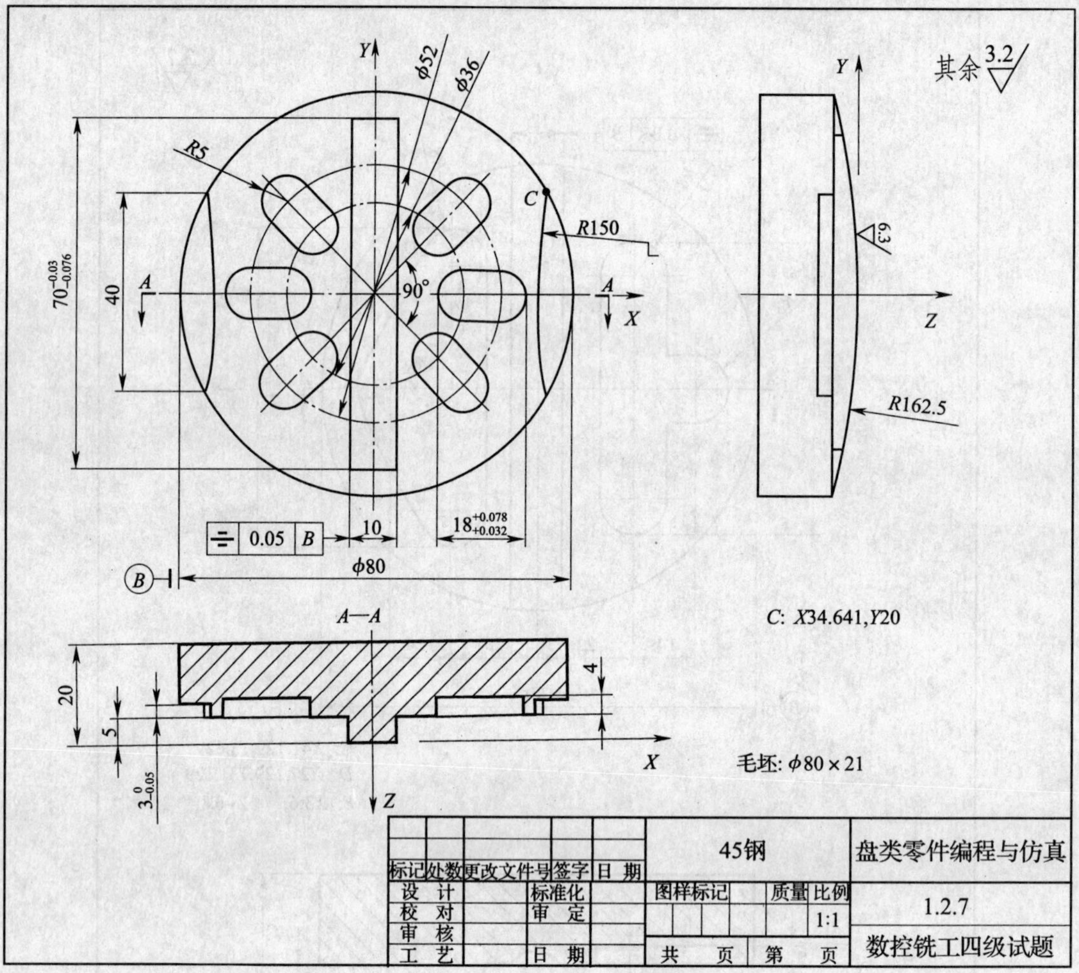

图 4—27　盘类零件编程与仿真图 13

14. 盘类零件编程与仿真 14（见图 4—28）

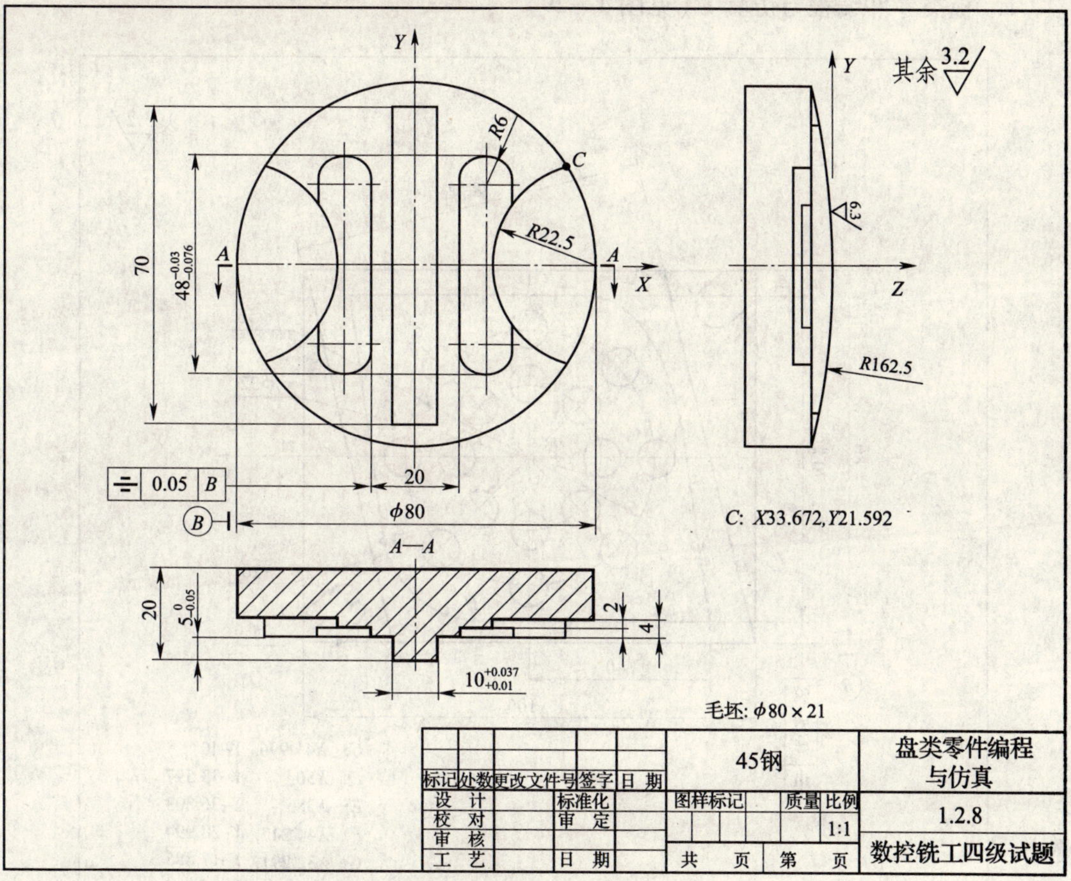

图 4—28　盘类零件编程与仿真图 14

4.1.3 加工中心仿真练习题

1. 板类零件编程与仿真 1（见图 4—29）

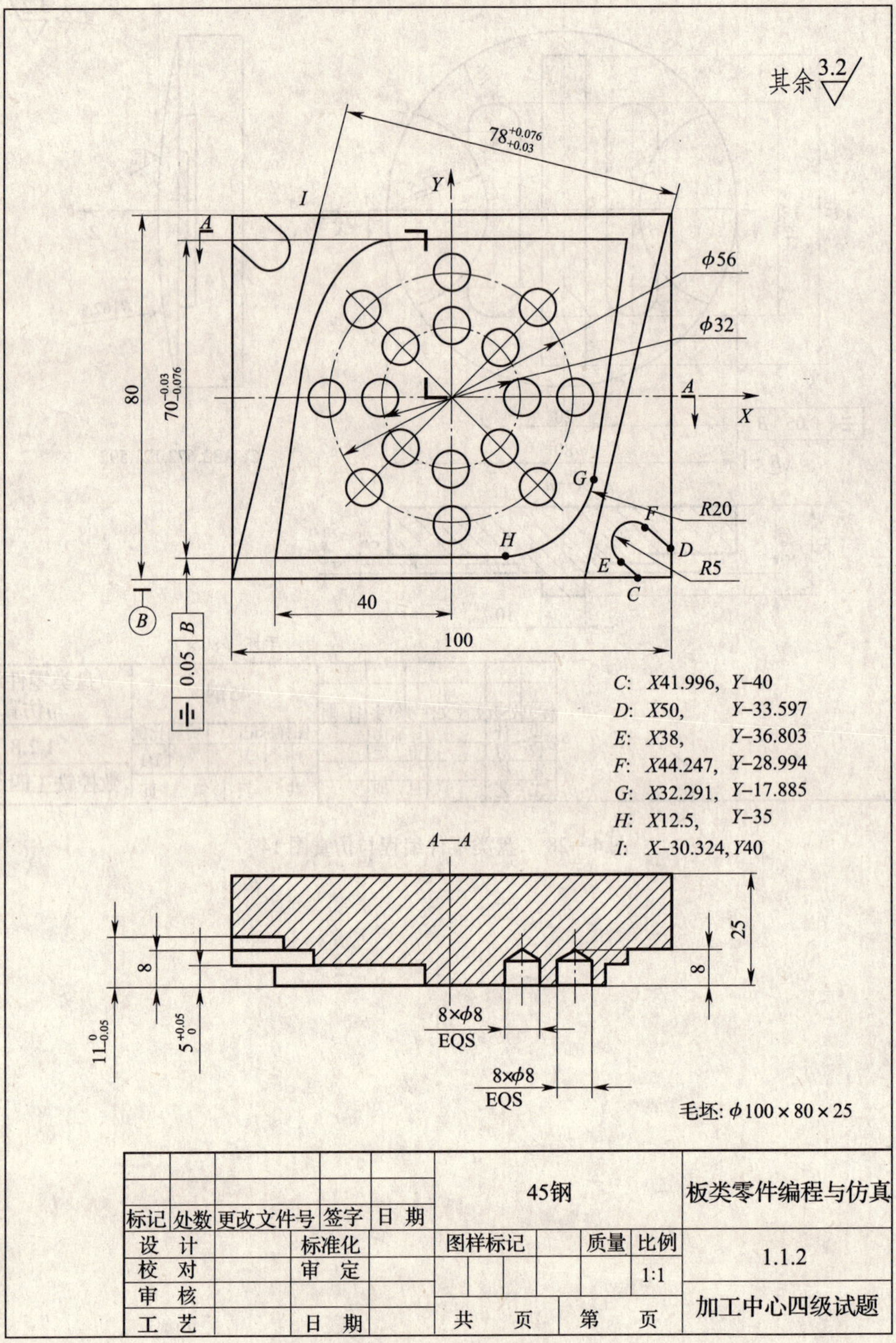

图 4—29 板类零件编程与仿真图 1

2. 板类零件编程与仿真 2（见图 4—30）

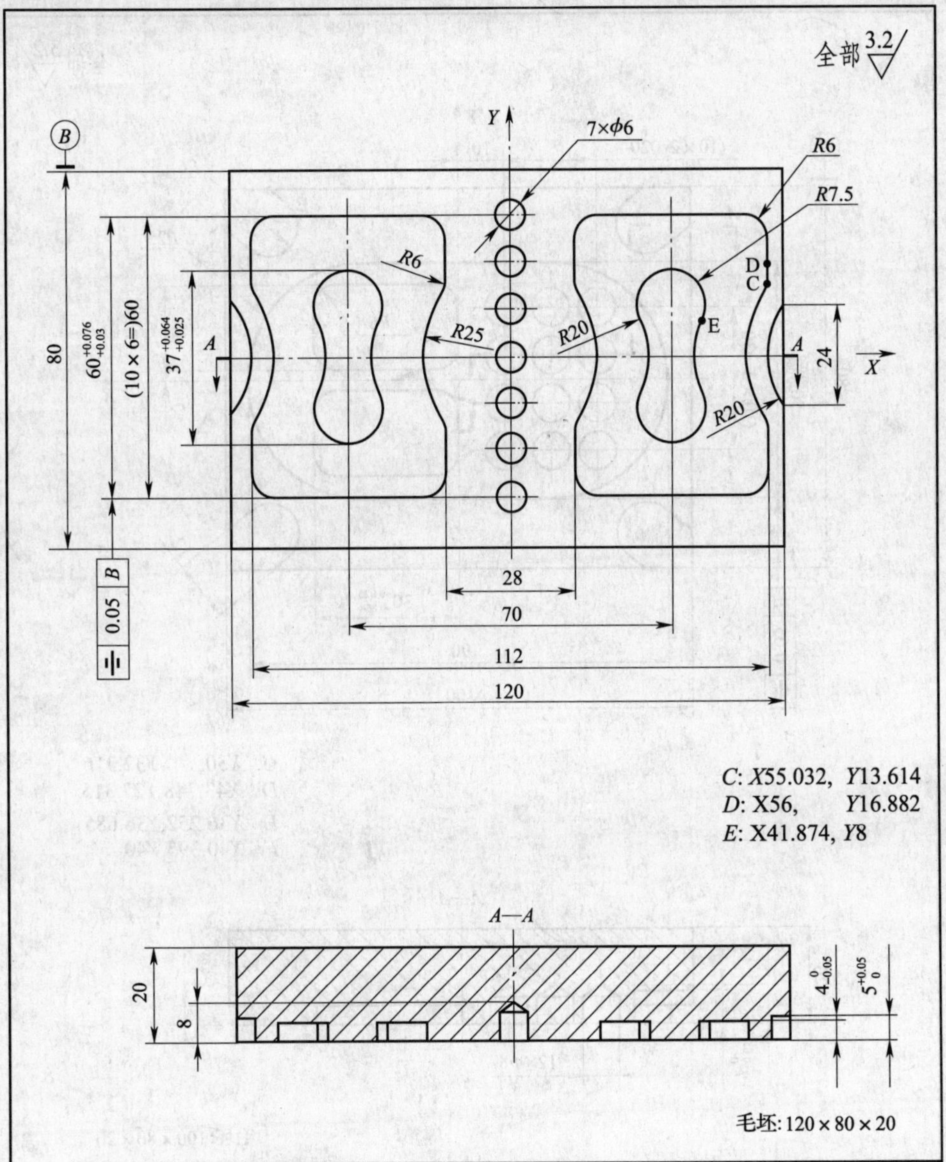

					45钢			板类零件编程与仿真
标记	处数	更改文件号	签字	日期				
设计		标准化			图样标记	质量	比例	1.1.3
校对		审定					1:1	
审核								加工中心四级试题
工艺		日期			共　页	第　页		

图 4—30　板类零件编程与仿真图 2

3. 板类零件编程与仿真 3（见图 4—31）

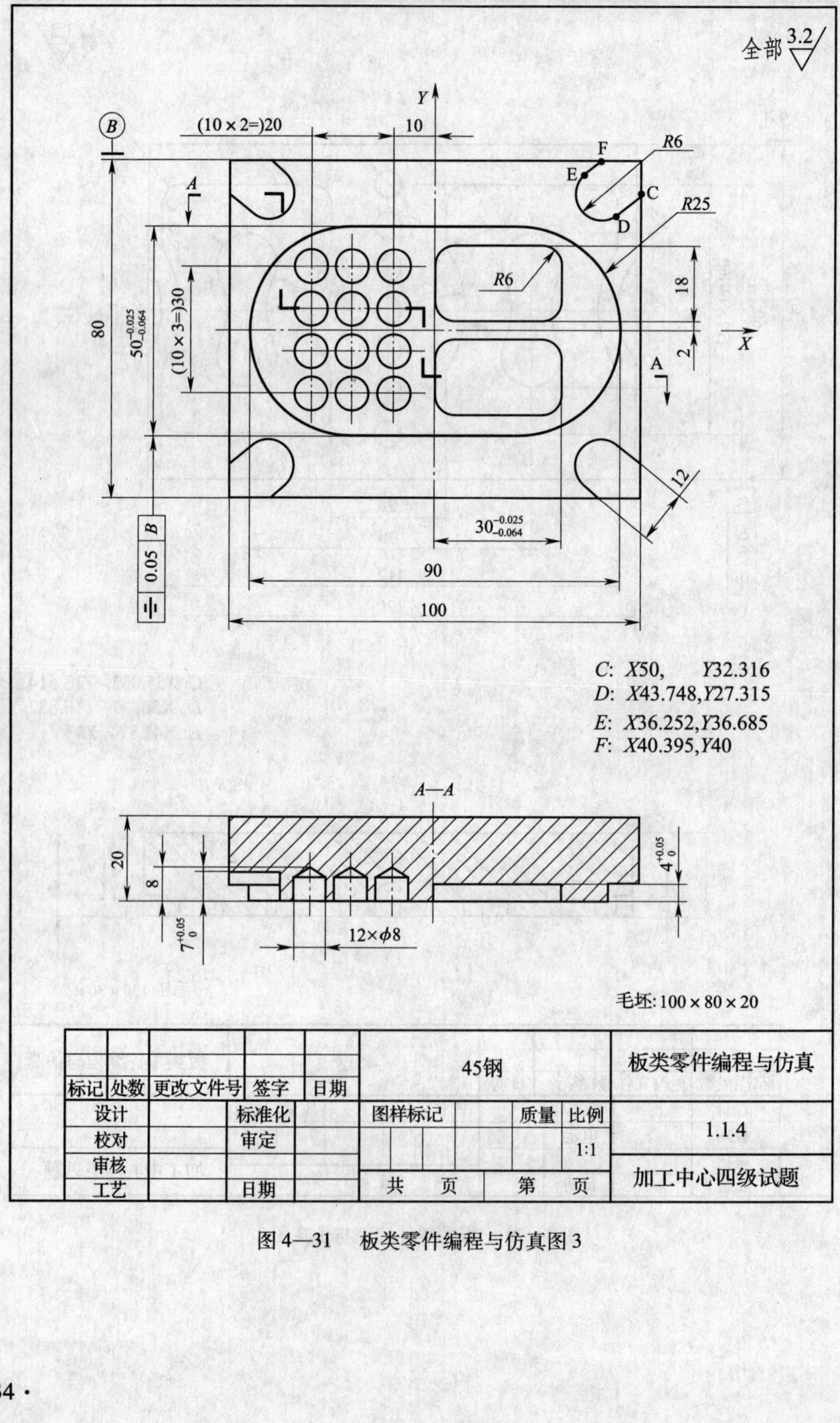

图 4—31 板类零件编程与仿真图 3

4. 板类零件编程与仿真 4（见图 4—32）

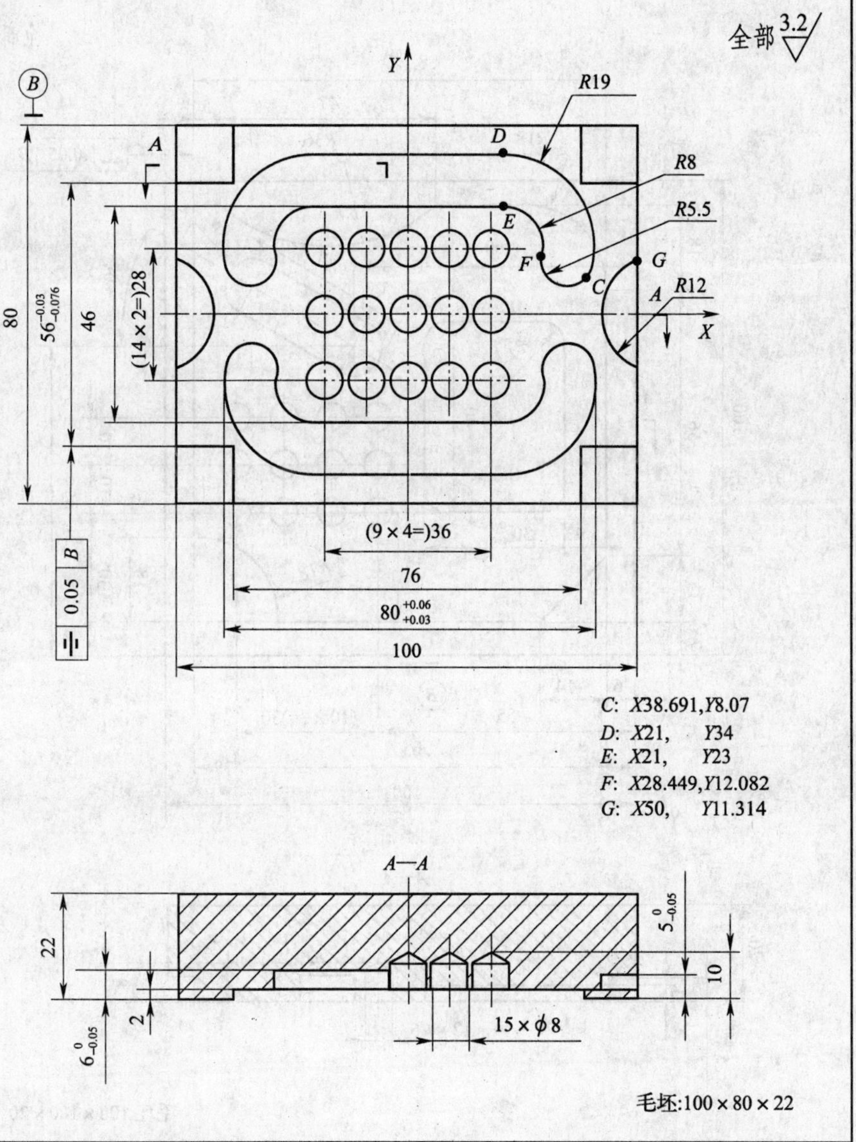

					45钢				板类零件编程与仿真
标记	处数	更改文件号	签字	日期					
设计			标准化		图样标记		质量	比例	1.1.5
校对			审定					1∶1	
审核									加工中心四级试题
工艺			日期		共	页	第	页	

图 4—32　板类零件编程与仿真图 4

5. 板类零件编程与仿真 5（见图 4—33）

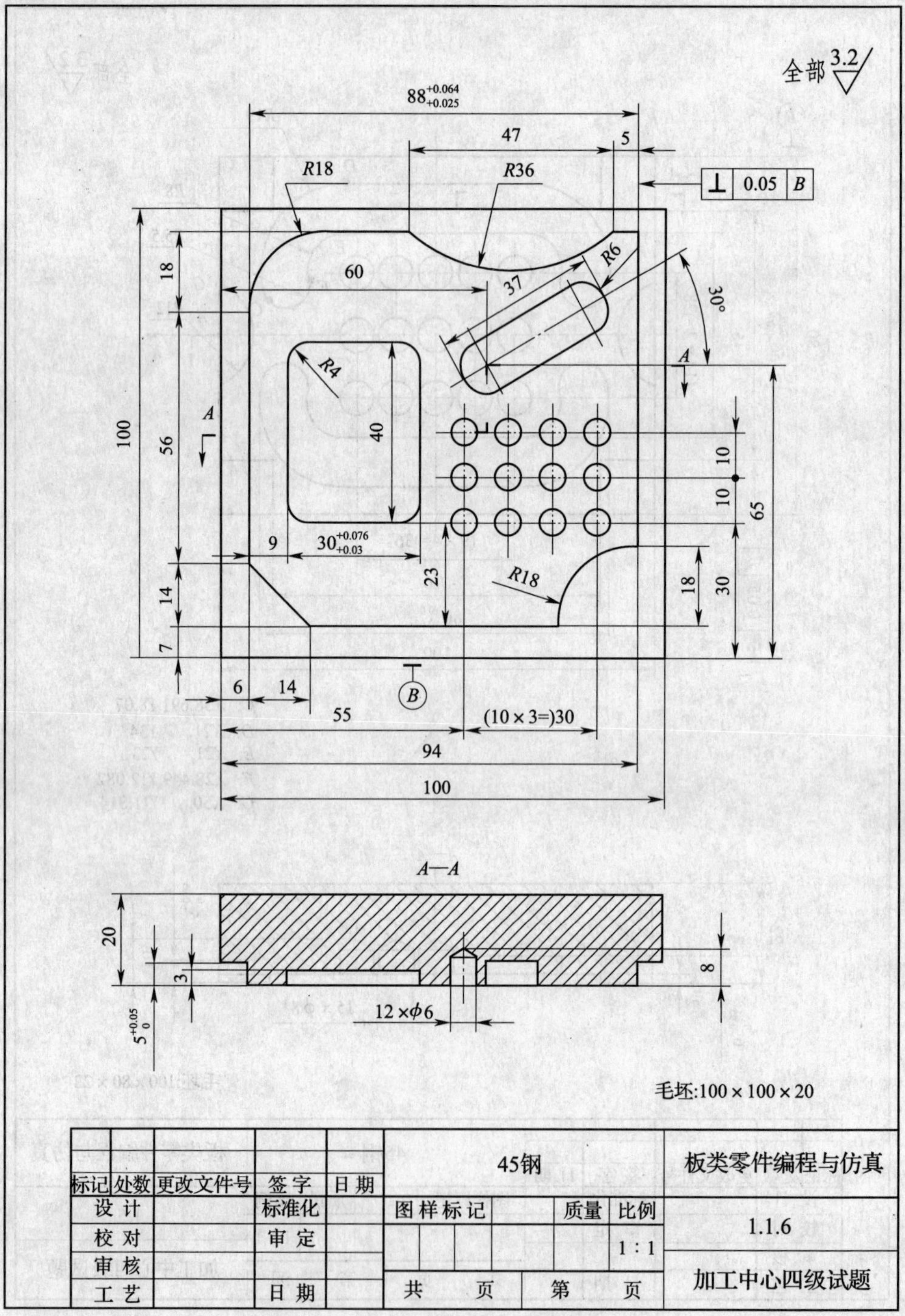

图 4—33　板类零件编程与仿真图 5

6. 板类零件编程与仿真6（见图4—34）

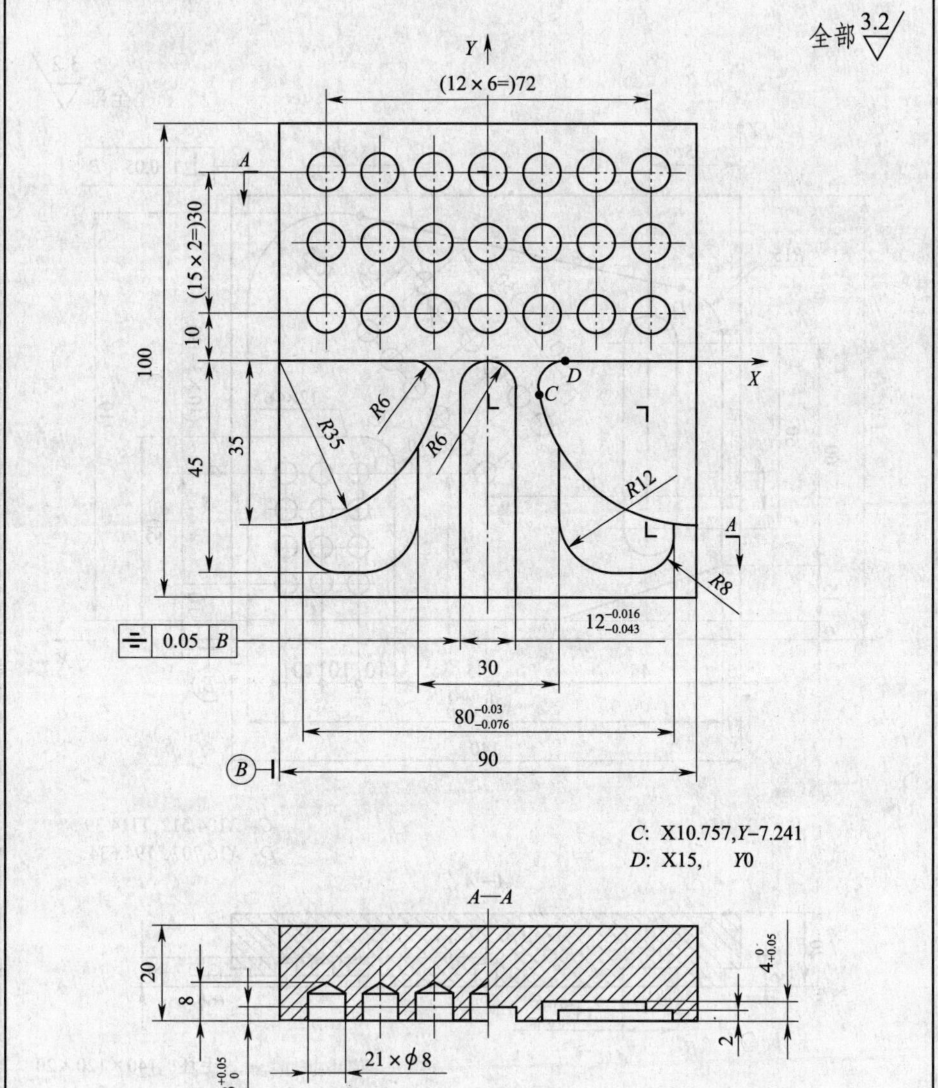

					45钢			板类零件编程与仿真
标记	处数	更改文件号	签字	日期				
设计			标准化		图样标记	质量	比例	1.1.7
校对			审定				1 : 1	
审核								
工艺			日期		共　页	第　页		加工中心四级试题

图4—34　板类零件编程与仿真图6

7. 板类零件编程与仿真 7（见图 4—35）

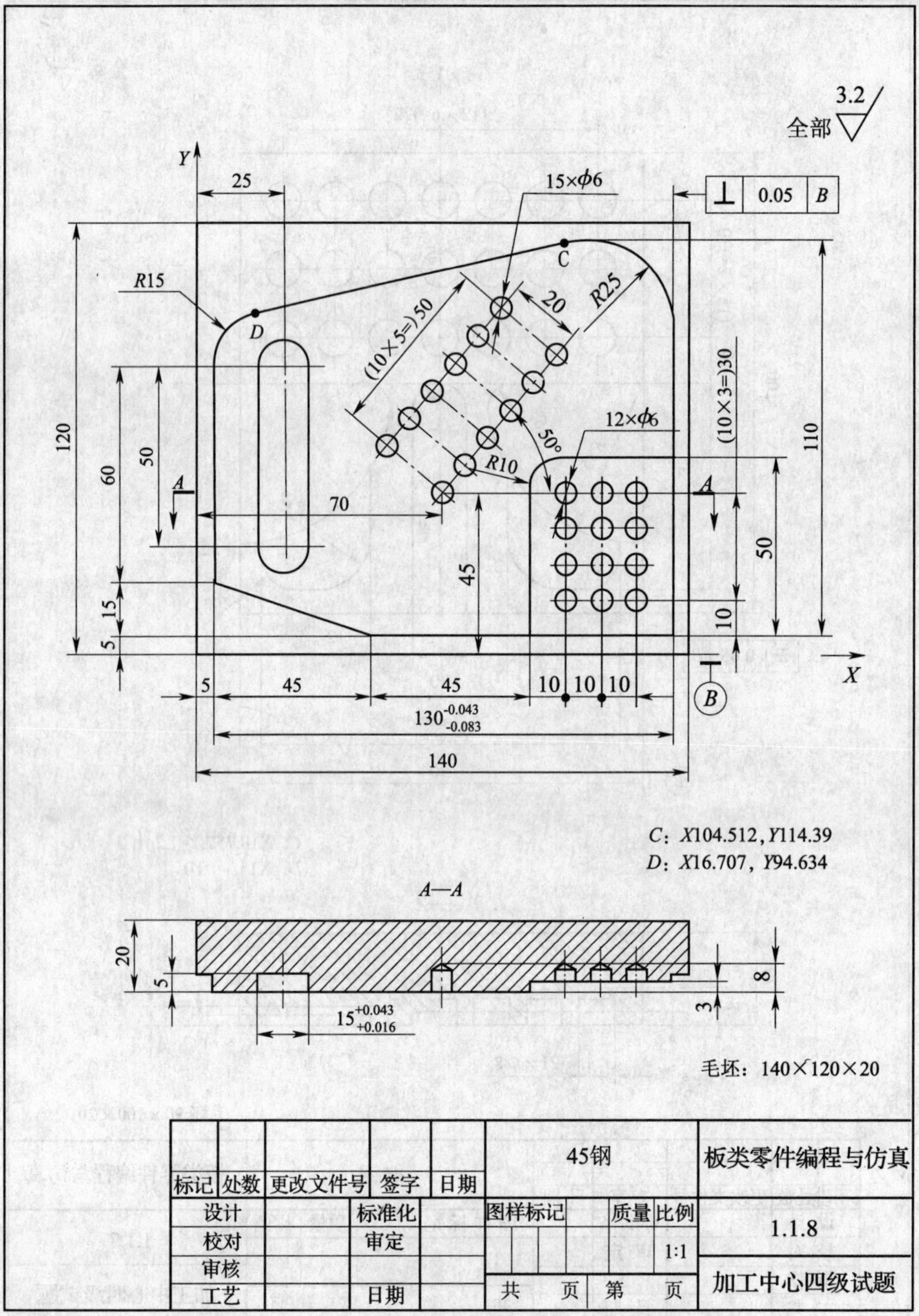

图 4—35　板类零件编程与仿真图 7

8．盘类零件编程与仿真8（见图4—36）

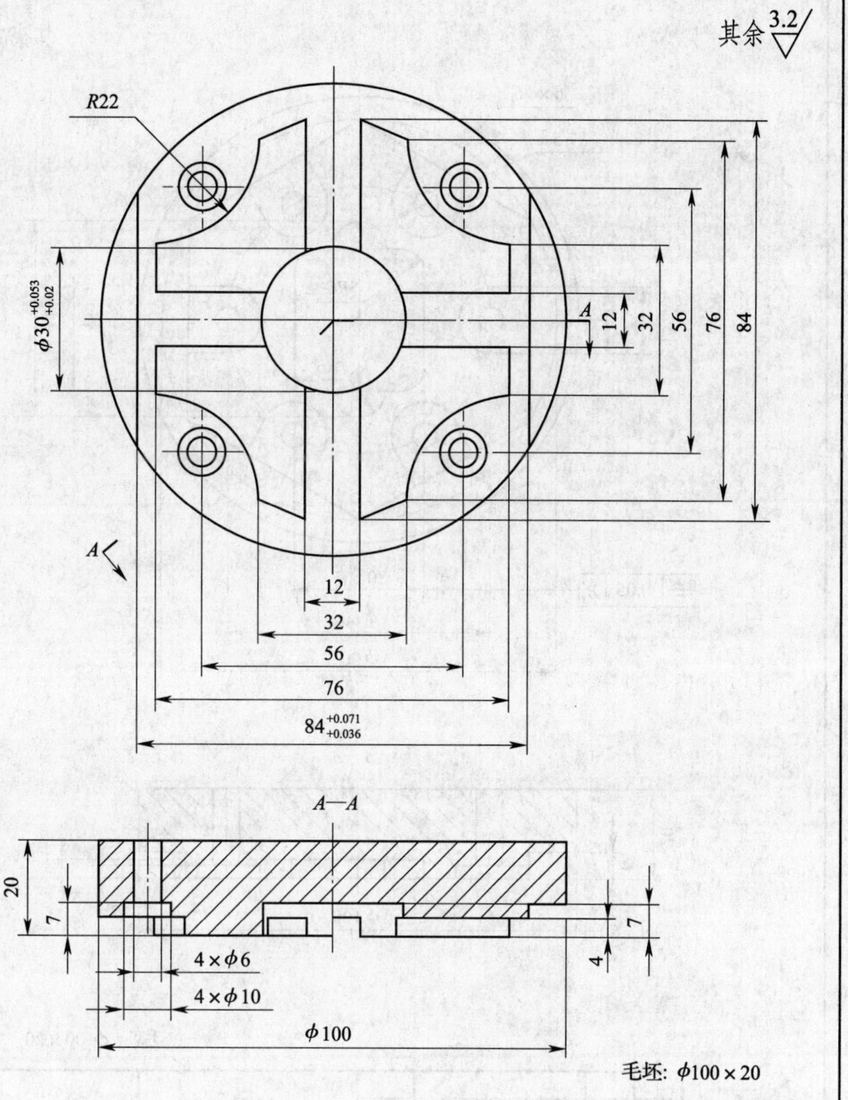

					45钢			盘类零件编程与仿真
标记	处数	更改文件号	签字	日期				
设计		标准化			图样标记	质量	比例	1.2.2
校对		审定					1:1	
审核								
工艺		日期			共　页	第　页		加工中心四级试题

图4—36　盘类零件编程与仿真图8

9．盘类零件编程与仿真9（见图4—37）

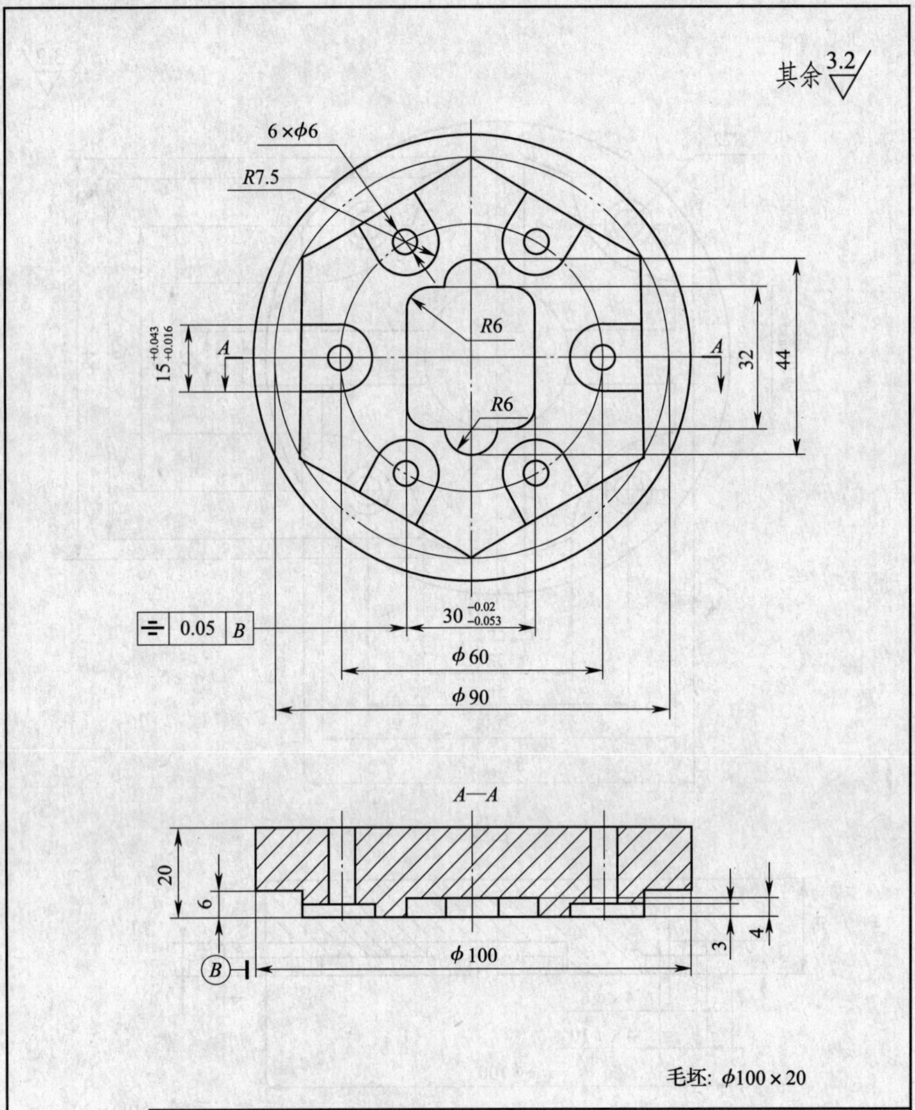

					45钢			盘类零件编程与仿真
标记	处数	更改文件号	签字	日期				
设计		标准化			图样标记	质量	比例	1.2.3
校对		审定					1:1	
审核								
工艺		日期			共　页	第　页		加工中心四级试题

图4—37　盘类零件编程与仿真图9

10. 盘类零件编程与仿真 10（见图 4—38）

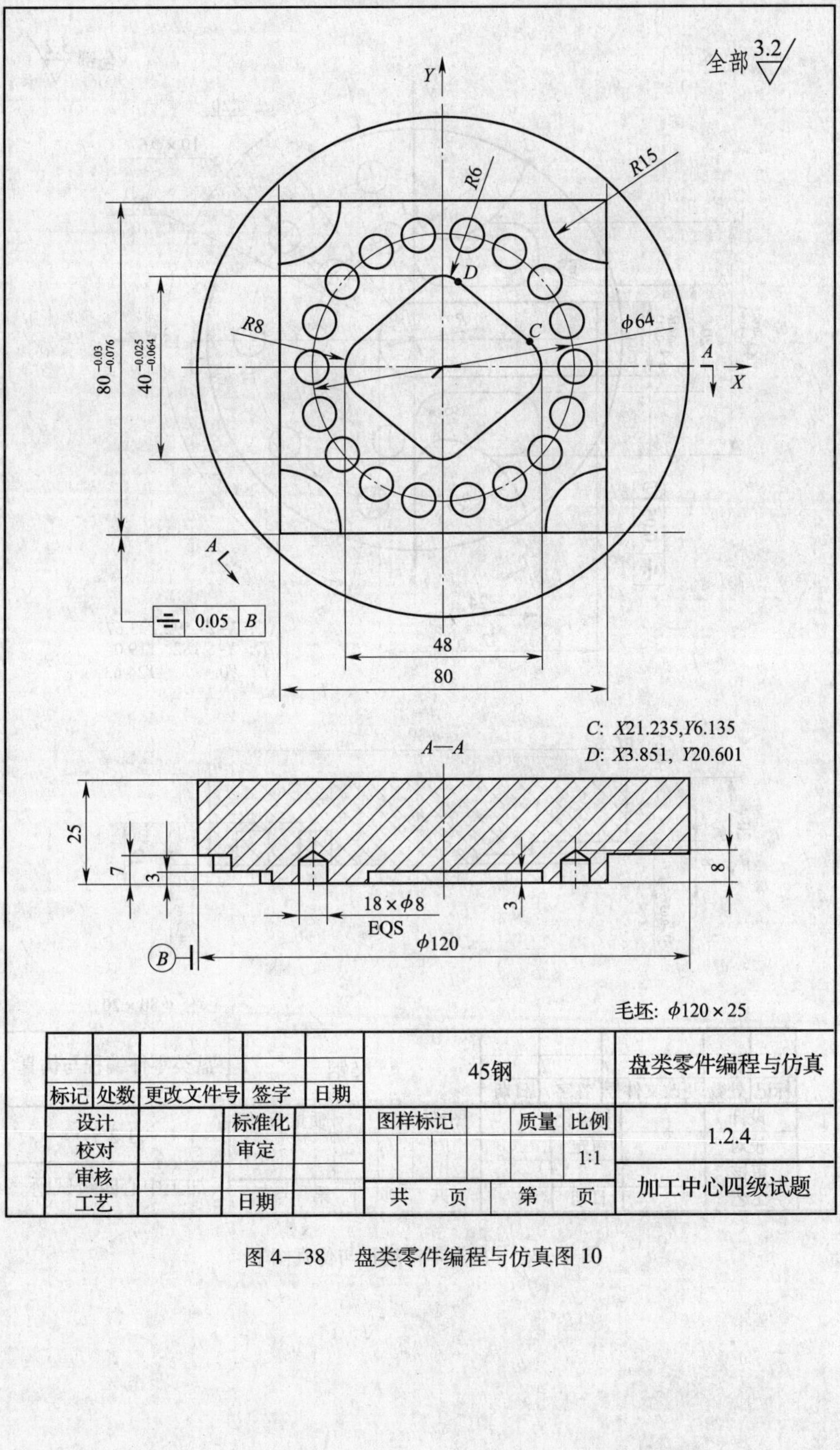

图 4—38　盘类零件编程与仿真图 10

11. 盘类零件编程与仿真 11（见图 4—39）

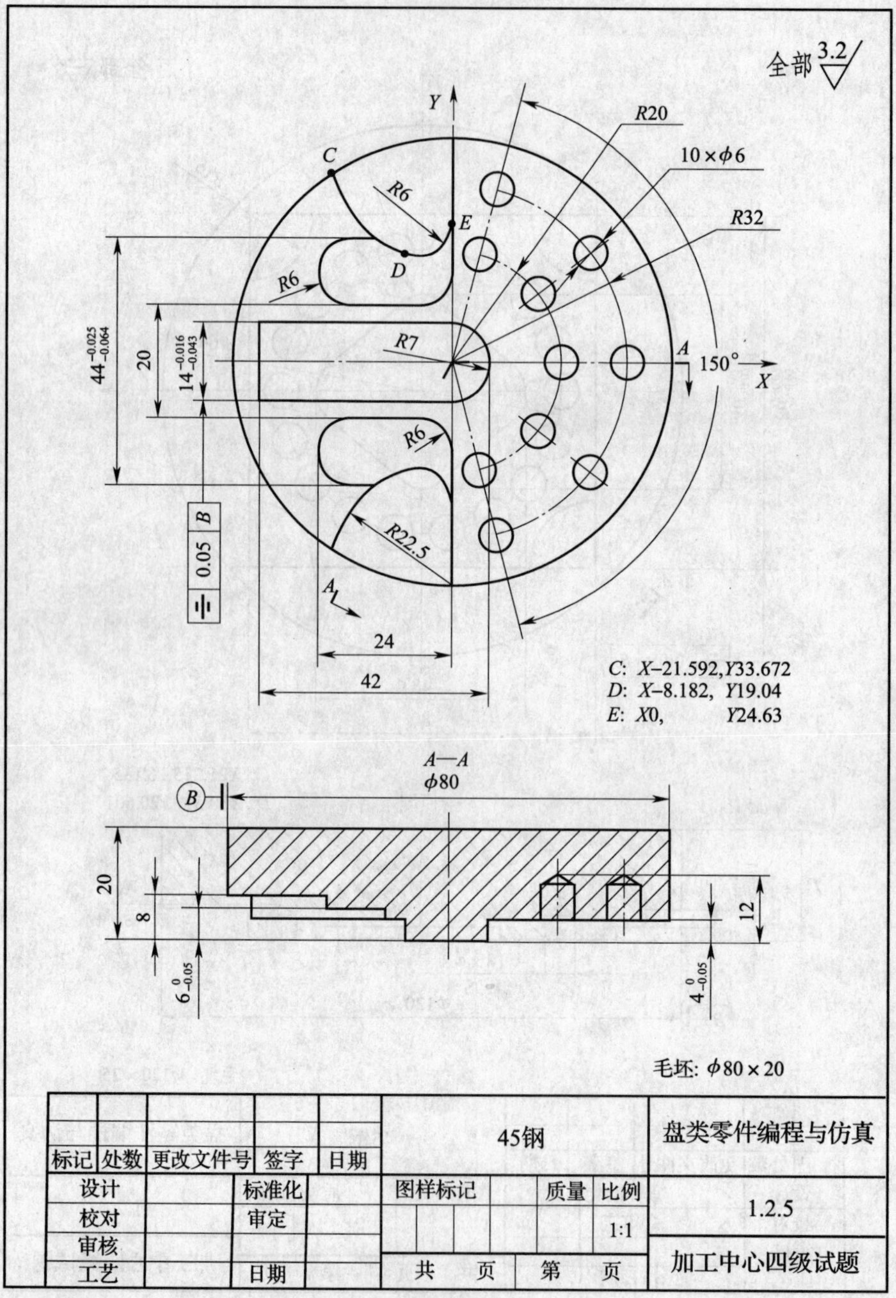

图 4—39　盘类零件编程与仿真图 11

12．盘类零件编程与仿真 12（见图 4—40）

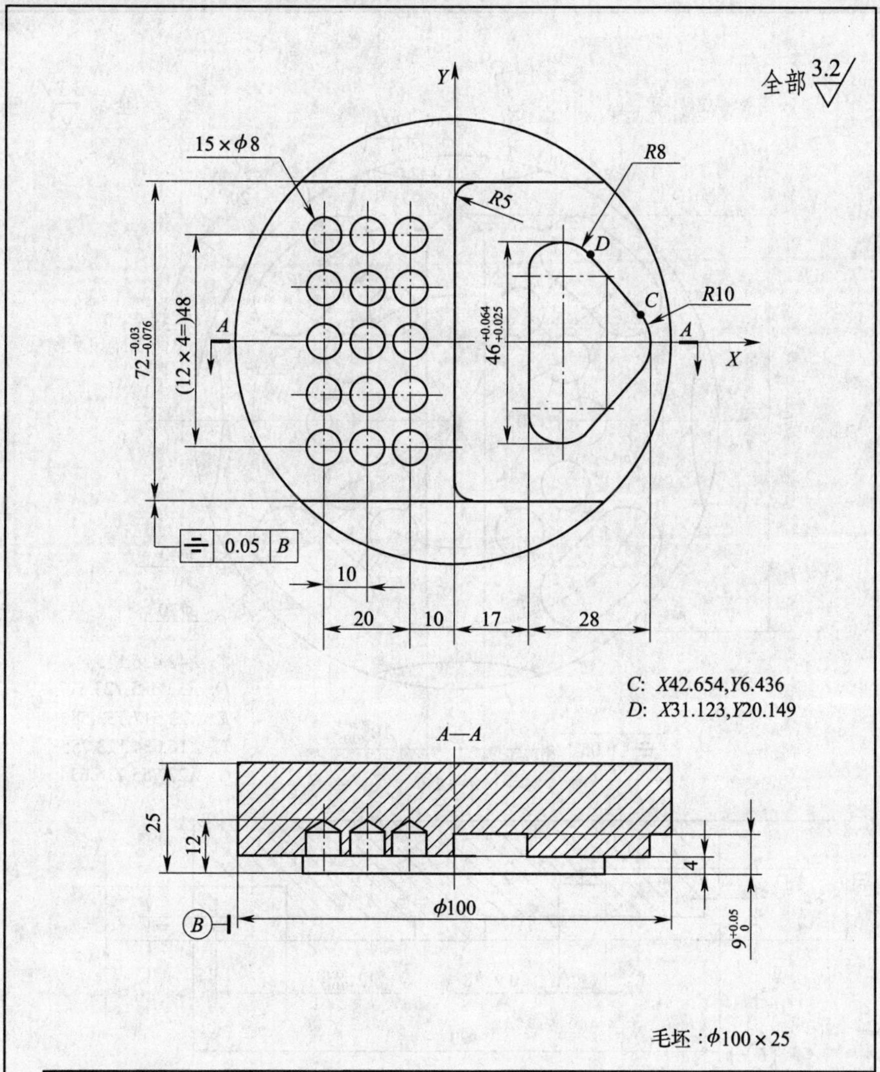

					45钢			盘类零件编程与仿真
标记	处数	更改文件号	签字	日期				
设计		标准化		图样标记		质量	比例	1.2.6
校对		审定					1:1	
审核								加工中心四级试题
工艺		日期		共 页		第 页		

图 4—40 盘类零件编程与仿真图 12

13. 盘类零件编程与仿真13（见图4—41）

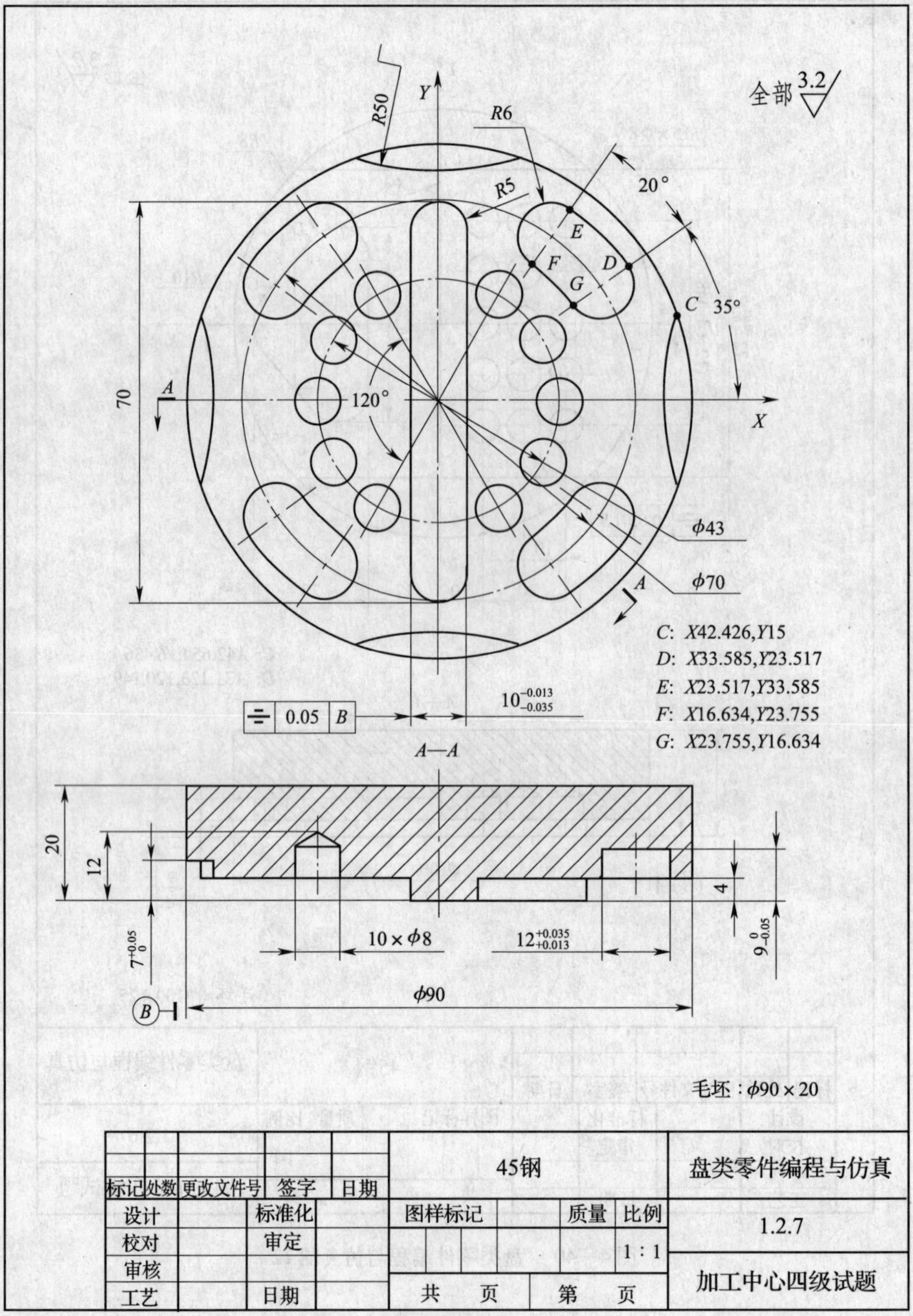

					45钢			盘类零件编程与仿真
标记	处数	更改文件号	签字	日期				
设计		标准化		图样标记		质量	比例	1.2.7
校对		审定					1：1	
审核								加工中心四级试题
工艺		日期		共 页		第 页		

图4—41　盘类零件编程与仿真图13

14. 盘类零件编程与仿真 14（见图 4—42）

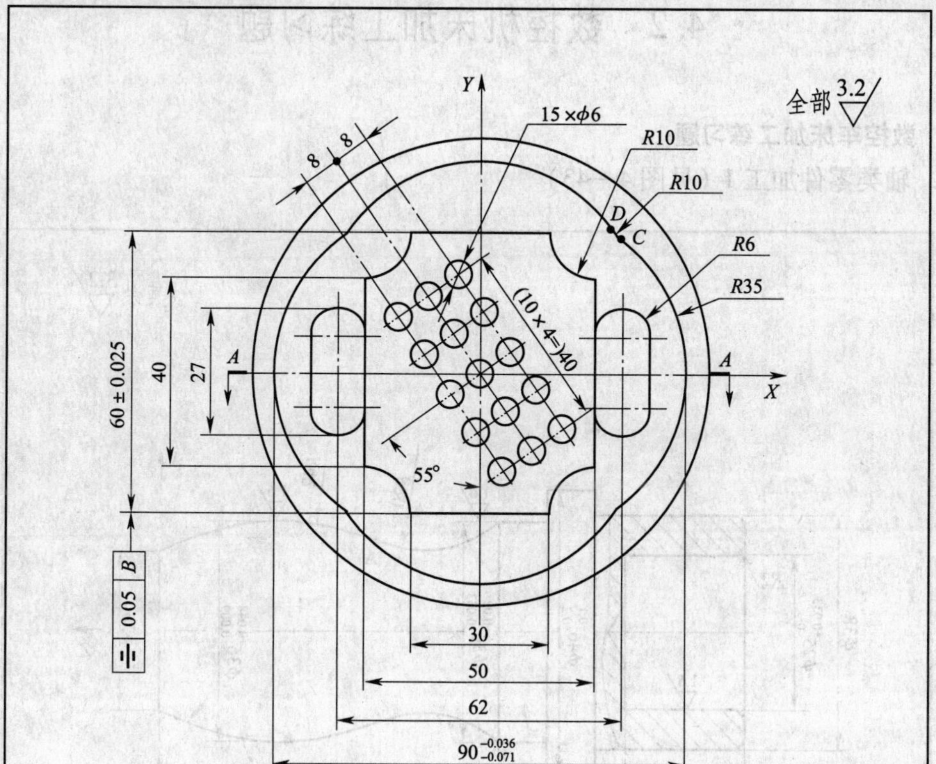

图 4—42　盘类零件编程与仿真图 14

4.2 数控机床加工练习题

4.2.1 数控车床加工练习题

1. 轴类零件加工 1（见图 4—43）

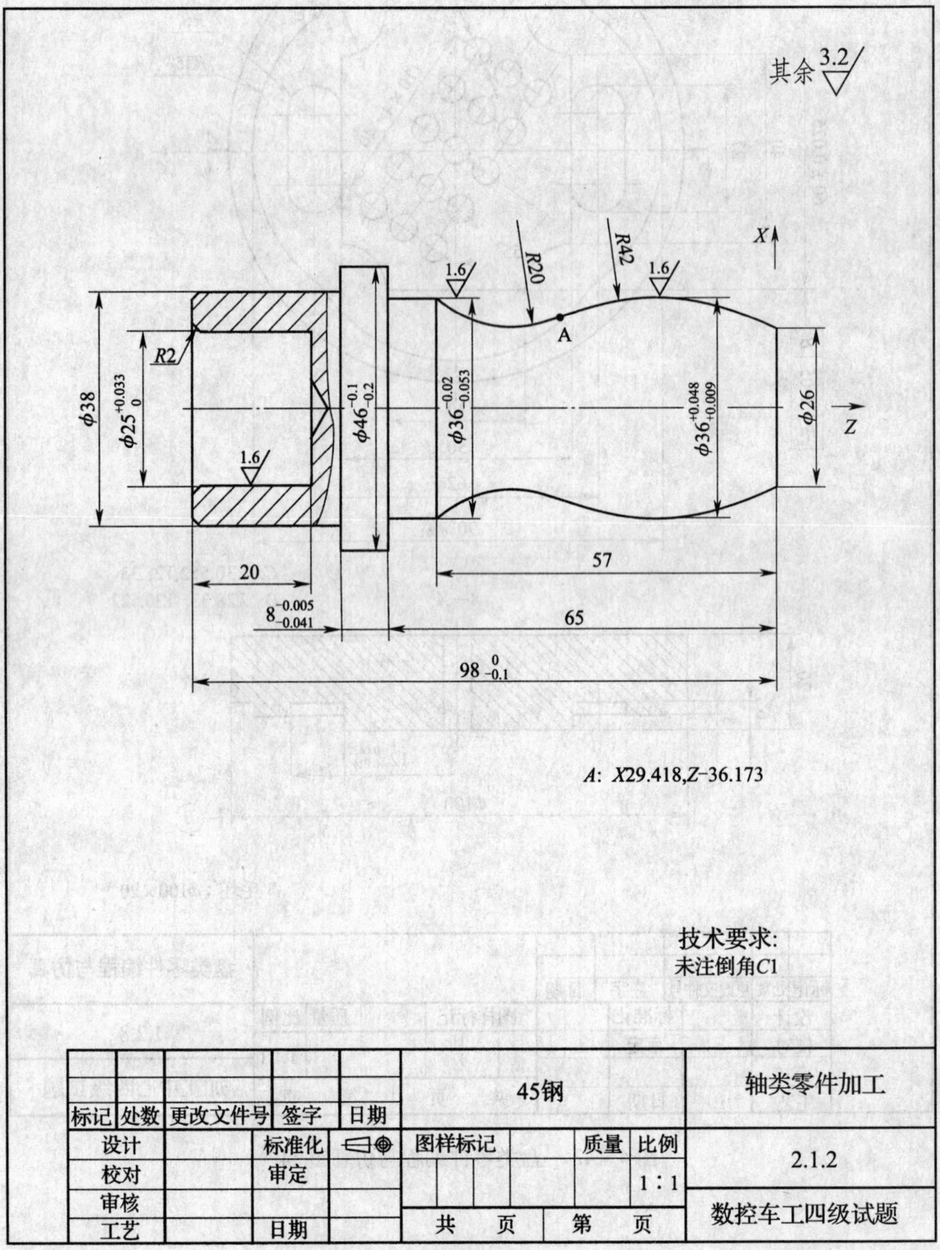

图 4—43　轴类零件加工图 1

2. 轴类零件加工 2（见图 4—44）

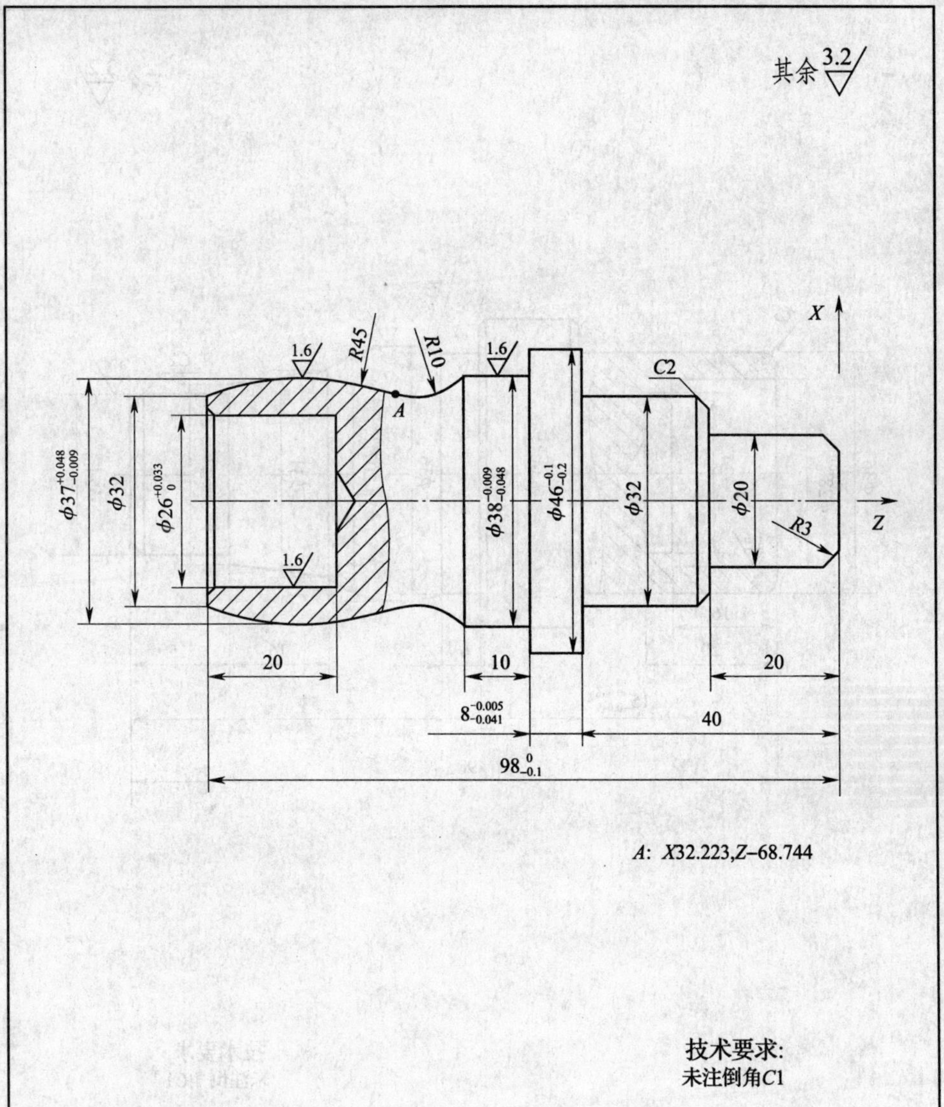

					45钢				轴类零件加工
标记	处数	更改文件号	签字	日期					
设计		标准化			图样标记		质量	比例	2.1.3
校对		审定						1∶1	
审核									
工艺		日期			共　页		第　页		数控车工四级试题

图 4—44　轴类零件加工图 2

3. 轴类零件加工 3（见图 4—45）

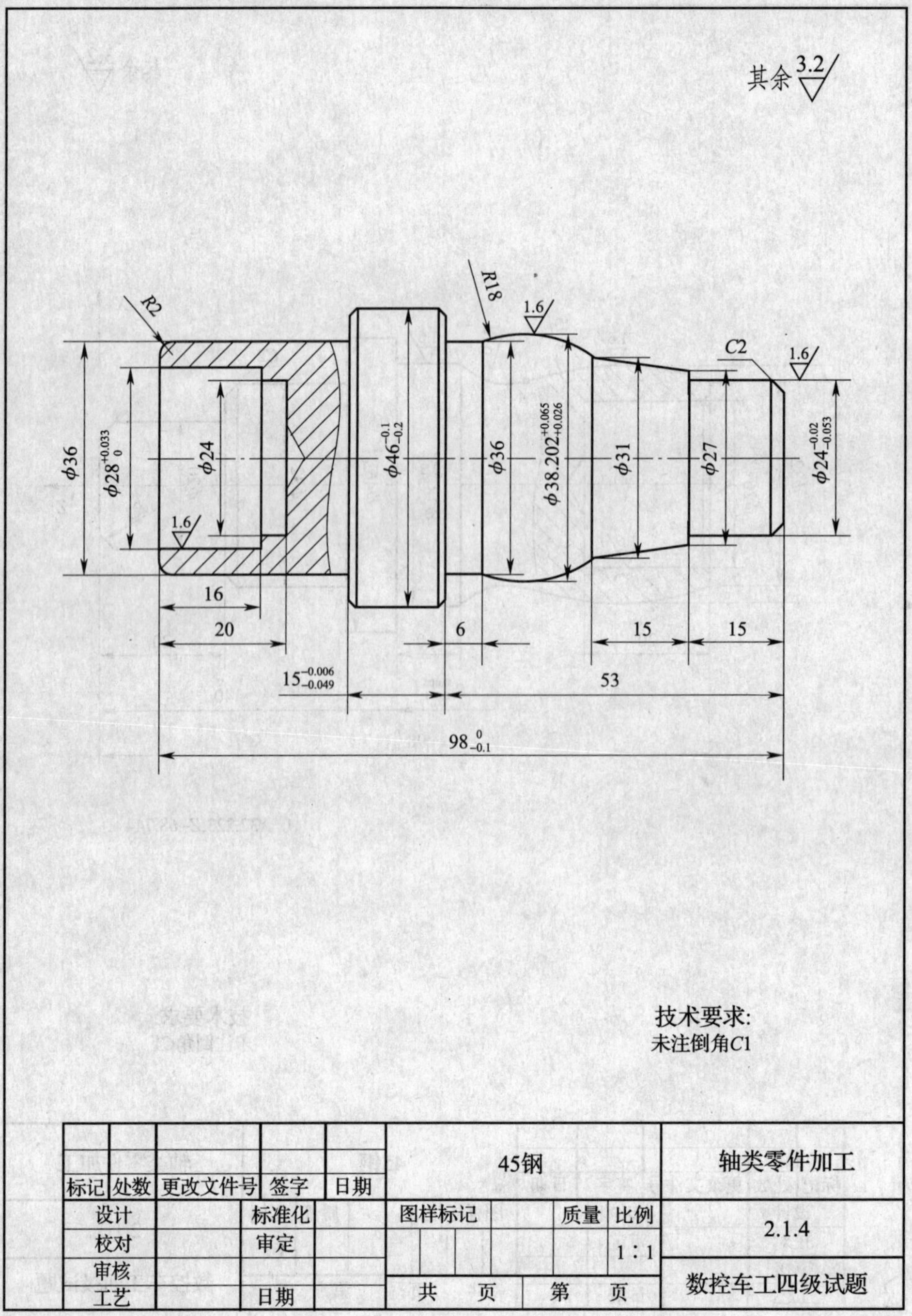

图 4—45 轴类零件加工图 3

4．轴类零件加工4（见图4—46）

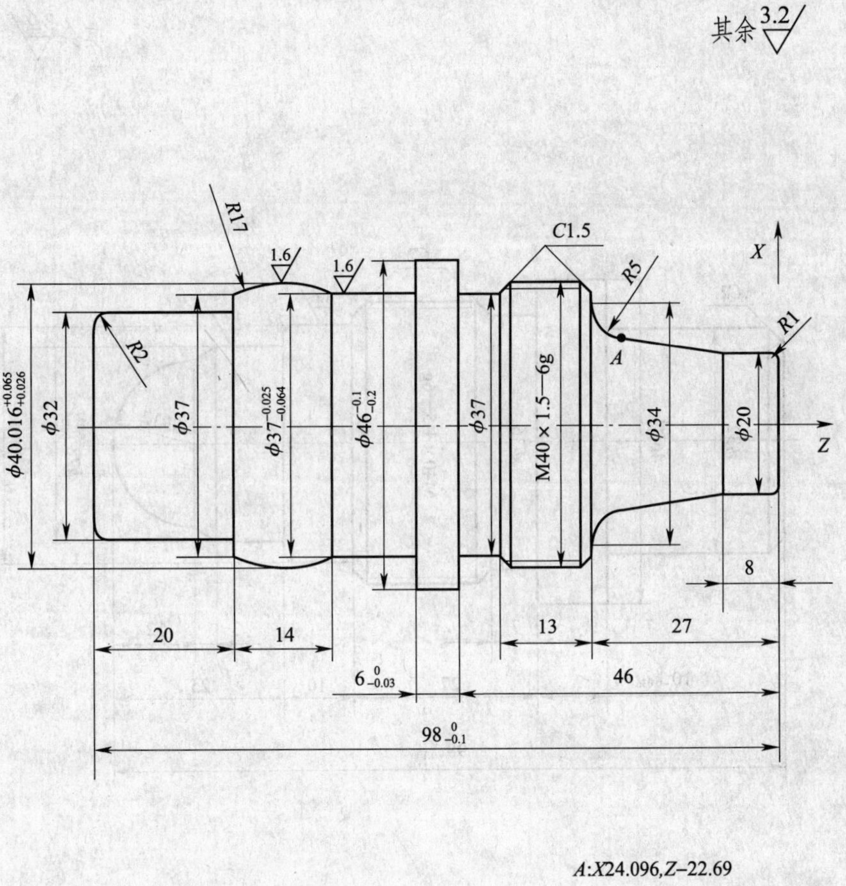

					45钢		轴类零件加工
标记	处数	更改文件号	签字	日期			
设计		标准化		图样标记	质量	比例	2.1.5
校对		审定				1∶1	
审核							数控车工四级试题
工艺		日期		共　页	第　页		

图4—46　轴类零件加工图4

5．轴类零件加工 5（见图 4—47）

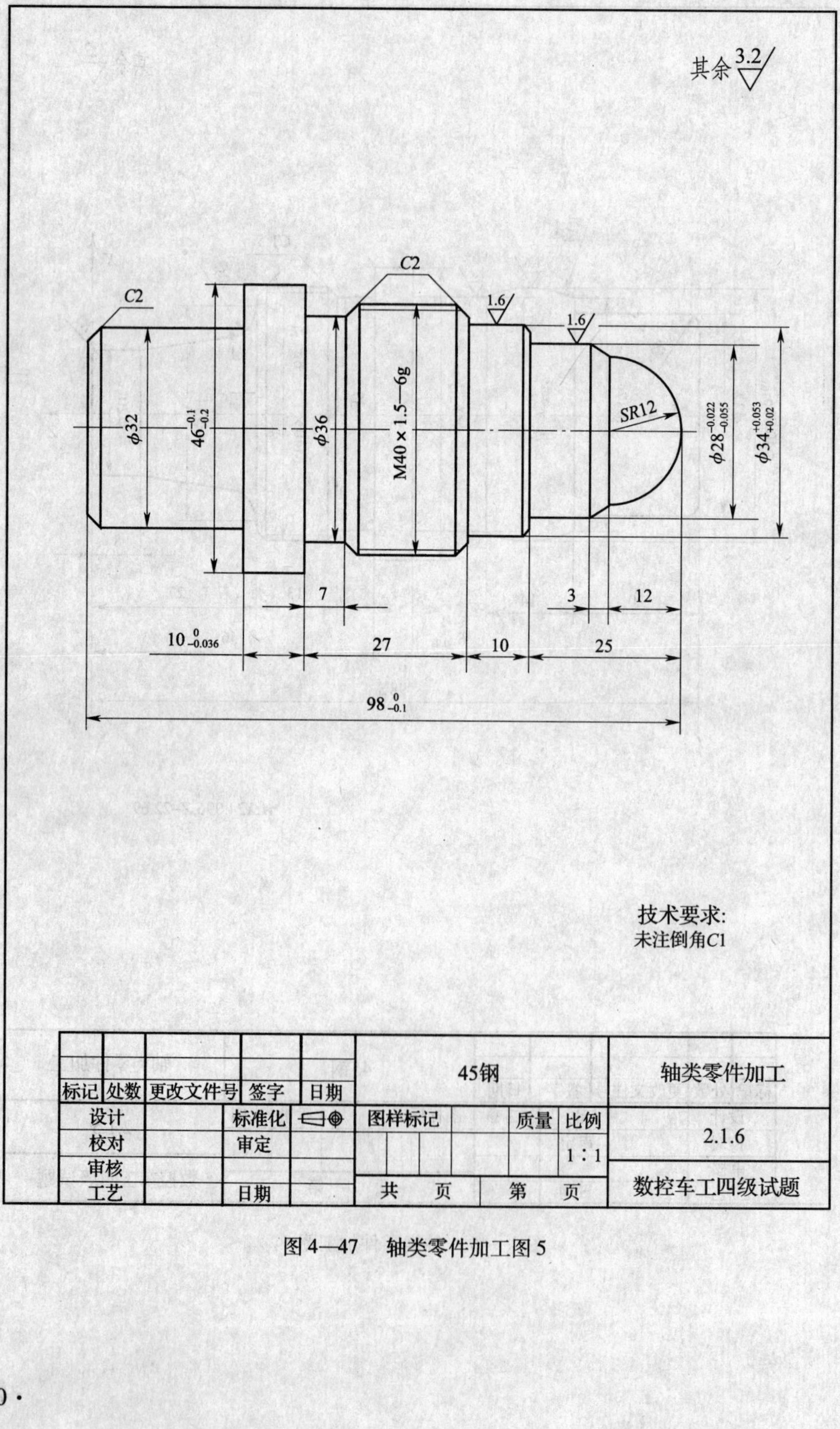

图 4—47　轴类零件加工图 5

6. 轴类零件加工 6（见图 4—48）

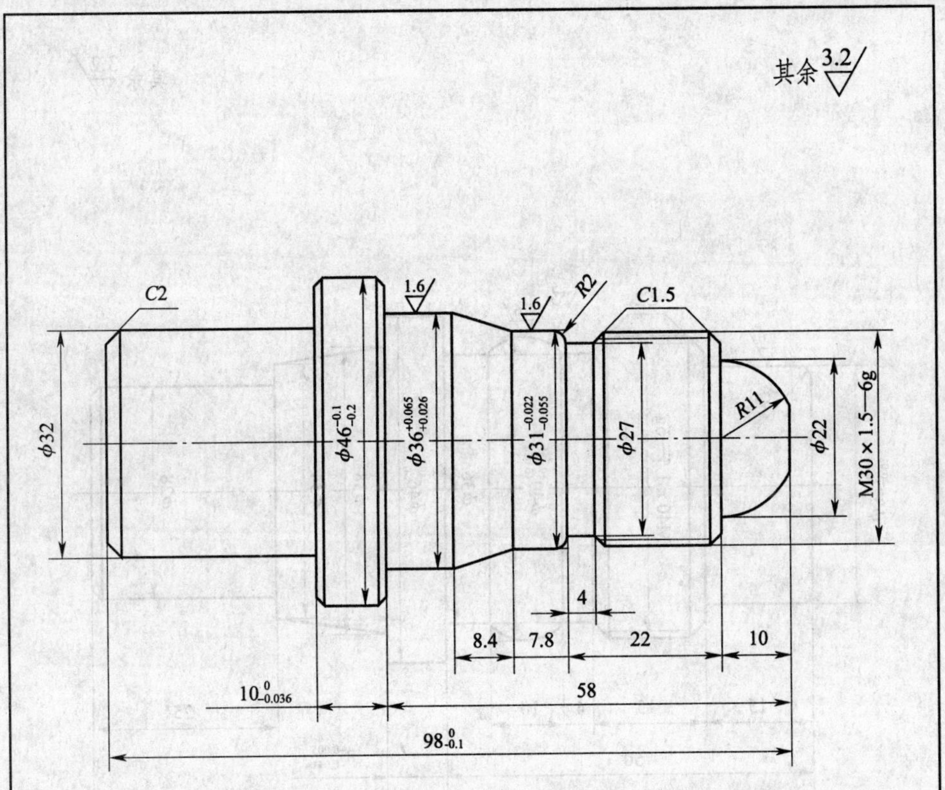

图 4—48　轴类零件加工图 6

7. 轴类零件加工 7（见图 4—49）

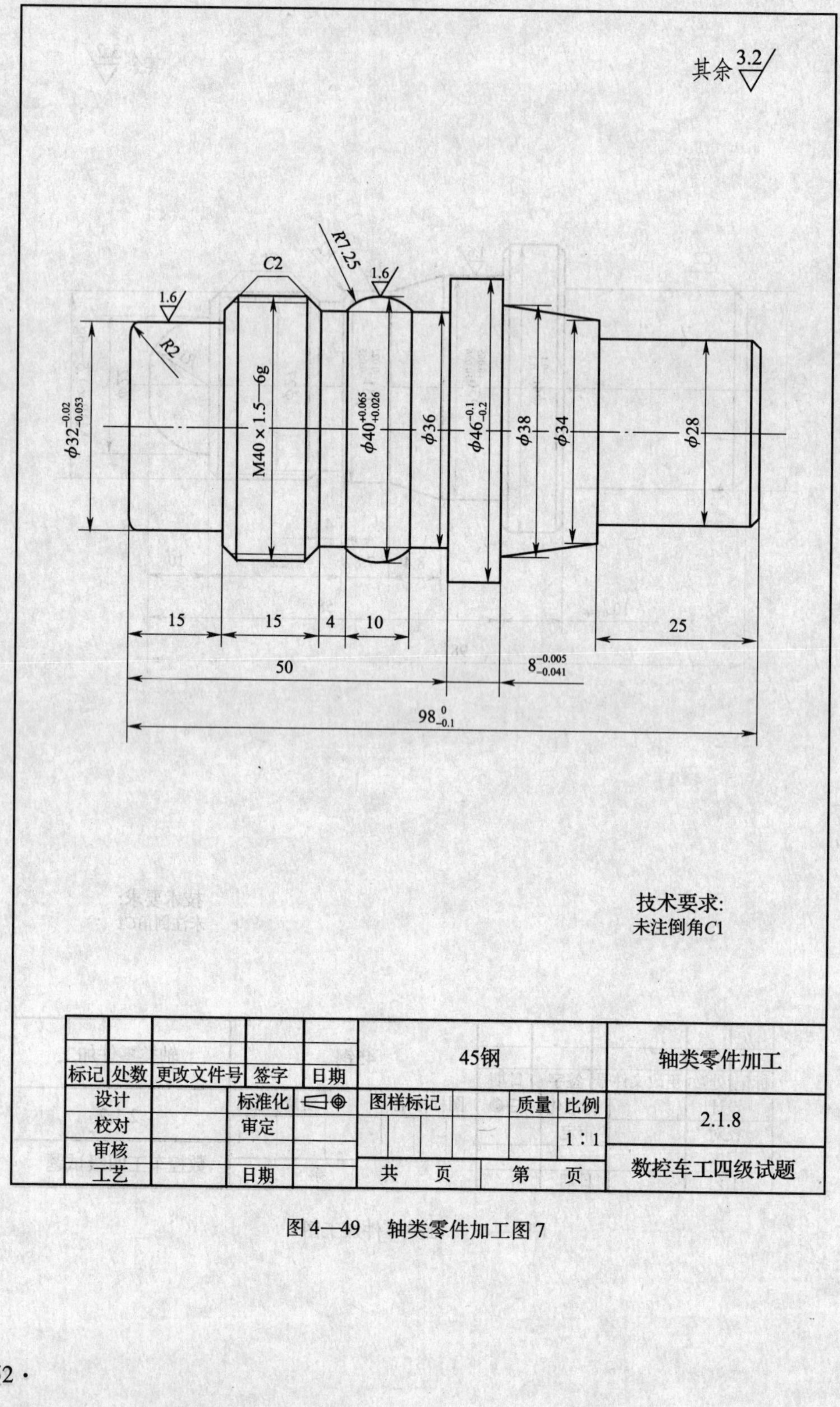

图 4—49 轴类零件加工图 7

8. 盘类零件加工 8（见图 4—50）

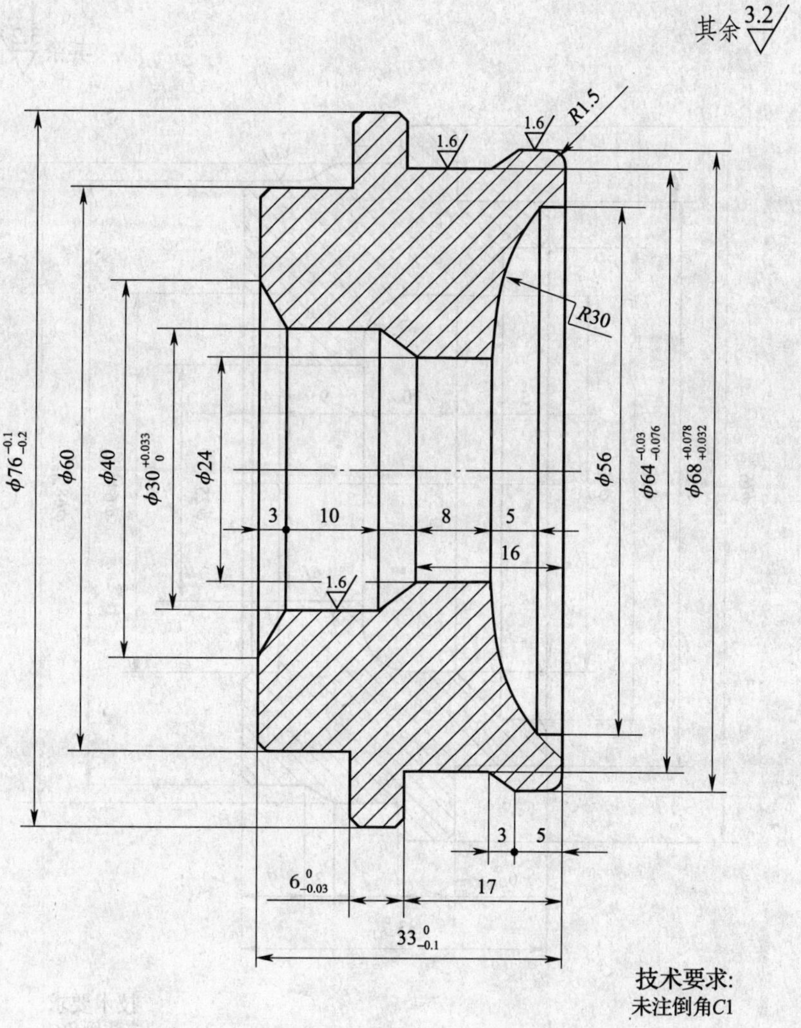

					45钢			盘类零件加工
标记	处数	更改文件号	签字	日期				
设计		标准化			图样标记	质量	比例	2.2.2
校对		审定					1：1	
审核								
工艺		日期			共　页	第　页		数控车工四级试题

图 4—50　盘类零件加工图 8

9．盘类零件加工 9（见图 4—51）

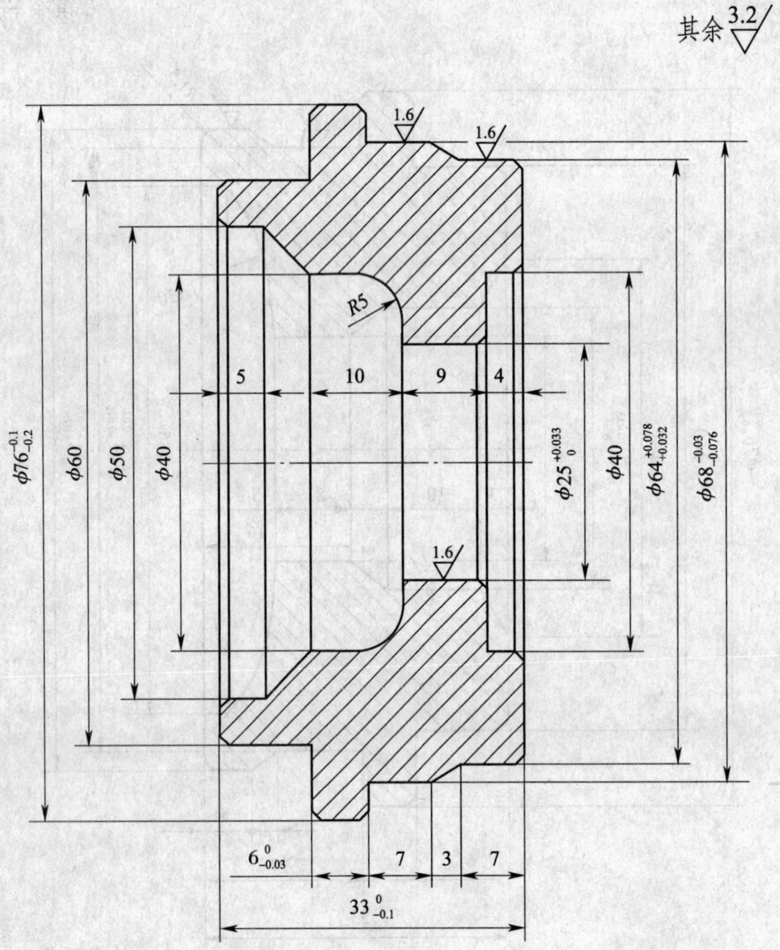

技术要求:
未注倒角 C1

					45钢				盘类零件加工
标记	处数	更改文件号	签字	日期					
设计		标准化			图样标记		质量	比例	2.2.3
校对		审定						1∶1	
审核									
工艺		日期			共　页		第　页		数控车工四级试题

图 4—51　盘类零件加工图 9

10. 盘类零件加工 10（见图 4—52）

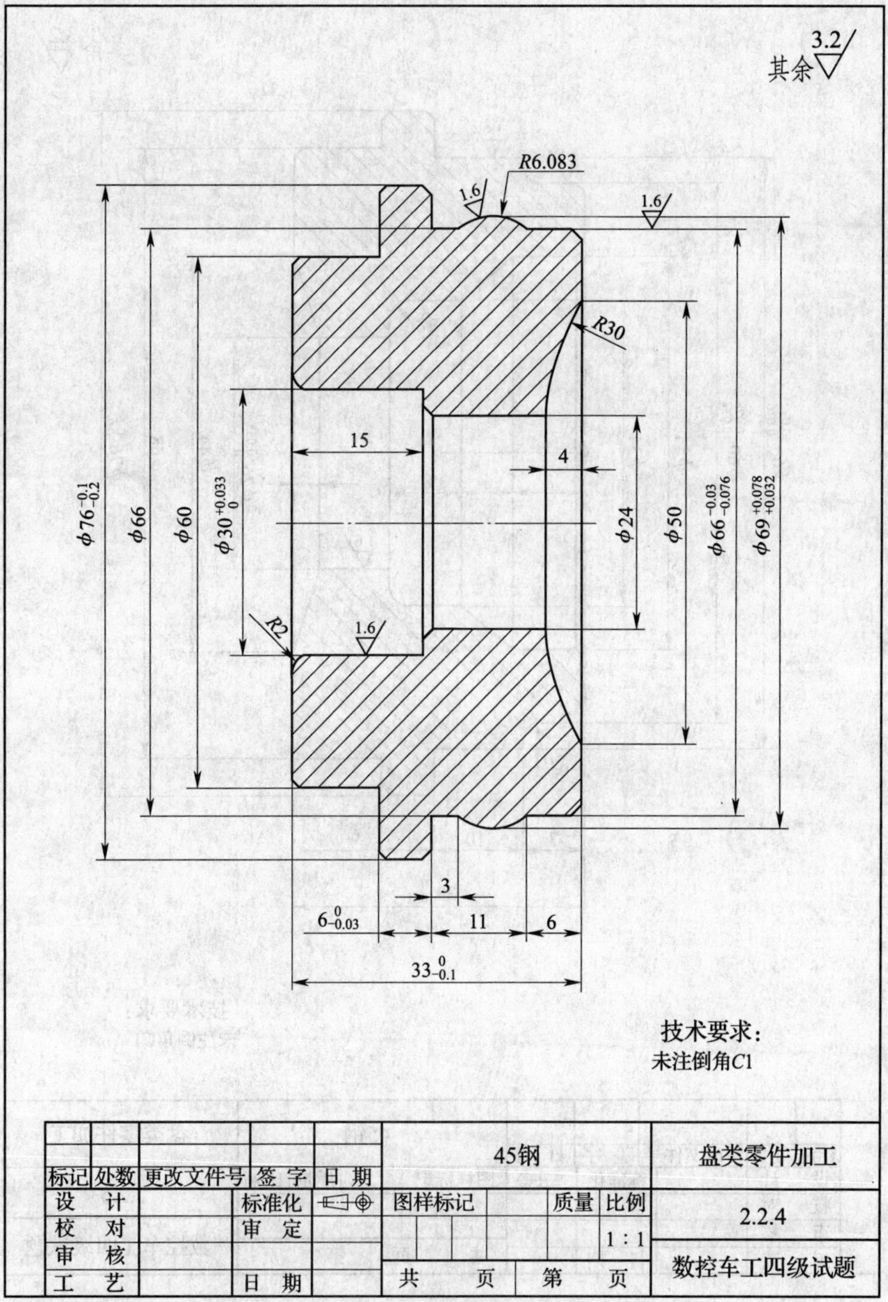

					45钢			盘类零件加工
标记	处数	更改文件号	签字	日期				
设计		标准化		图样标记		质量	比例	2.2.4
校对		审定					1∶1	
审核								
工艺		日期		共　页		第　页		数控车工四级试题

图 4—52　盘类零件加工图 10

11．盘类零件加工 11（见图 4—53）

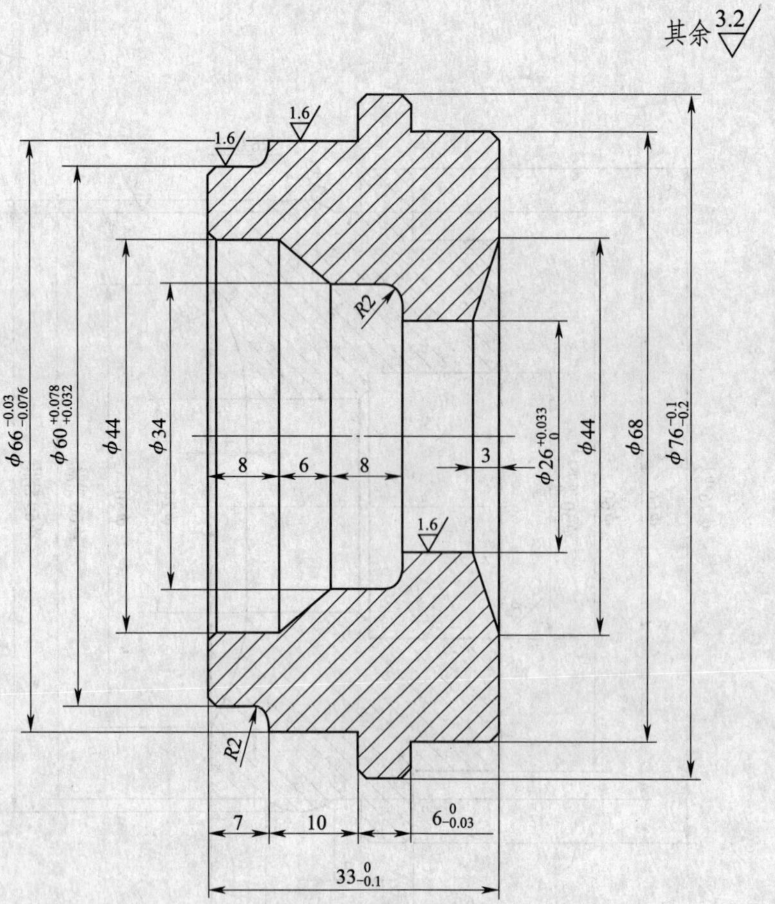

技术要求：

未注倒角C1

					45钢			盘类零件加工
标记	处数	更改文件号	签 字	日 期				
设 计			标准化		图样标记	质量	比例	2.2.5
校 对			审 定				1∶1	
审 核					共 页		第 页	数控车工四级试题
工 艺			日 期					

图 4—53　盘类零件加工图 11

12. 盘类零件加工 12　（见图 4—54）

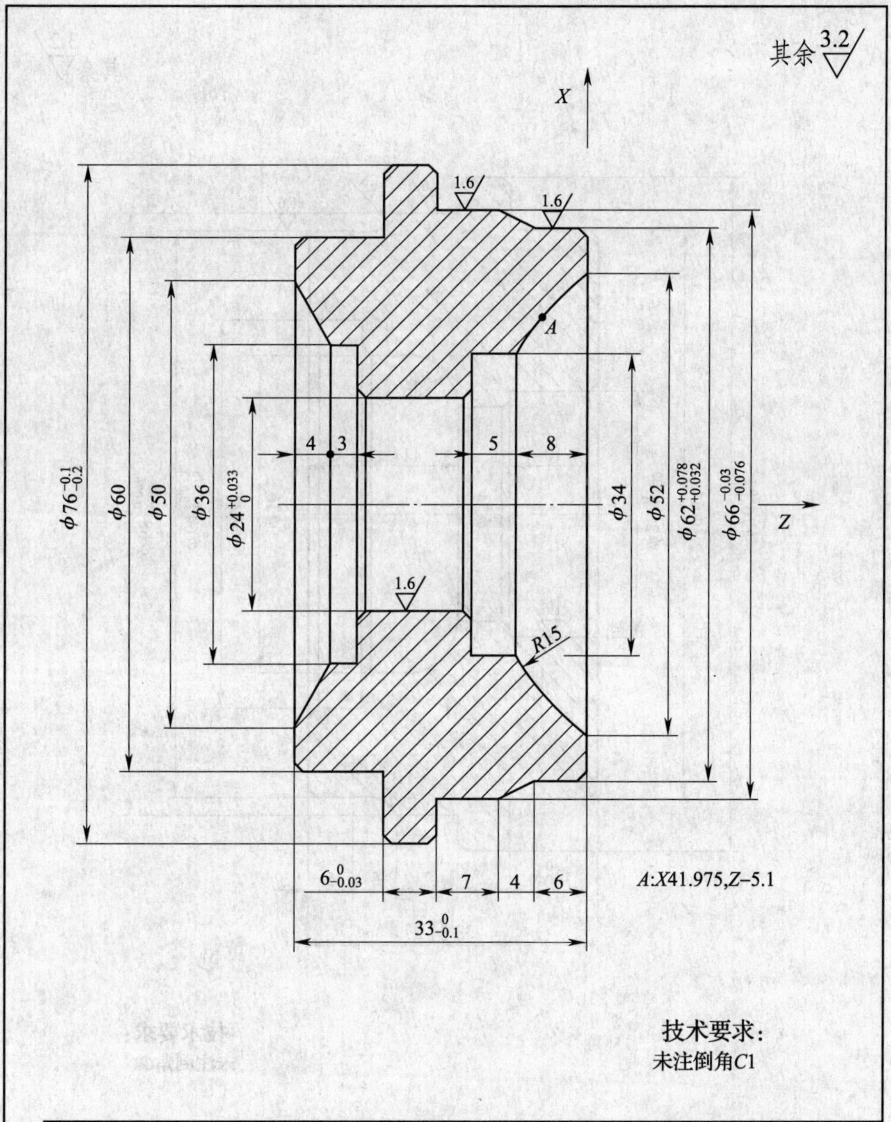

					45钢				盘类零件加工
标记	处数	更改文件号	签 字	日 期					
设 计			标准化		图样标记		质量	比例	2.2.6
校 对			审 定					1∶1	
审 核									数控车工四级试题
工 艺			日 期		共　页		第　页		

图 4—54　盘类零件加工图 12

13．盘类零件加工 13（见图 4—55）

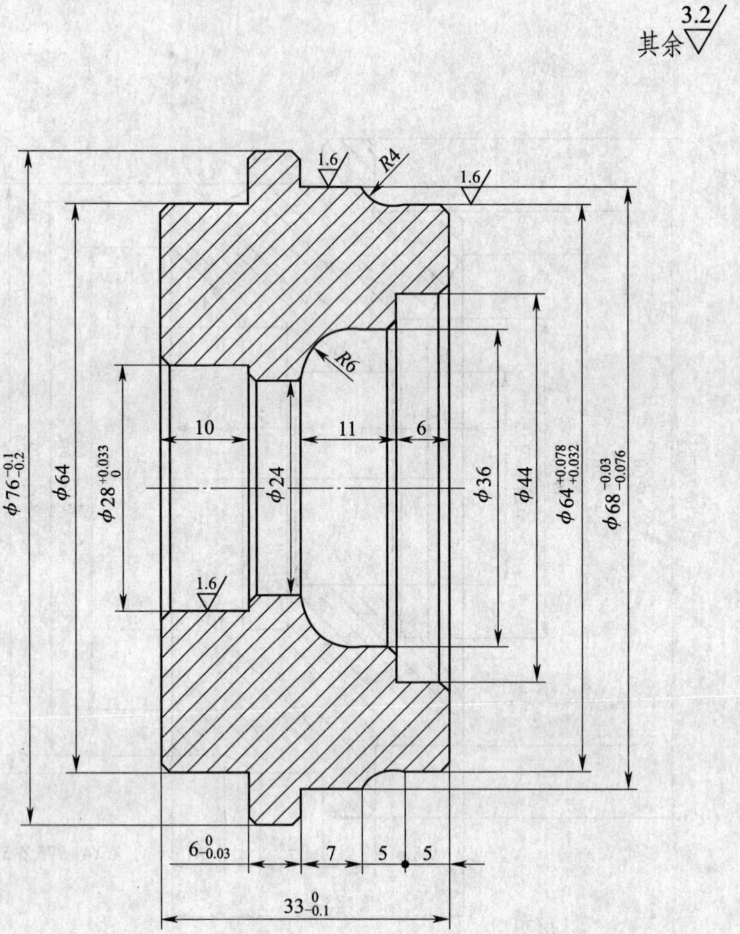

技术要求：
未注倒角C1

					45钢				盘类零件加工
标记	处数	更改文件号	签字	日期					
设计			标准化		图样标记		质量	比例	2.2.7
校对			审定						
审核								1∶1	数控车工四级试题
工艺			日期		共 页		第 页		

图 4—55　盘类零件加工图 13

14．盘类零件加工 14（见图 4—56）

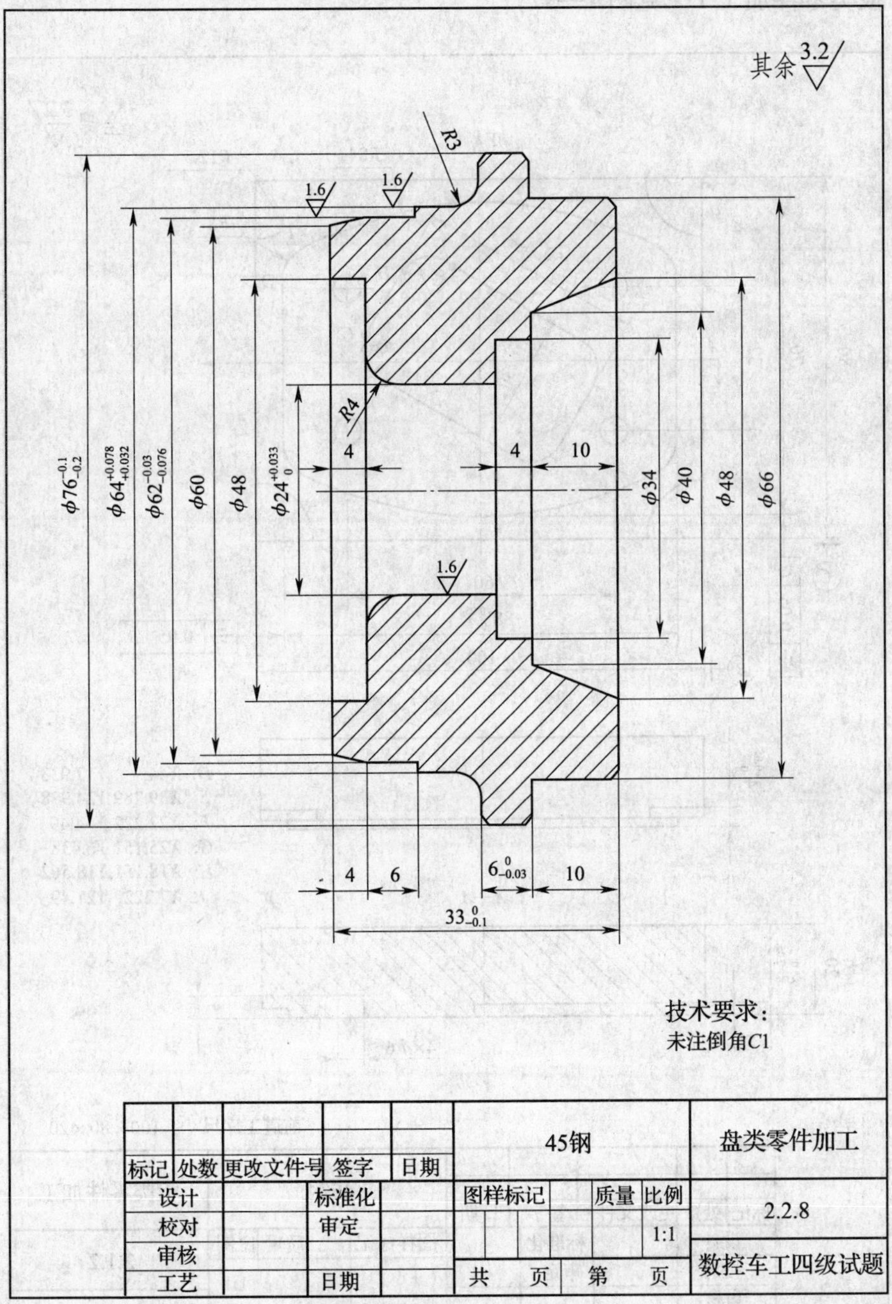

图 4—56　盘类零件加工图 14

4.2.2 数控铣床加工练习题

1. 板类零件加工 1（见图 4—57）

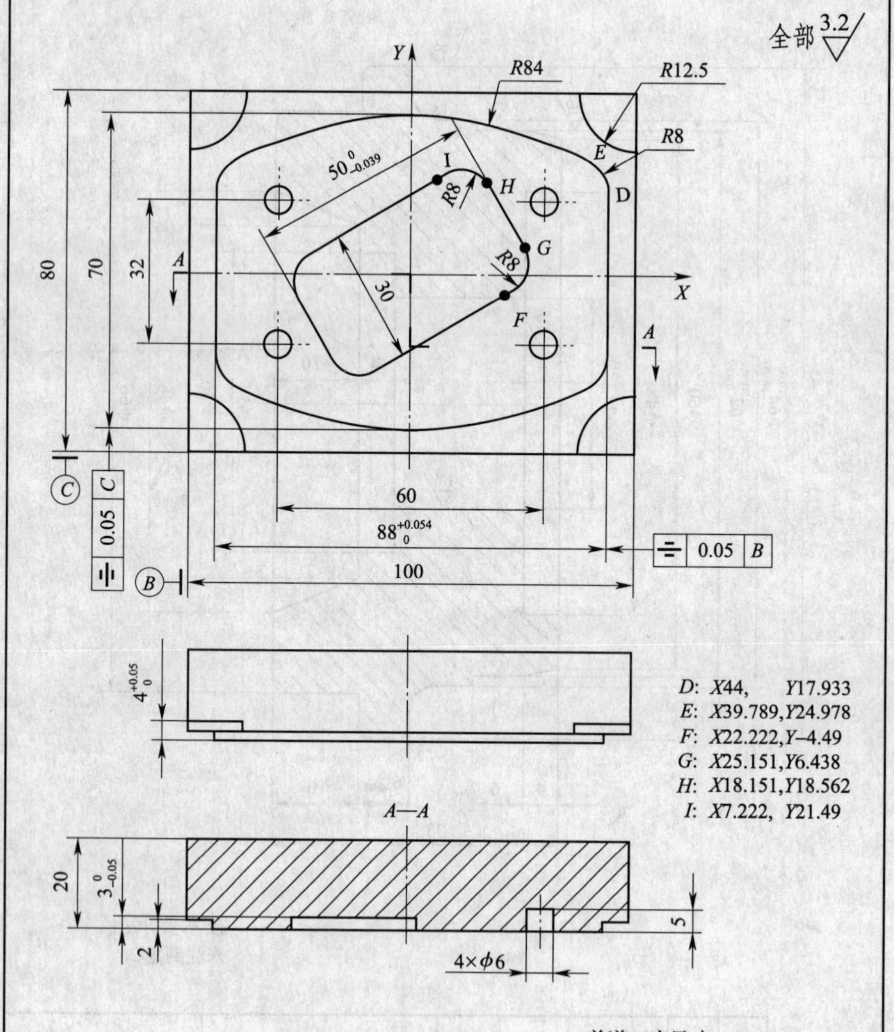

前道工序尺寸：100×80×20

					45钢			板类零件加工
标记	处数	更改文件号	签字	日期				
设计		标准化			图样标记	质量	比例	2.1.2
校对		审定						
审核							1:1	
工艺		日期			共　页	第　页		数控铣工四级试题

图 4—57　板类零件加工图 1

2. 板类零件加工 2（见图 4—58）

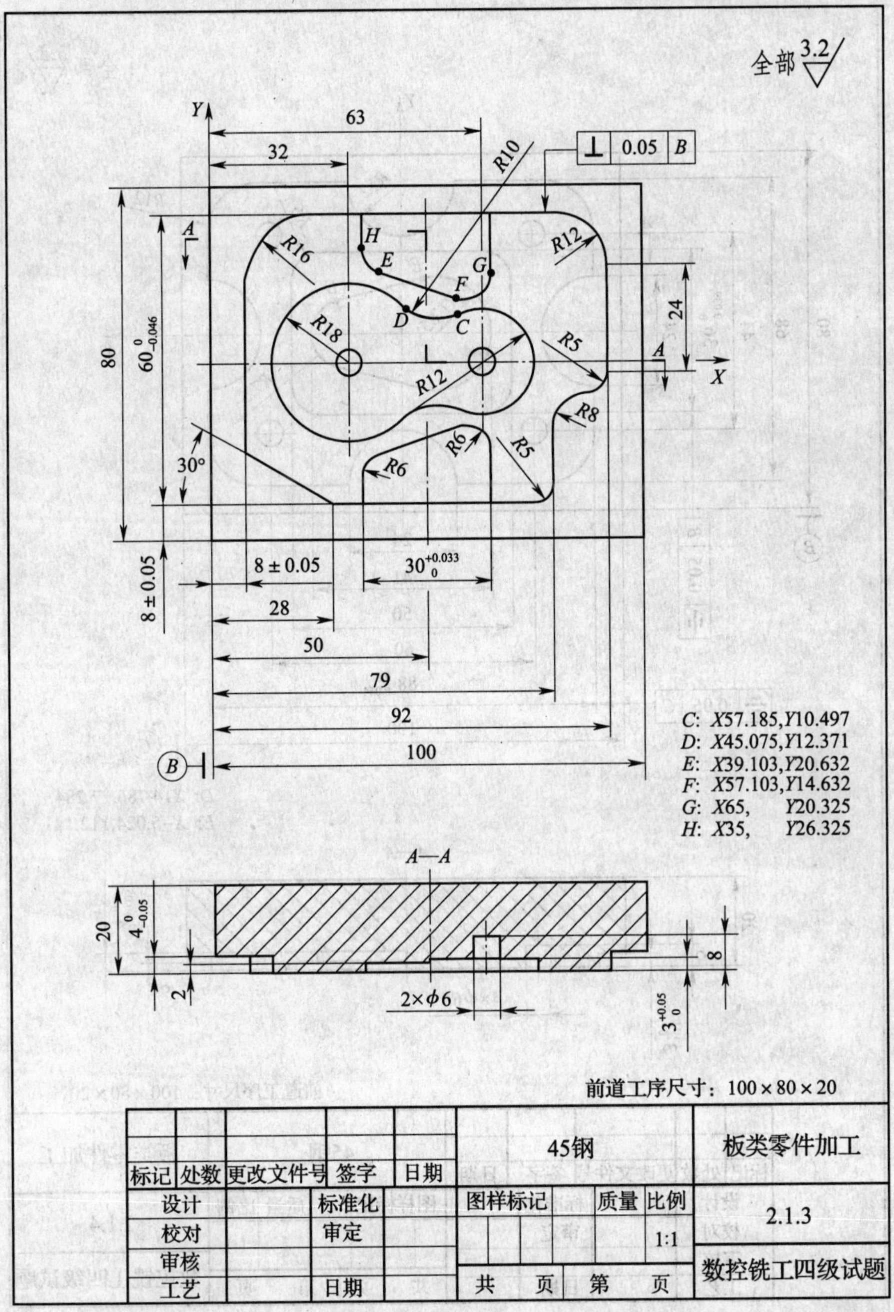

图 4—58 板类零件加工图 2

3. 板类零件加工 3（见图 4—59）

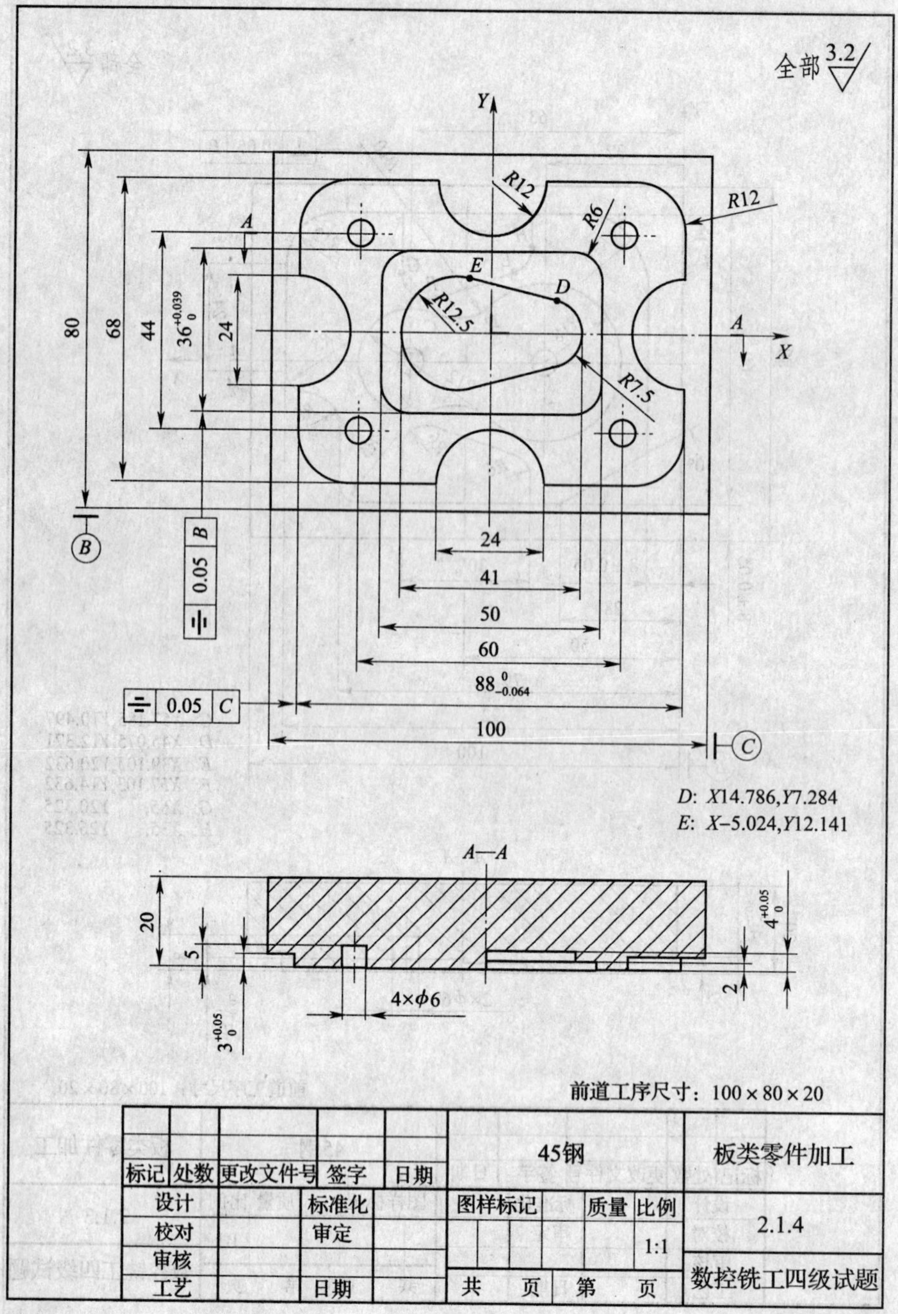

图 4—59 板类零件加工图 3

4. 板类零件加工 4（见图 4—60）

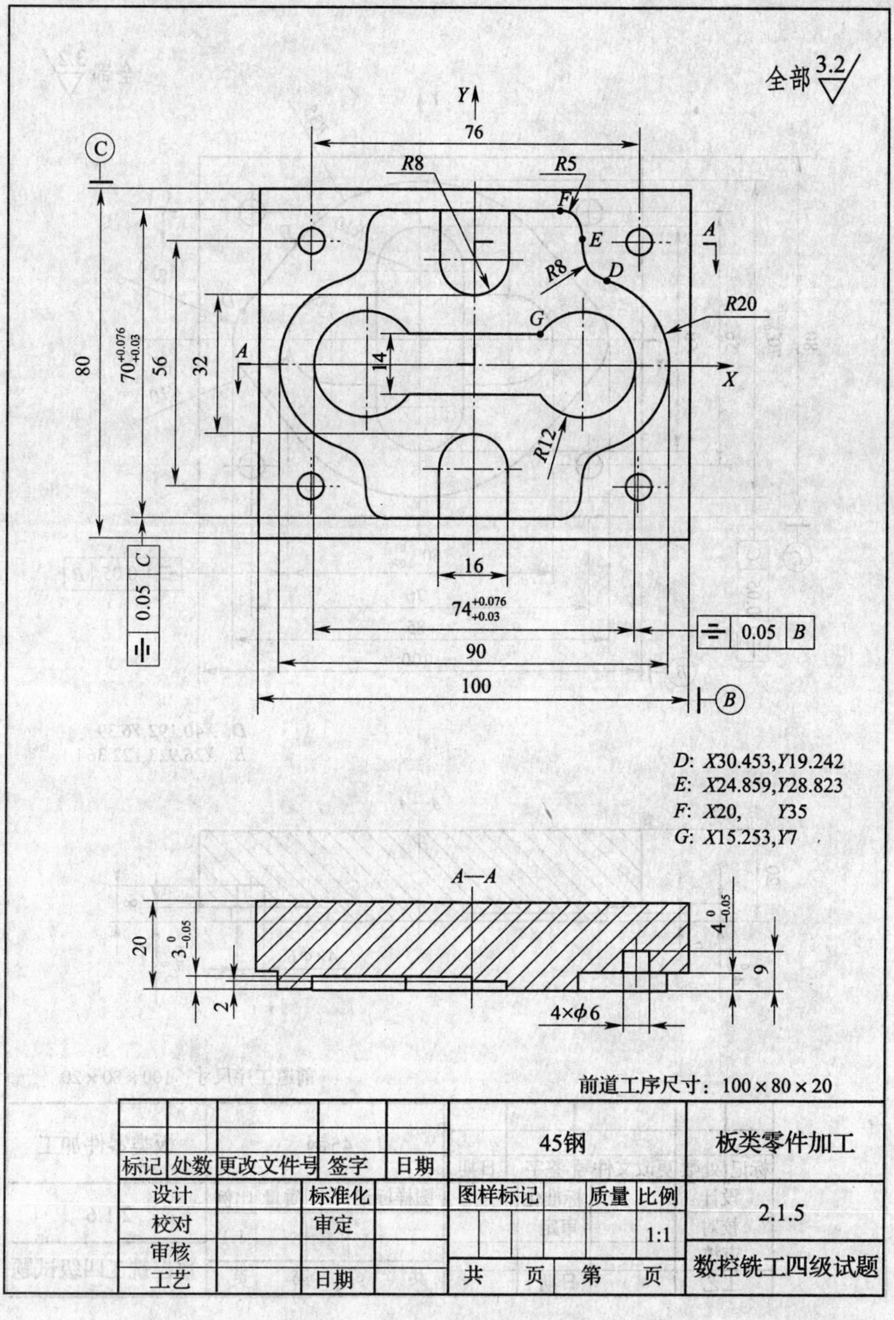

图 4—60　板类零件加工图 4

5. 板类零件加工 5（见图 4—61）

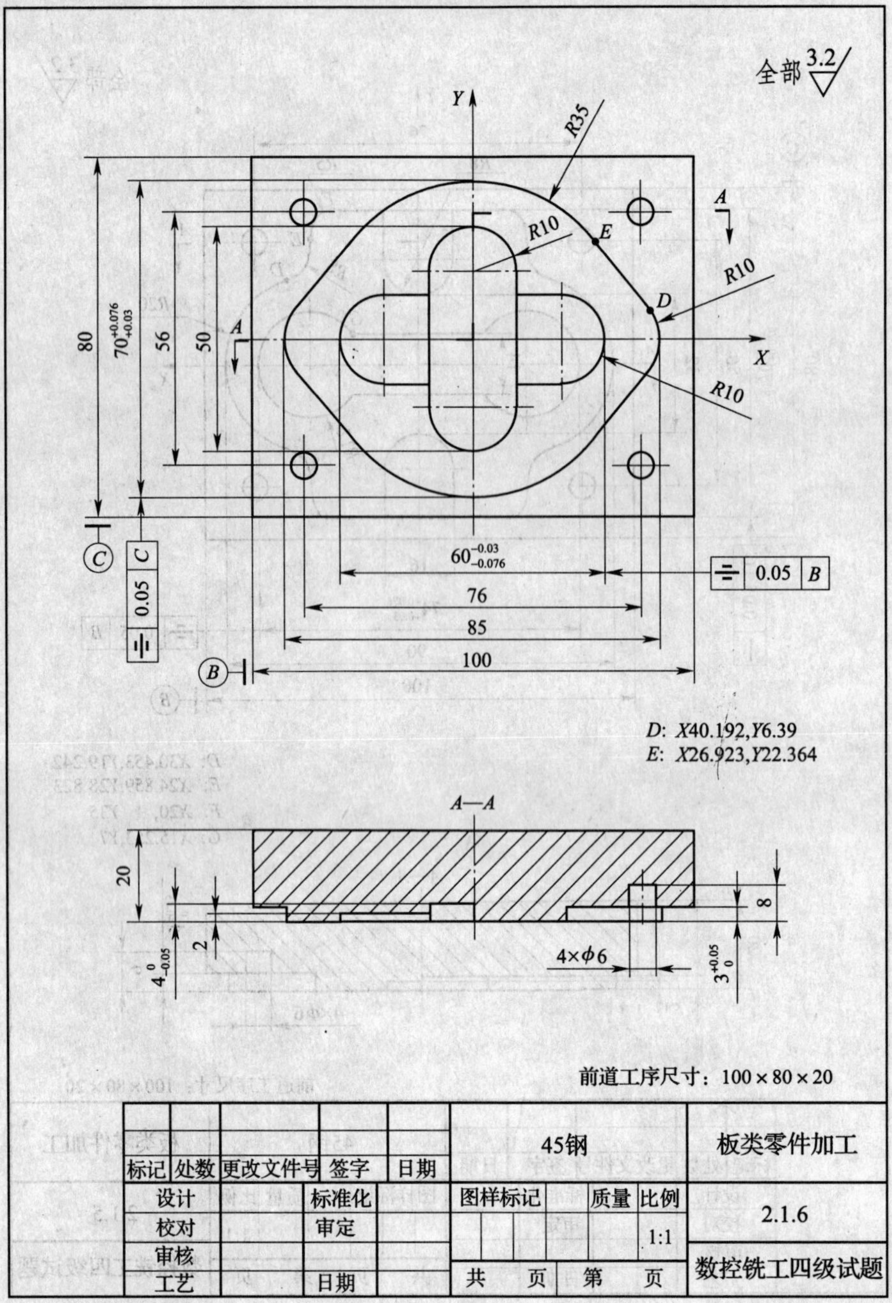

图 4—61 板类零件加工图 5

6. 板类零件加工 6（见图 4—62）

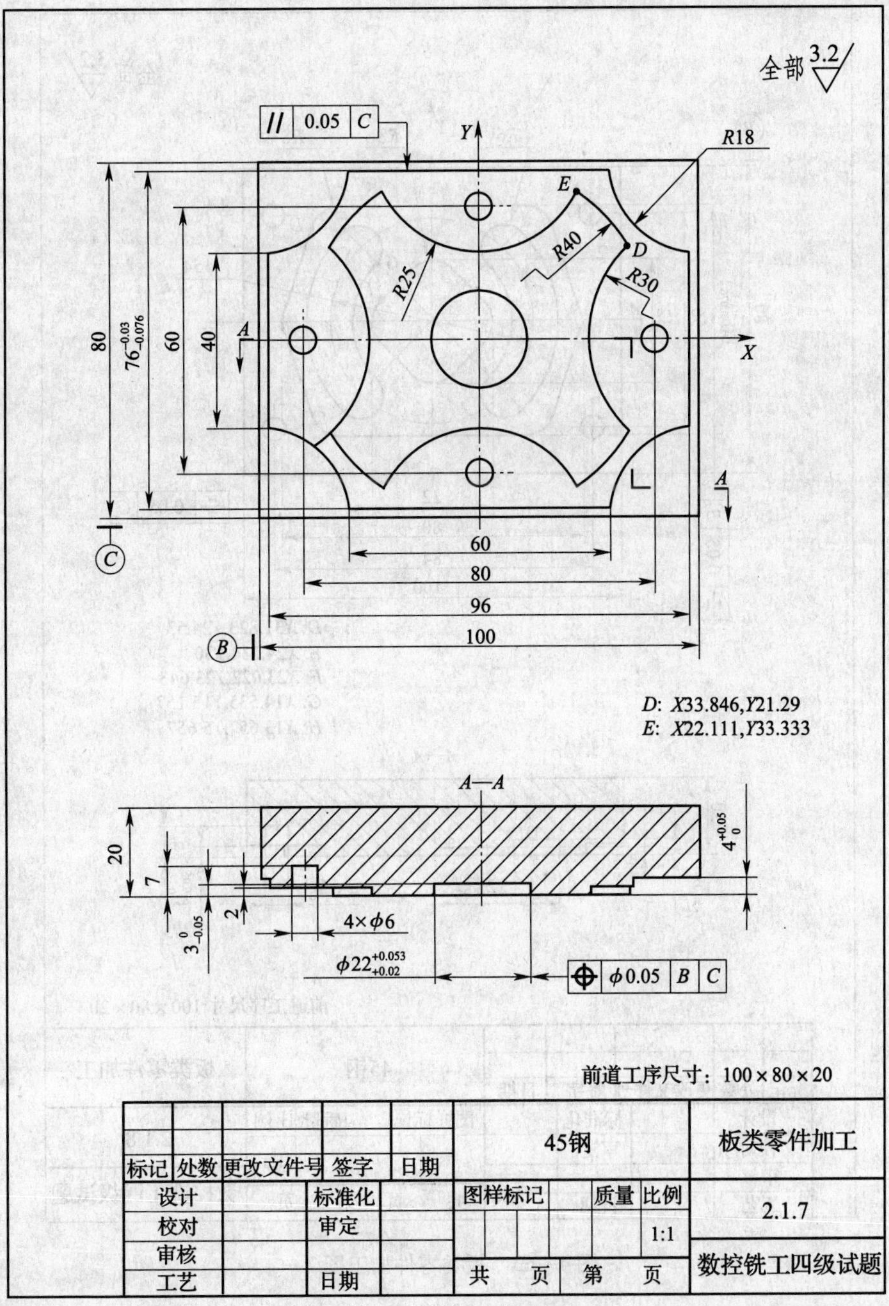

前道工序尺寸：100×80×20

					45钢			板类零件加工
标记	处数	更改文件号	签字	日期				
设计			标准化		图样标记	质量	比例	2.1.7
校对			审定				1:1	
审核								数控铣工四级试题
工艺			日期		共 页	第 页		

图 4—62　板类零件加工图 6

7. 板类零件加工 7（见图 4—63）

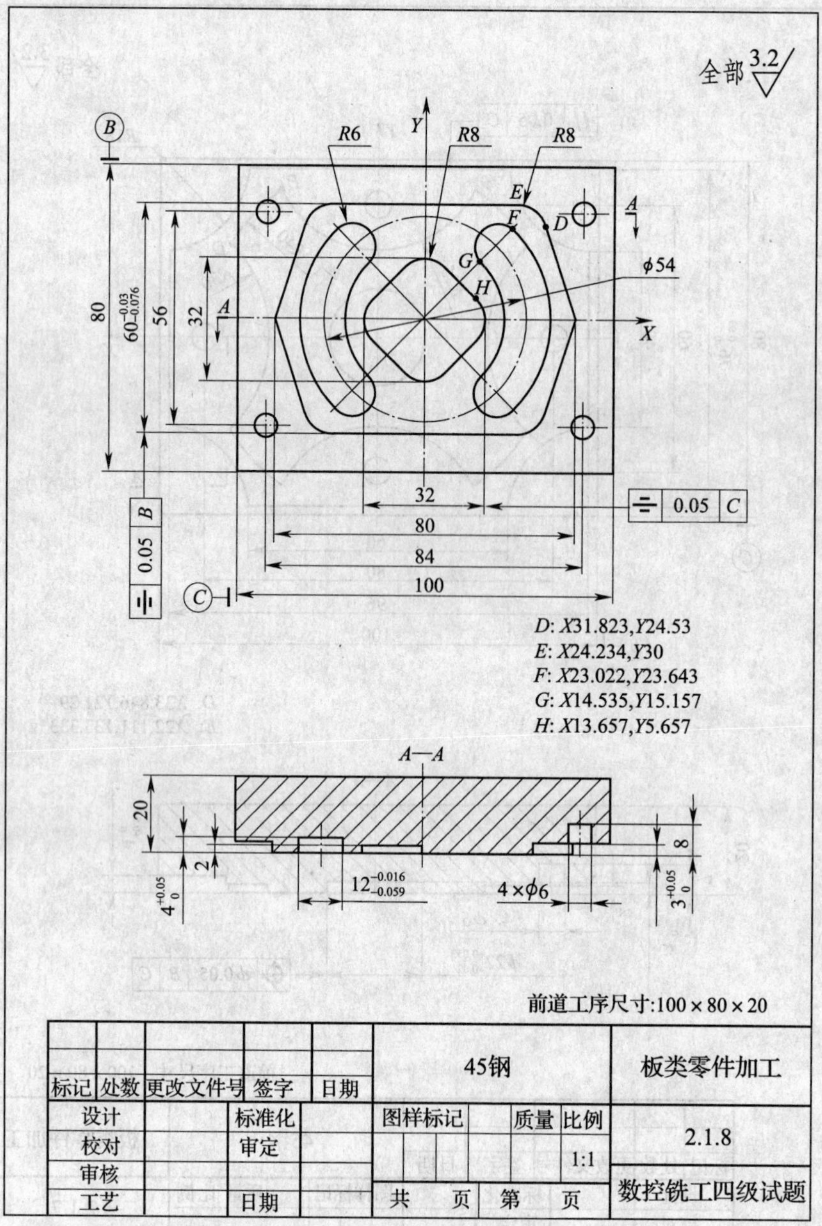

图 4—63 板类零件加工图 7

8. 盘类零件加工 8（见图 4—64）

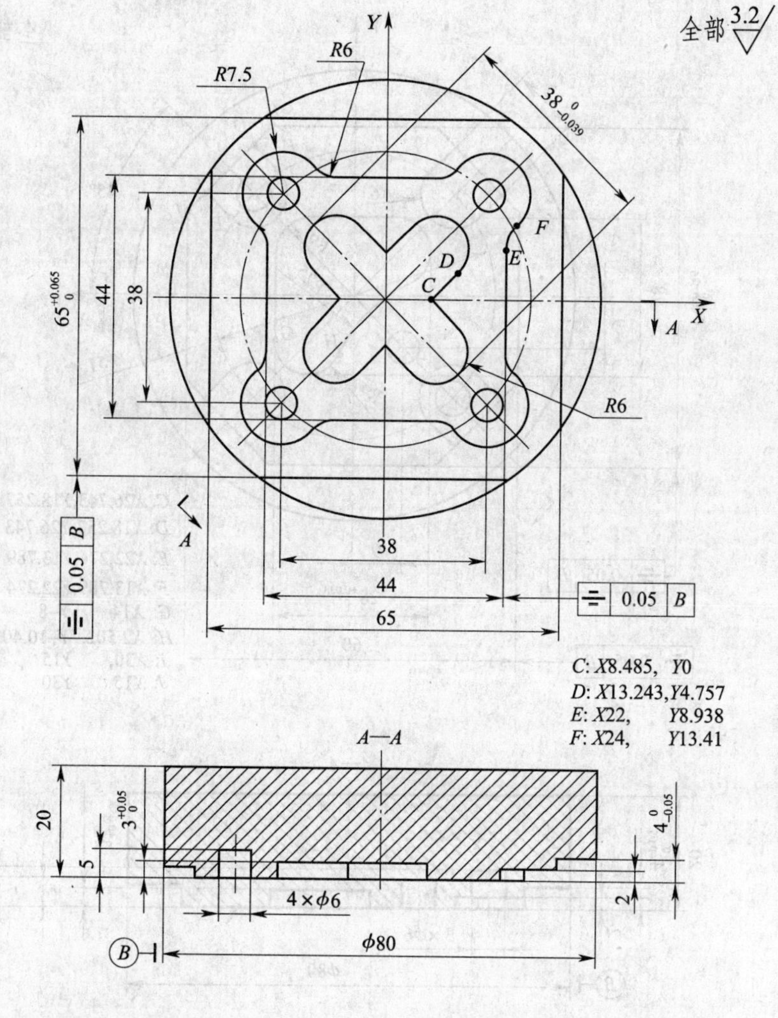

前道工序尺寸：ϕ80×20

					45钢			盘类零件加工
标记	处数	更改文件号	签字	日期				
设计		标准化			图样标记	质量	比例	2.2.2
校对		审定					1:1	
审核								数控铣工四级试题
工艺		日期			共　页	第　页		

图 4—64　盘类零件加工图 8

9. 盘类零件加工 9（见图 4—65）

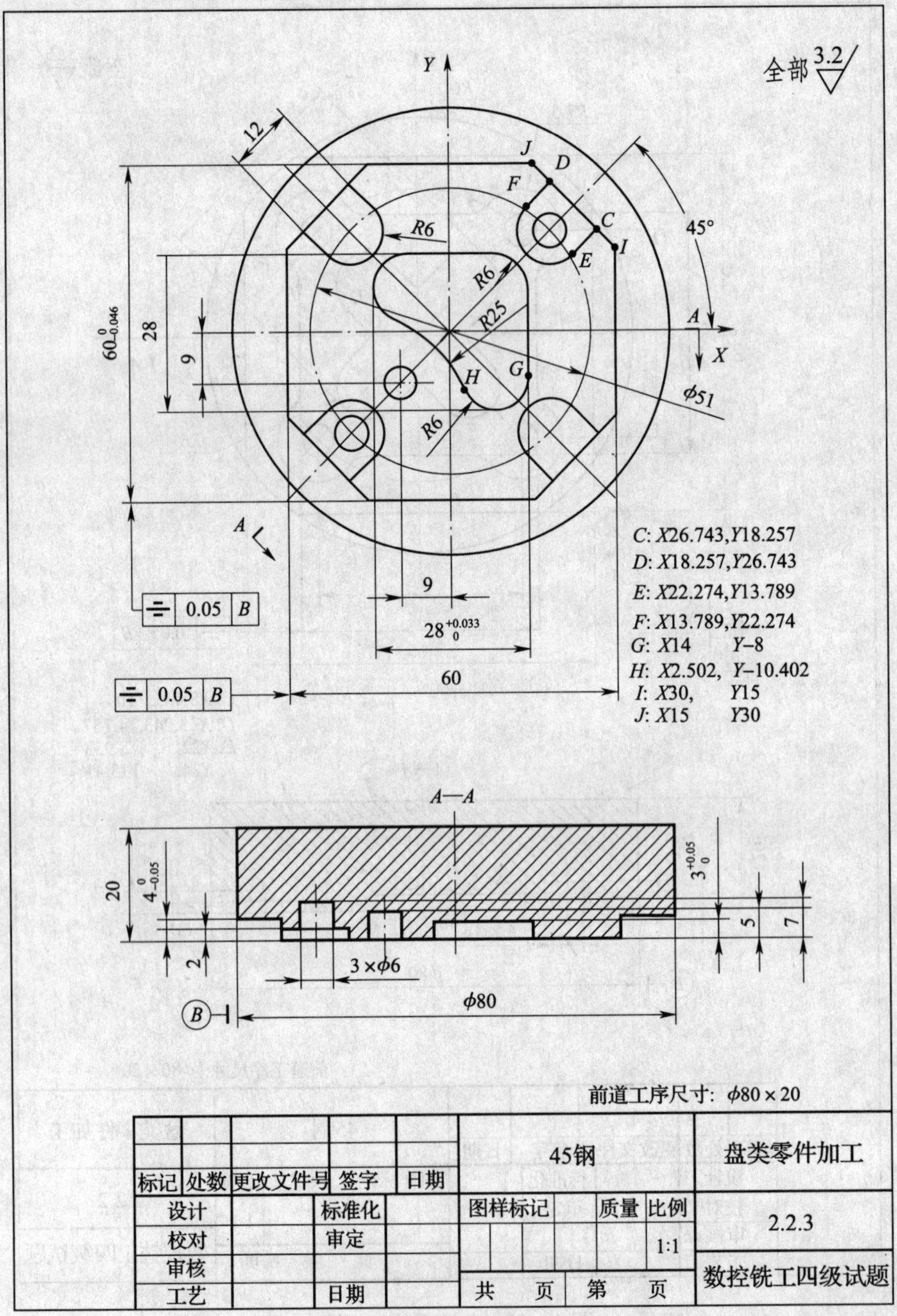

图 4—65 盘类零件加工图 9

10．盘类零件加工 10（见图 4—66）

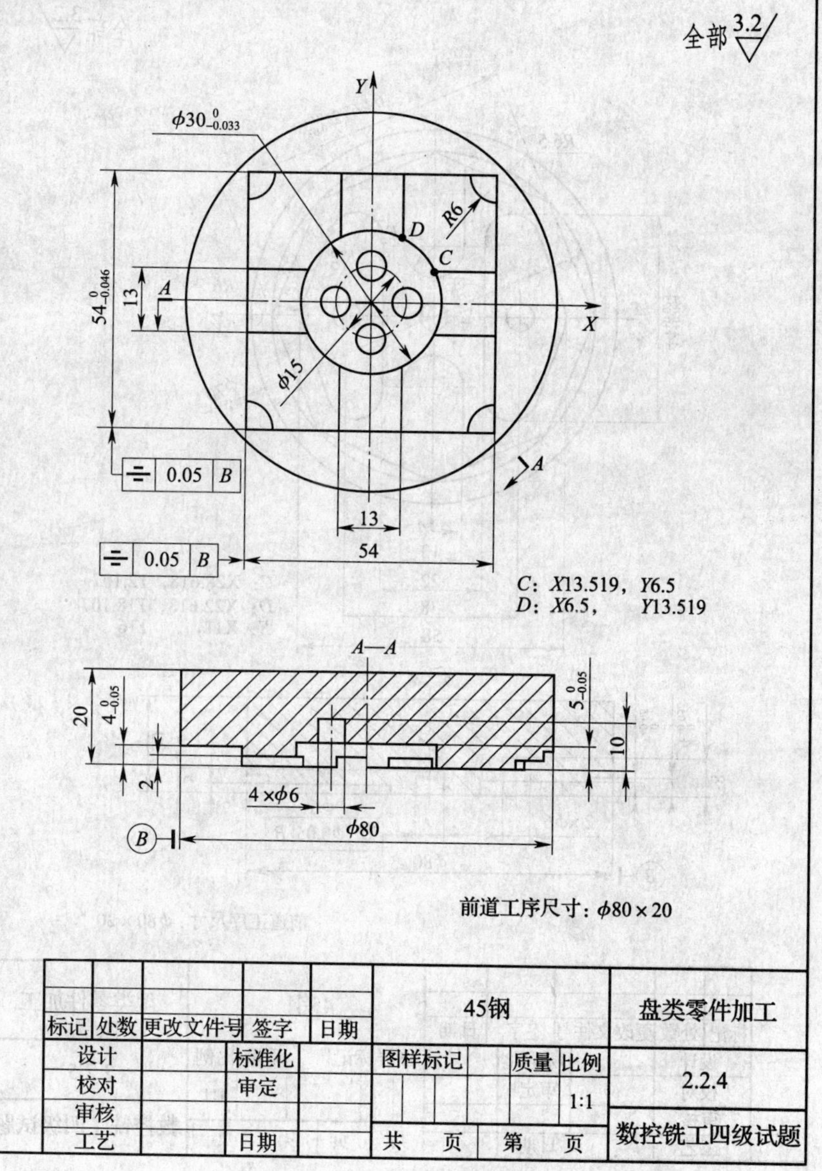

					45钢			盘类零件加工
标记	处数	更改文件号	签字	日期				
设计		标准化			图样标记	质量	比例	2.2.4
校对		审定					1:1	
审核								
工艺		日期			共　页	第　页		数控铣工四级试题

图 4—66　盘类零件加工图 10

11. 盘类零件加工 11（见图 4—67）

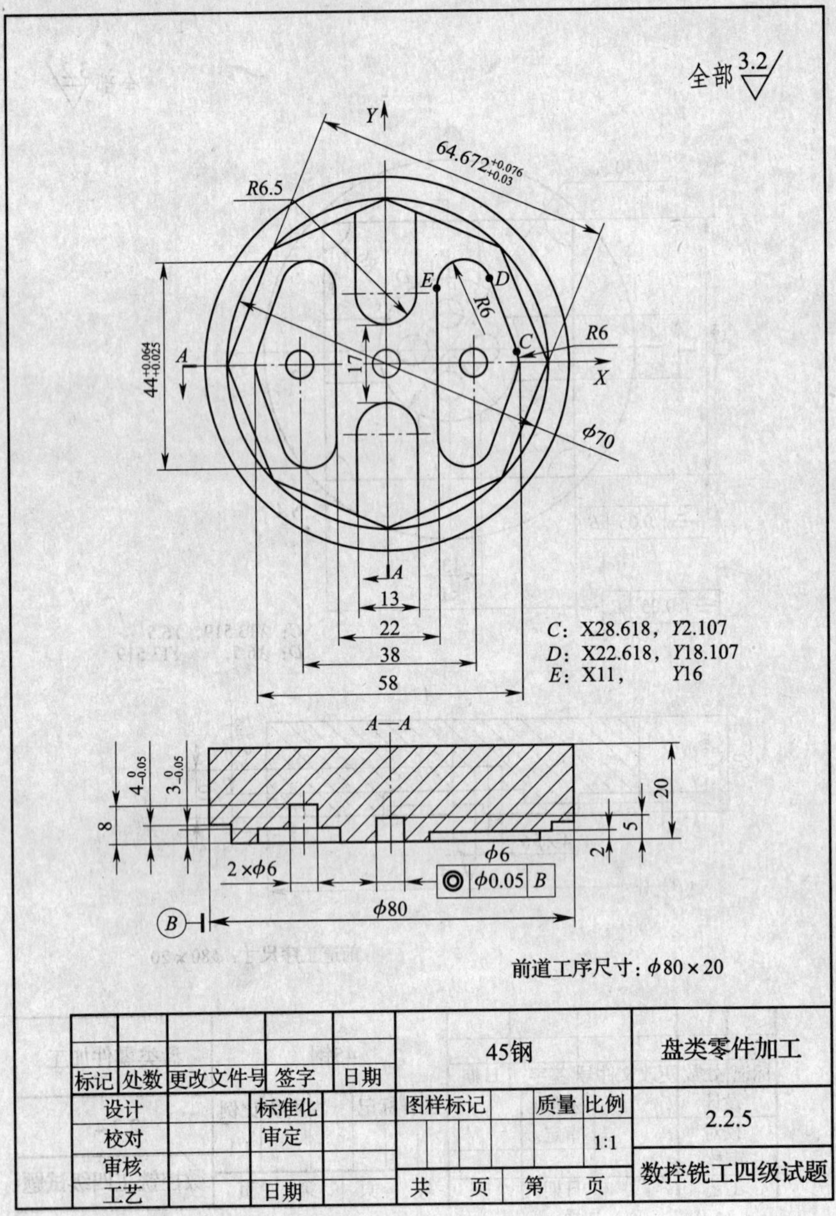

标记	处数	更改文件号	签字	日期	45钢	盘类零件加工
设计		标准化		图样标记 / 质量 / 比例		2.2.5
校对		审定			1:1	
审核						数控铣工四级试题
工艺		日期		共 页 第 页		

图 4—67　盘类零件加工图 11

12. 盘类零件加工 12（见图 4—68）

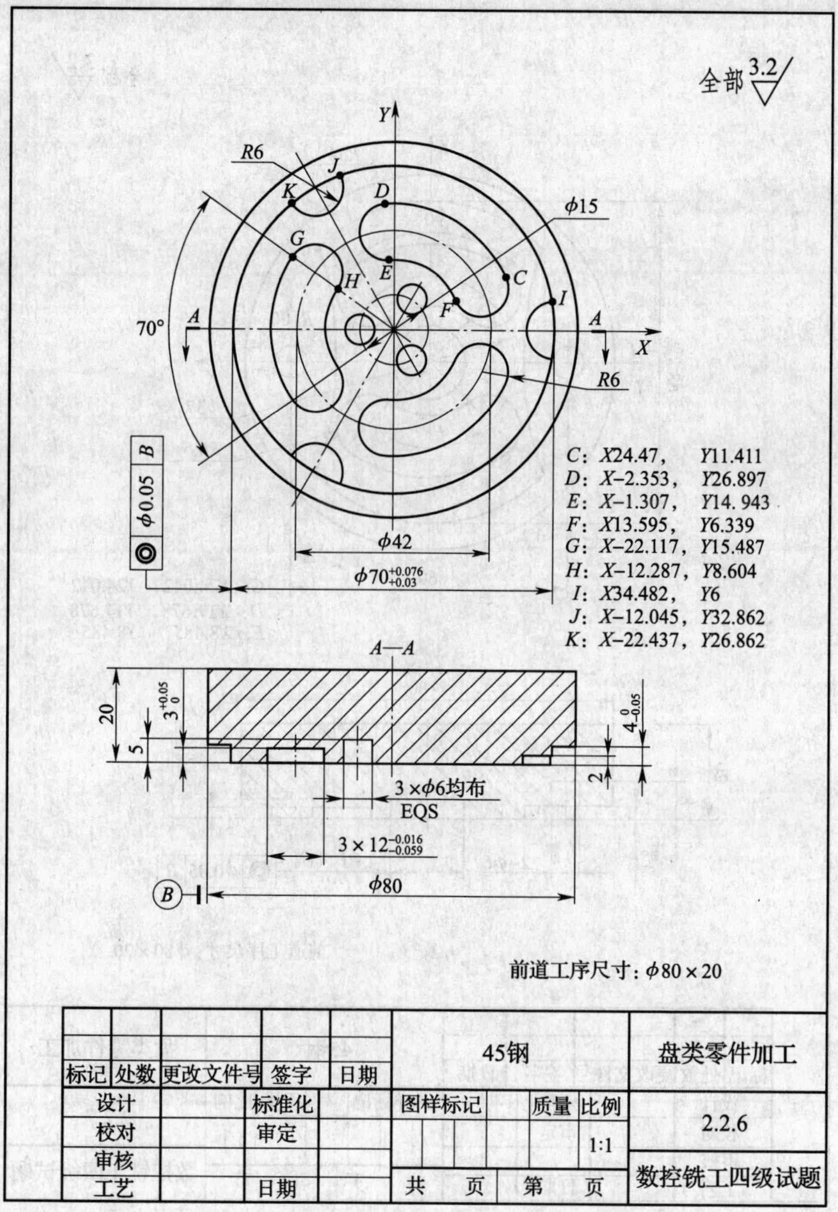

图 4—68 盘类零件加工图 12

13．盘类零件加工 13（见图 4—69）

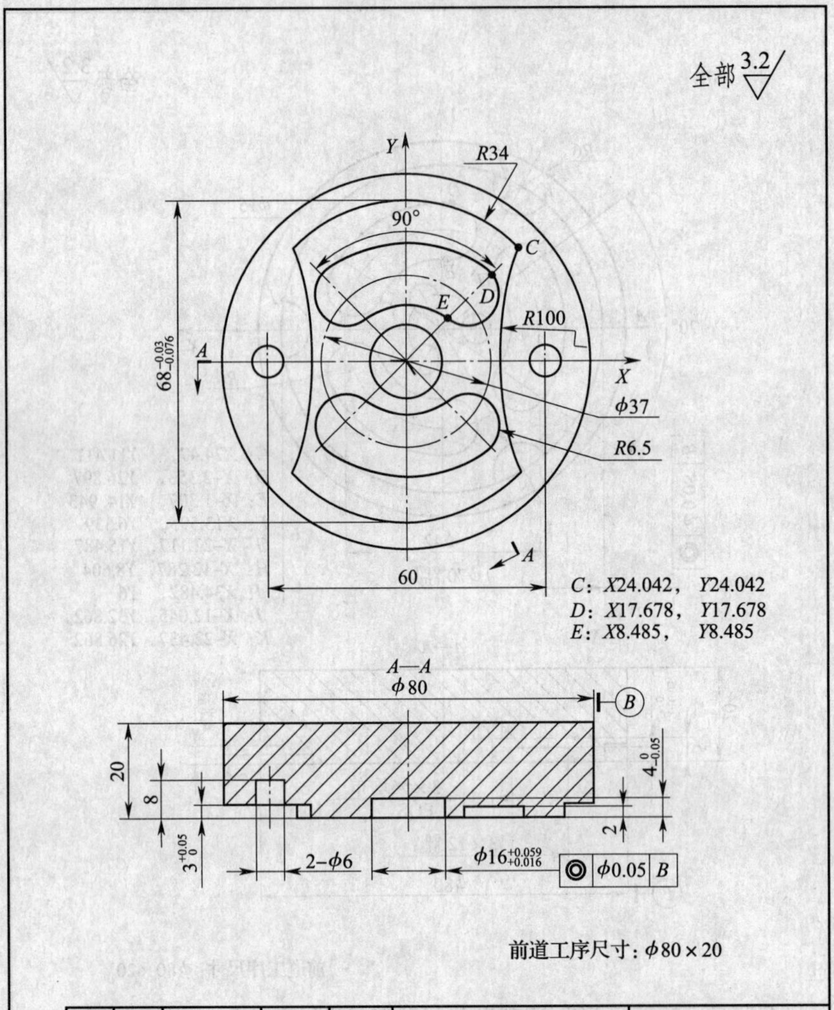

					45钢			盘类零件加工
标记	处数	更改文件号	签字	日期				
设计			标准化		图样标记	质量	比例	2.2.7
校对			审定				1:1	
审核								数控铣工四级试题
工艺			日期		共　页	第　页		

图 4—69　盘类零件加工图 13

14．盘类零件加工 14（见图 4—70）

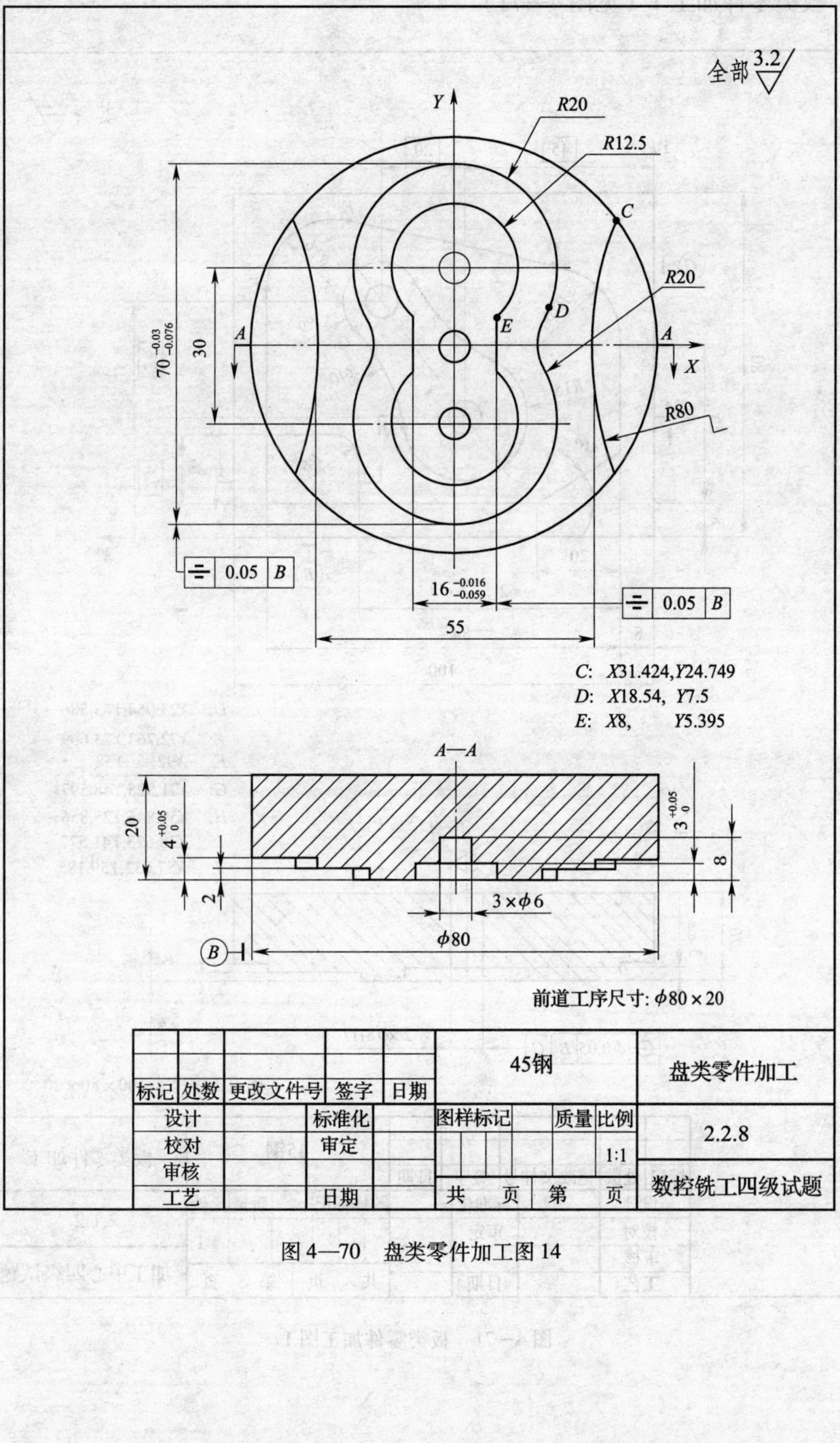

图 4—70　盘类零件加工图 14

4.2.3 加工中心加工练习题

1. 板类零件加工 1（见图 4—71）

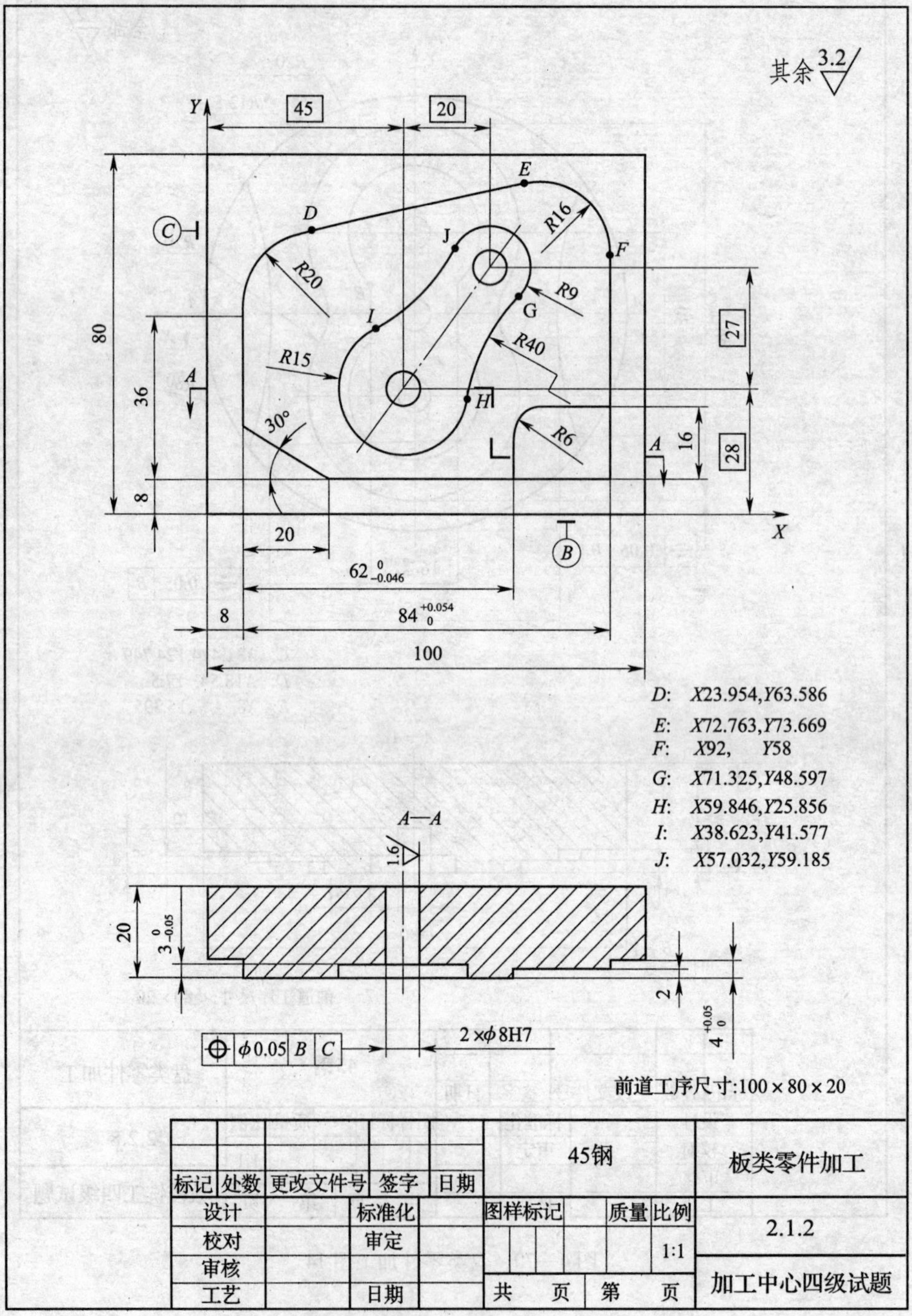

图 4—71 板类零件加工图 1

2. 板类零件加工 2（见图 4—72）

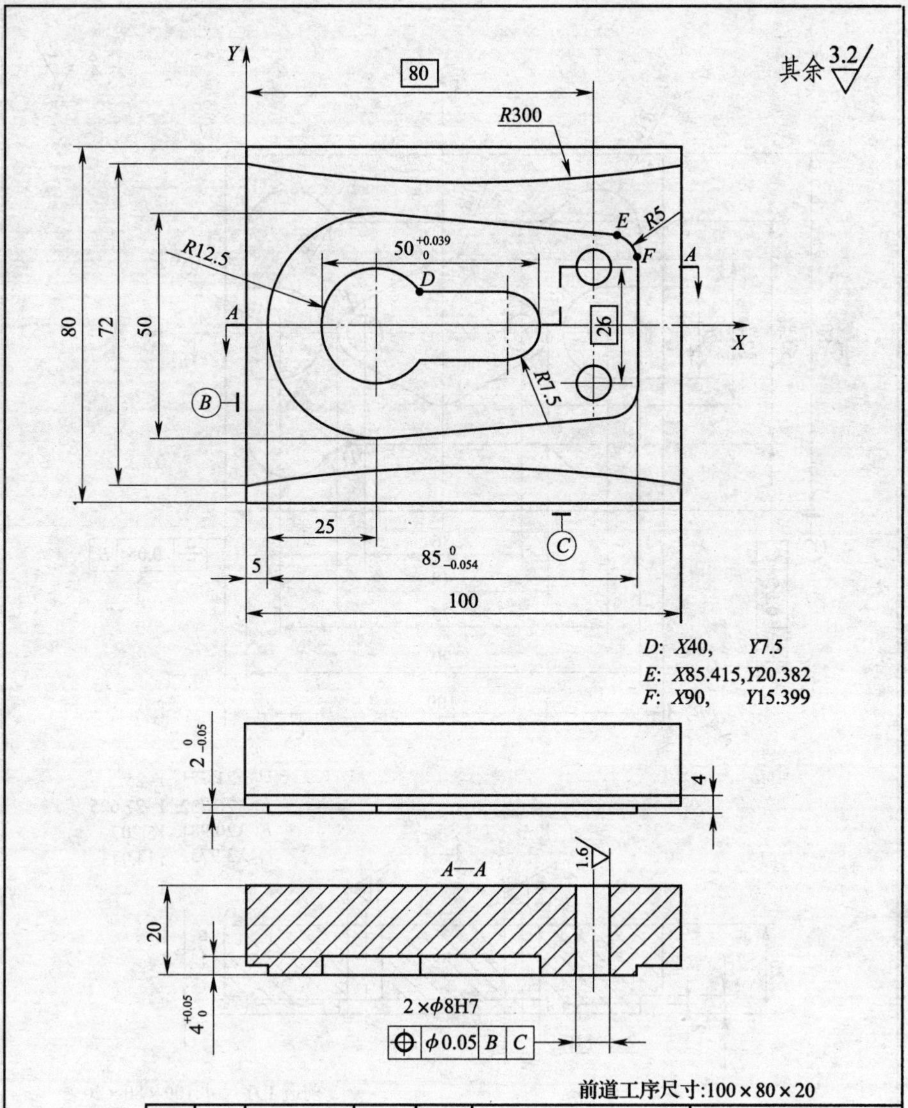

					45钢			板类零件加工
标记	处数	更改文件号	签字	日期				
设计		标准化			图样标记	质量	比例	2.1.3
校对		审定					1:1	
审核								加工中心四级试题
工艺		日期			共　页	第	页	

图 4—72　板类零件加工图 2

3. 板类零件加工 3（见图 4—73）

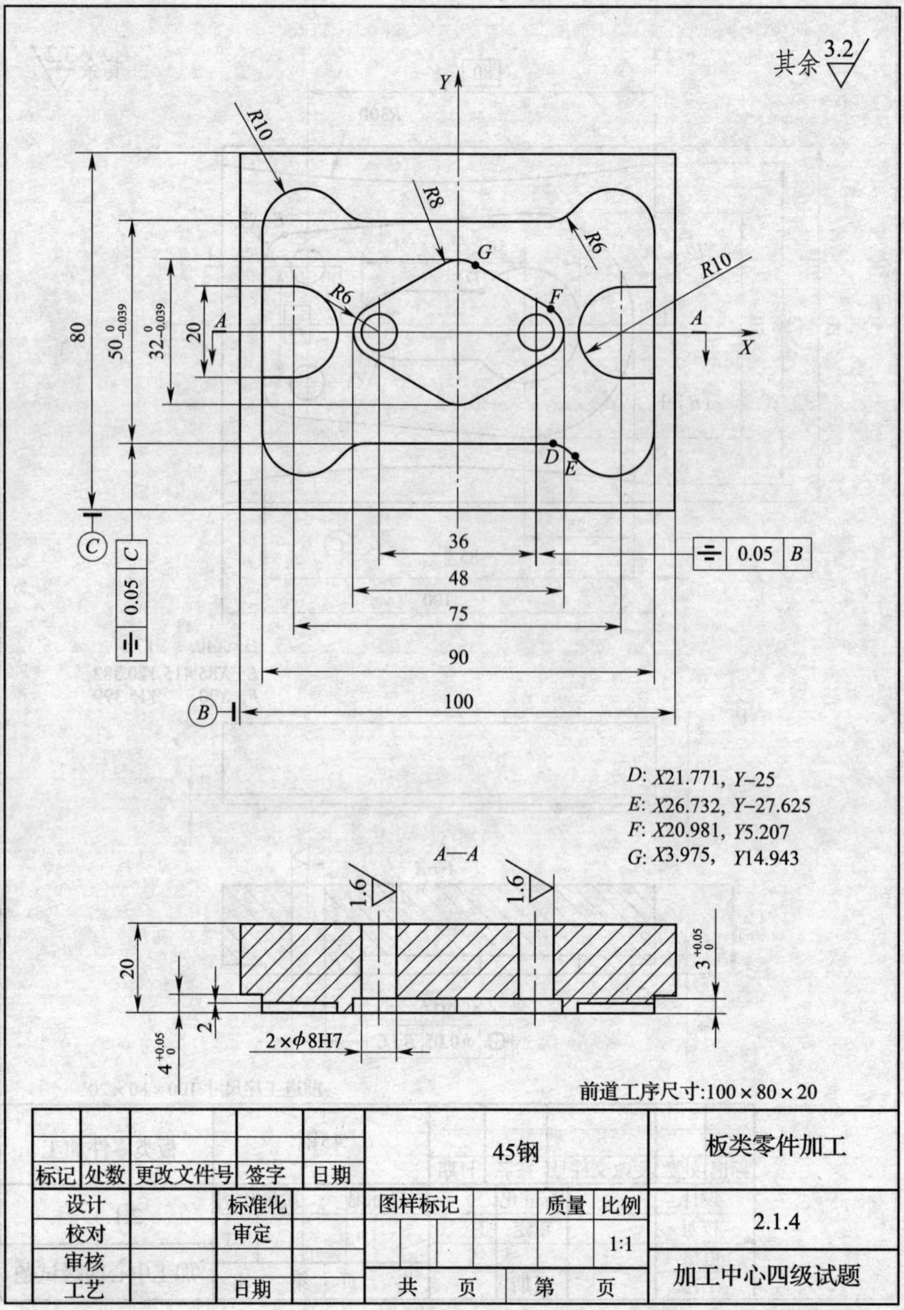

图 4—73 板类零件加工图 3

4. 板类零件加工 4（见图 4—74）

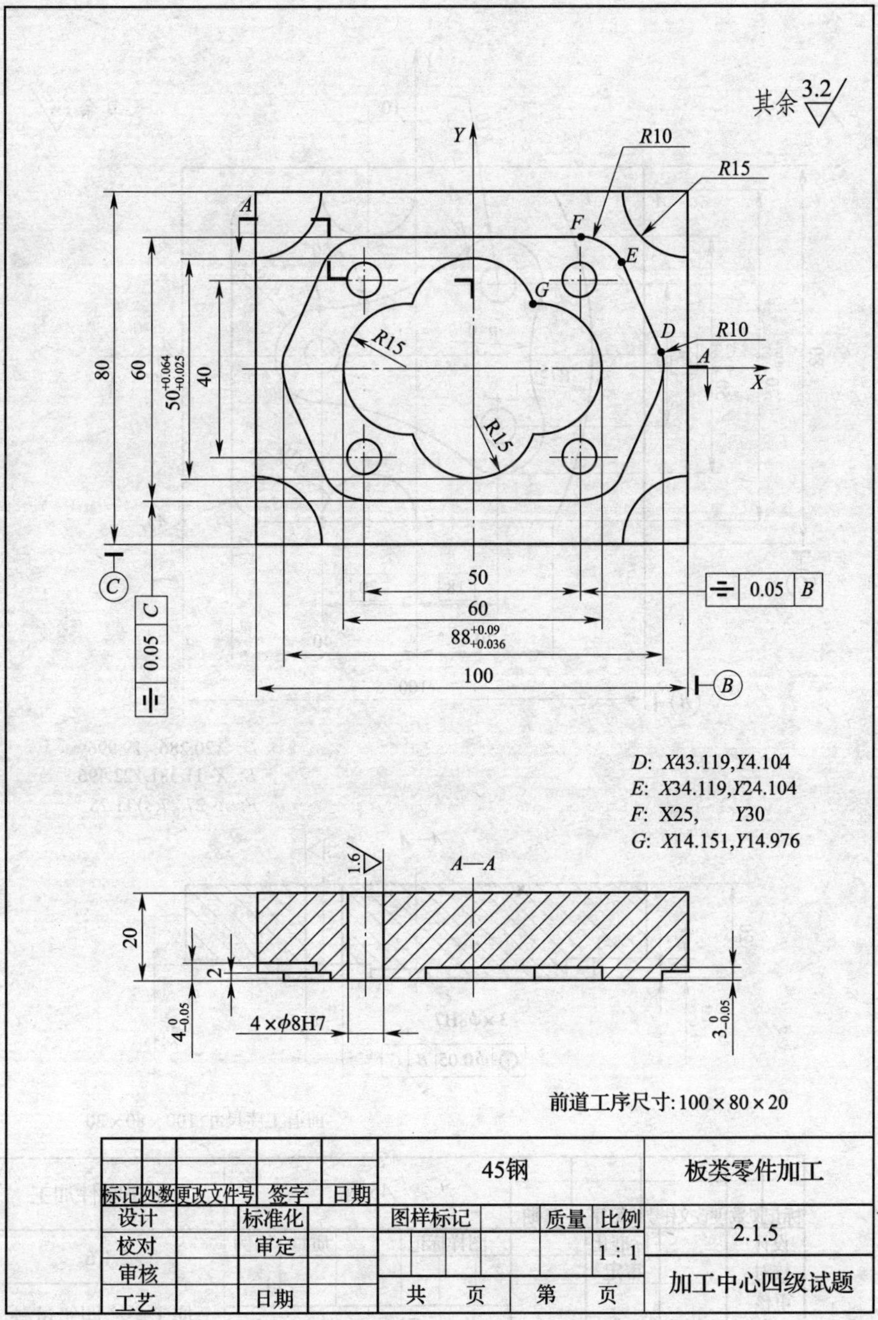

图 4—74　板类零件加工图 4

5. 板类零件加工 5（见图 4—75）

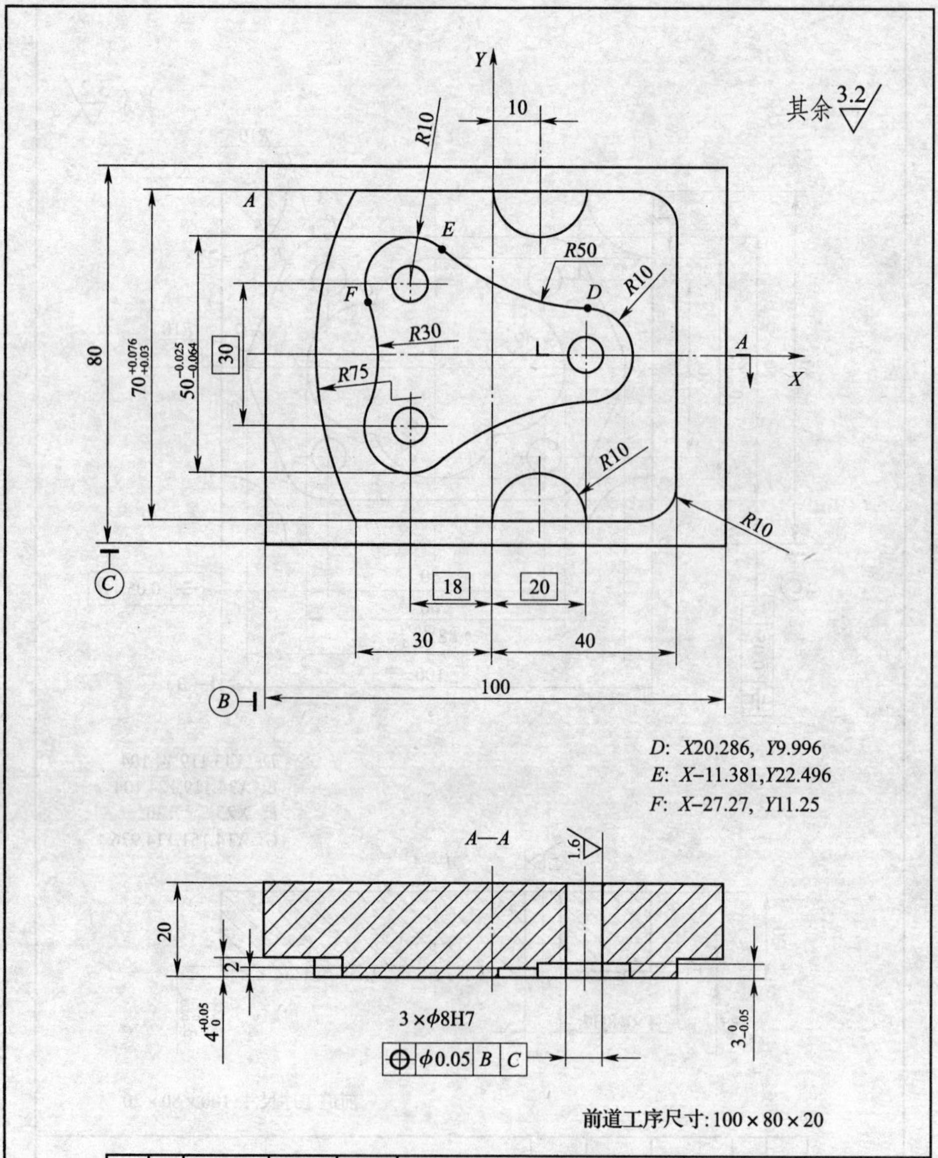

标记 处数	更改文件号	签字	日期	45钢		板类零件加工
设计	标准化		图样标记	质量	比例	2.1.6
校对	审定				1∶1	
审核						加工中心四级试题
工艺	日期		共 页	第 页		

图 4—75 板类零件加工图 5

6. 板类零件加工 6（见图 4—76）

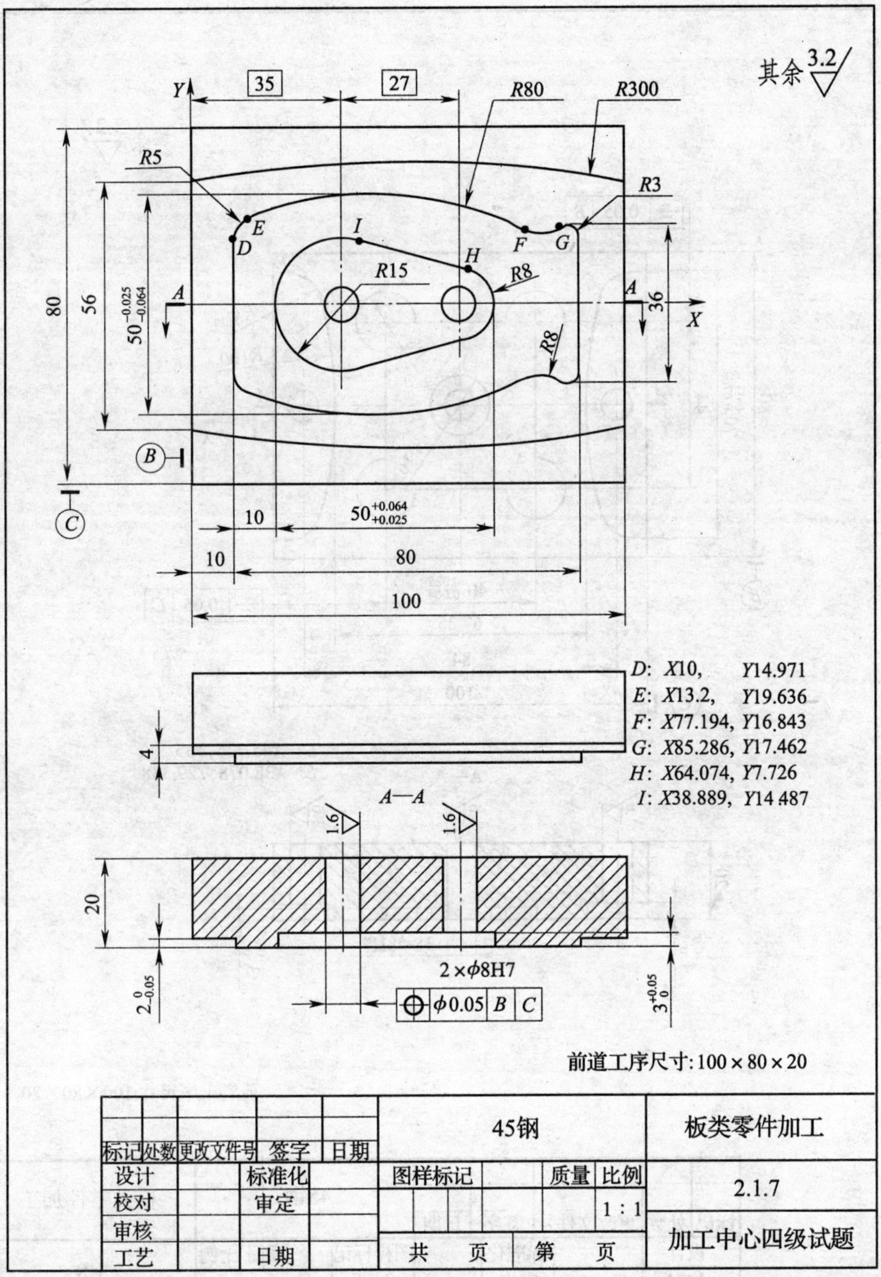

图 4—76　板类零件加工图 6

7. 板类零件加工 7（见图 4—77）

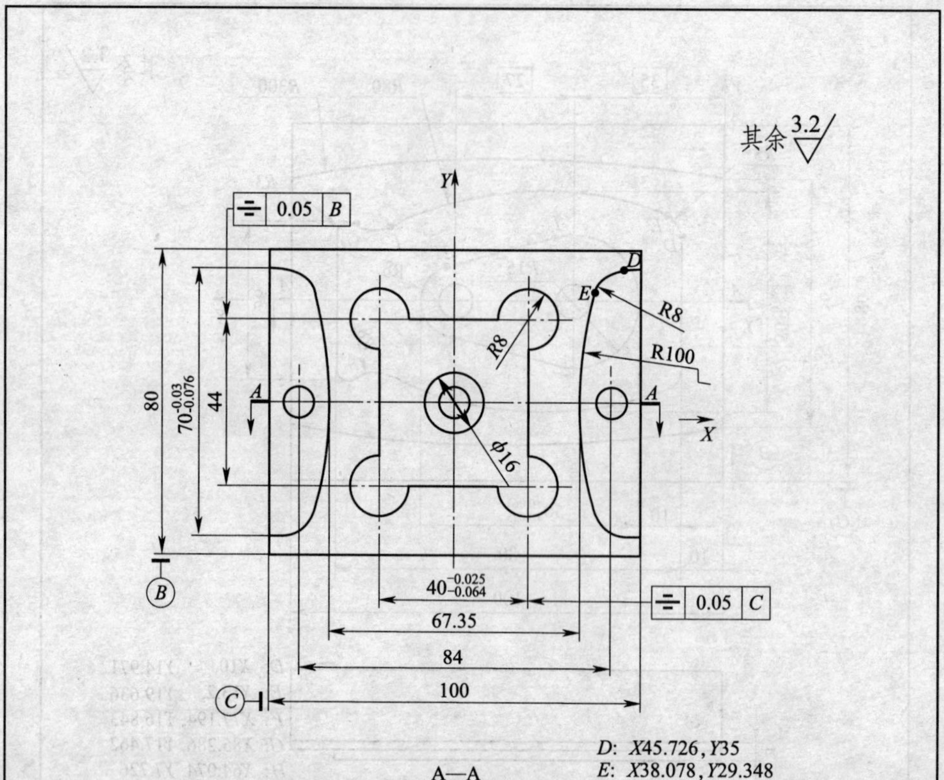

图 4—77　板类零件加工图 7

8. 盘类零件加工 8（见图 4—78）

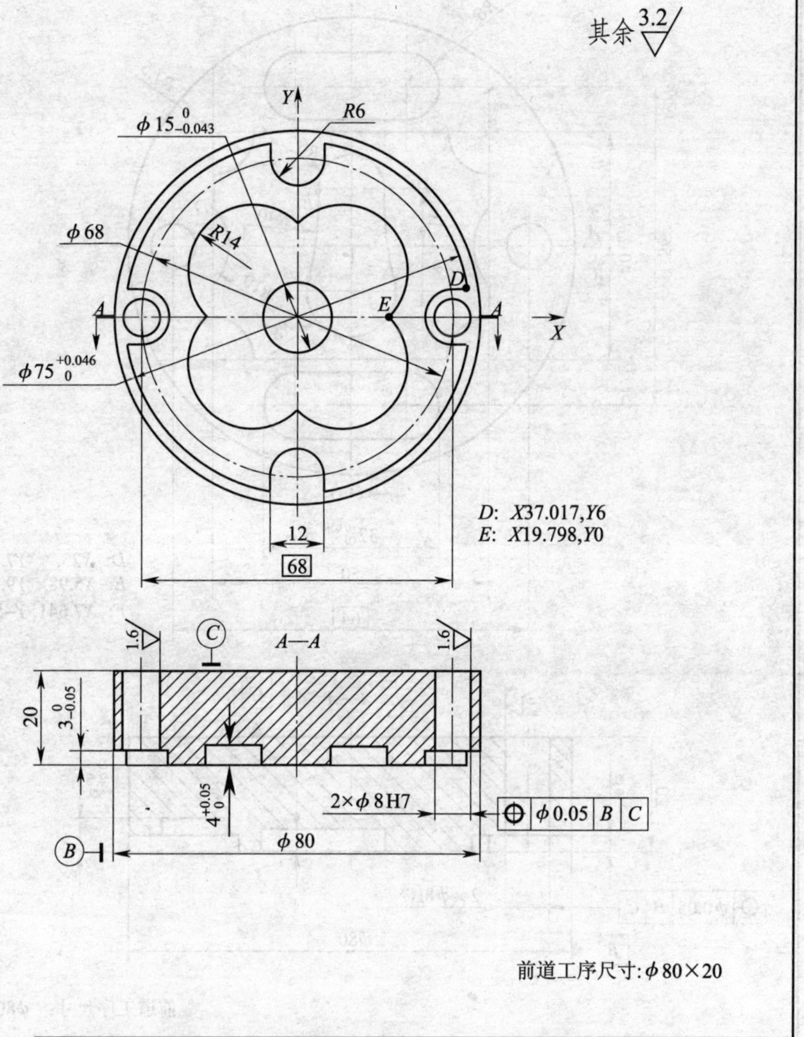

					45钢			盘类零件加工
标记	处数	更改文件号	签字	日期				
设计		标准化			图样标记	质量	比例	2.2.2
校对		审定					1:1	
审核								
工艺		日期			共 页	第 页		加工中心四级试题

图 4—78　盘类零件加工图 8

9. 盘类零件加工 9（见图 4—79）

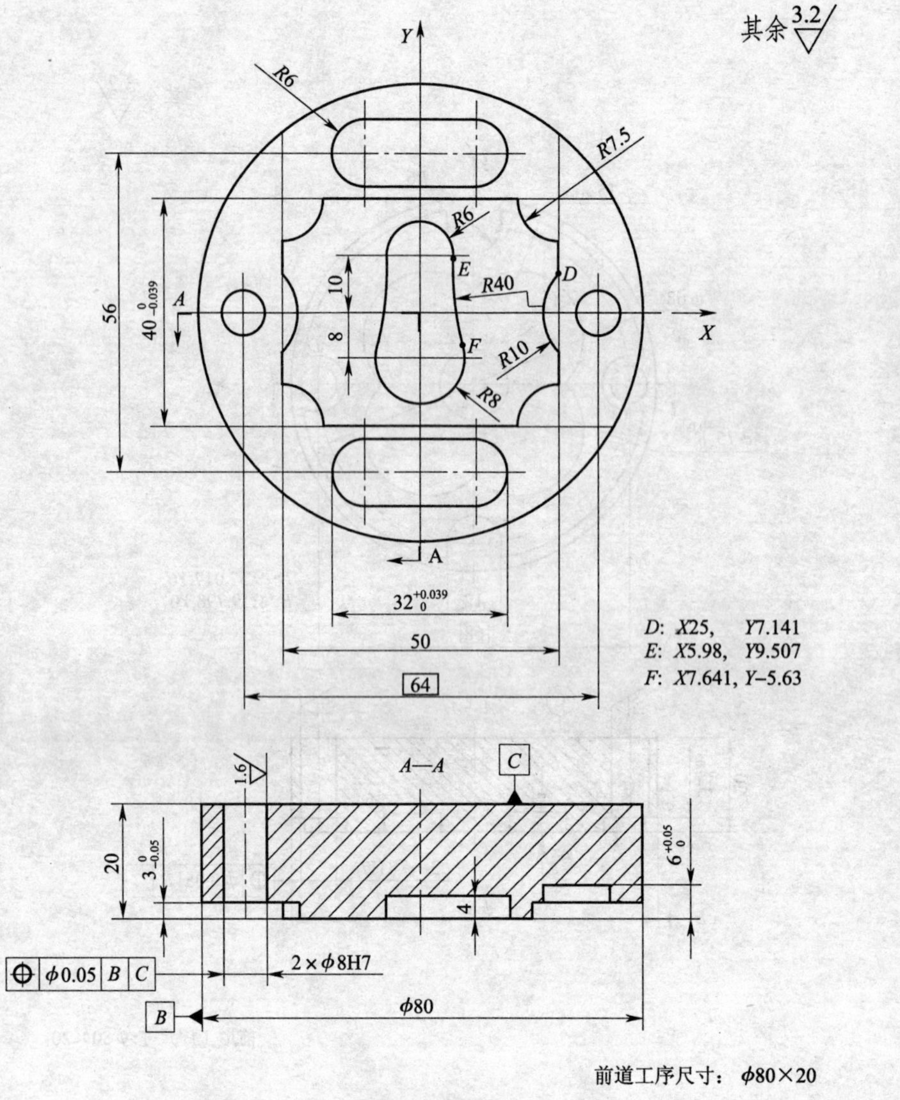

					45钢			盘类零件加工
标记	处数	更改文件号	签字	日期				
设计		标准化			图样标记	质量	比例	2.2.3
校对		审定					1:1	
审核								加工中心四级试题
工艺		日期			共 页	第 页		

图 4—79 盘类零件加工图 9

10. 盘类零件加工 10（见图 4—80）

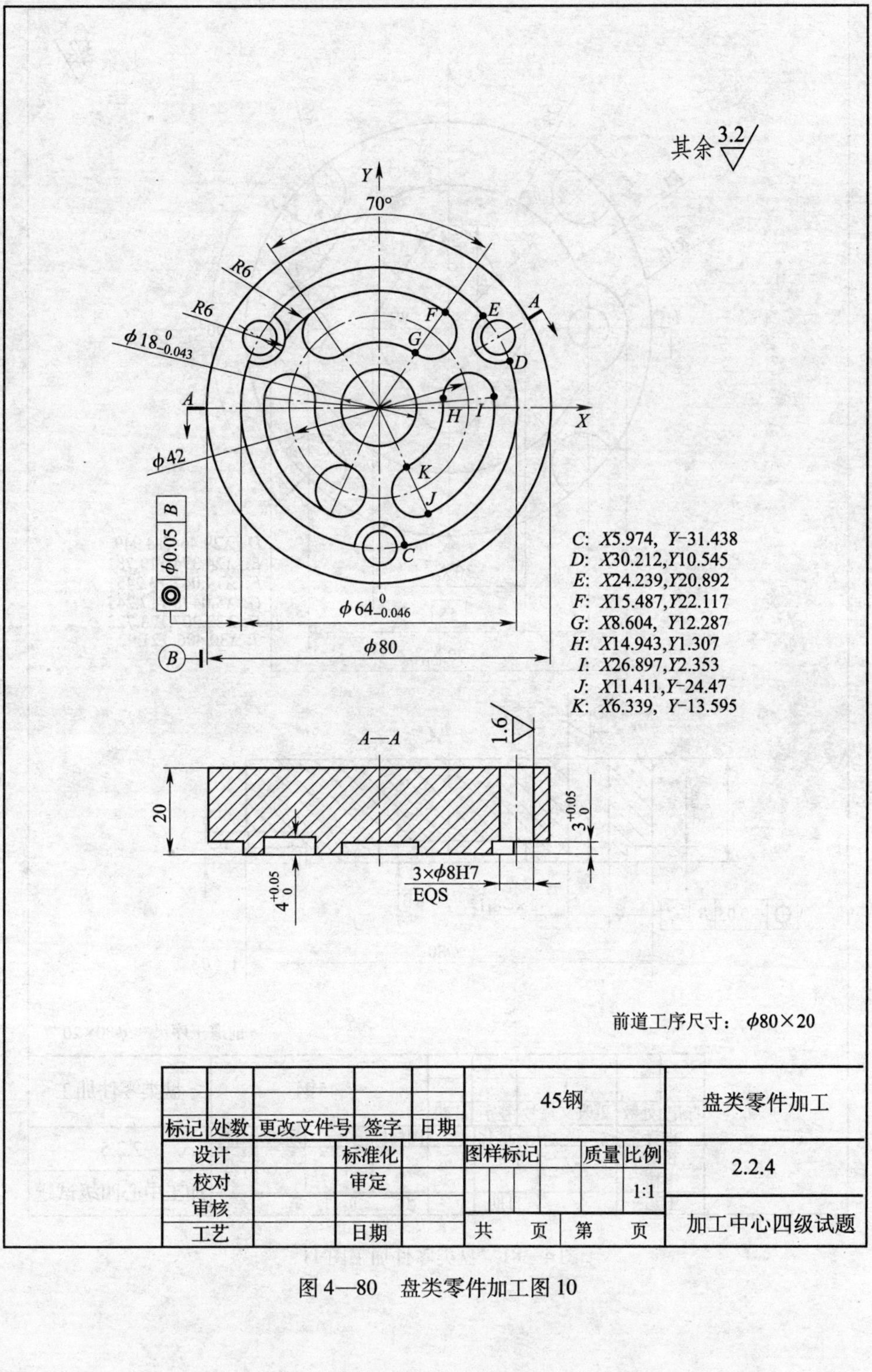

图 4—80　盘类零件加工图 10

11．盘类零件加工 11（见图 4—81）

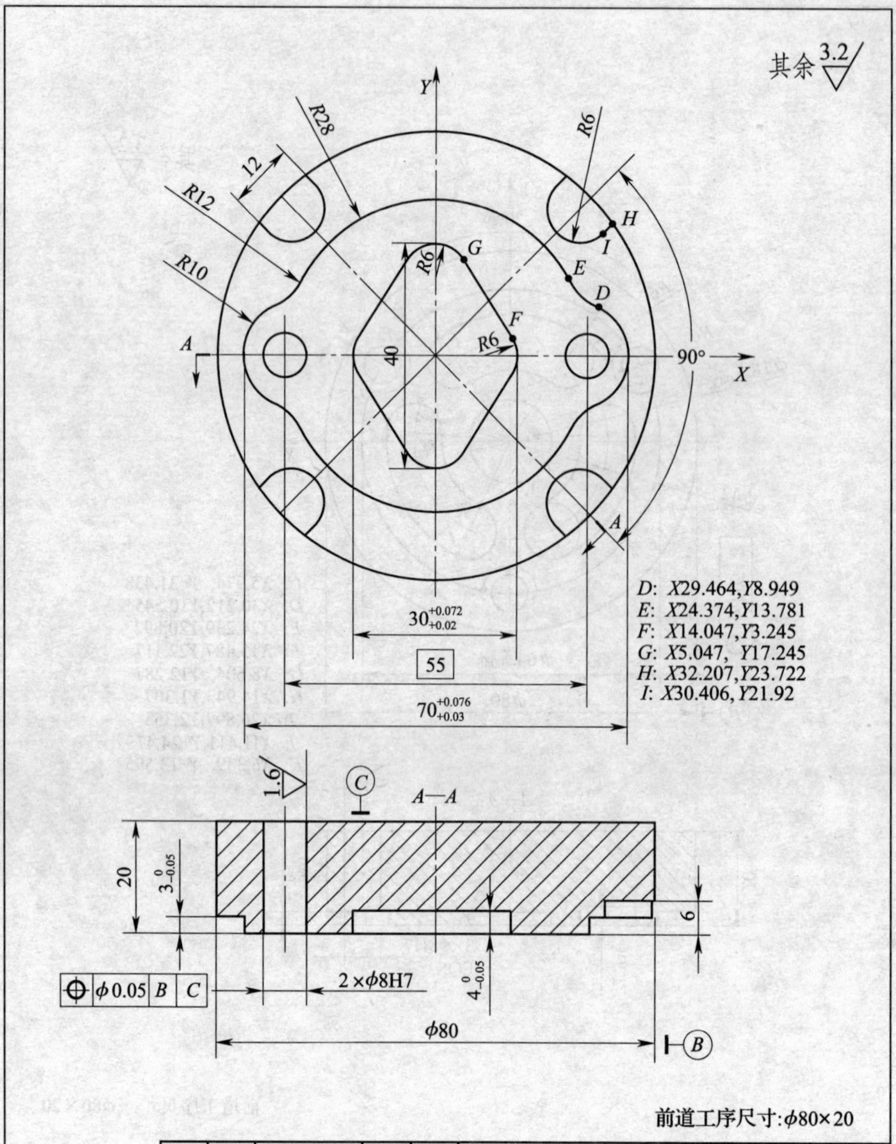

标记	处数	更改文件号	签字	日期	45钢	盘类零件加工
设计		标准化		图样标记	质量	比例	2.2.5
校对		审定				1:1	
审核							
工艺		日期		共 页	第 页		加工中心四级试题

图 4—81　盘类零件加工图 11

12. 盘类零件加工 12（见图 4—82）

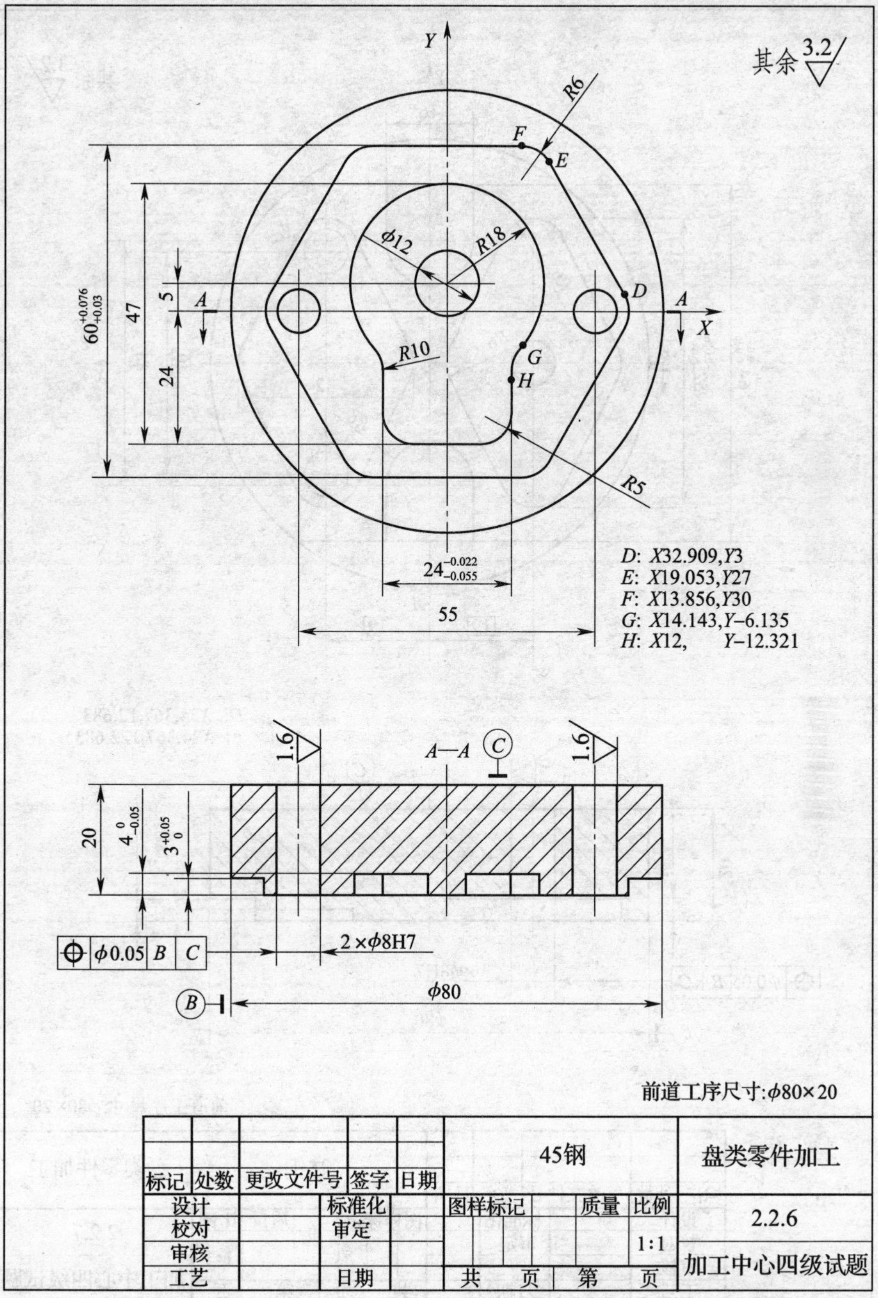

图 4—82　盘类零件加工图 12

13. 盘类零件加工 13（见图 4—83）

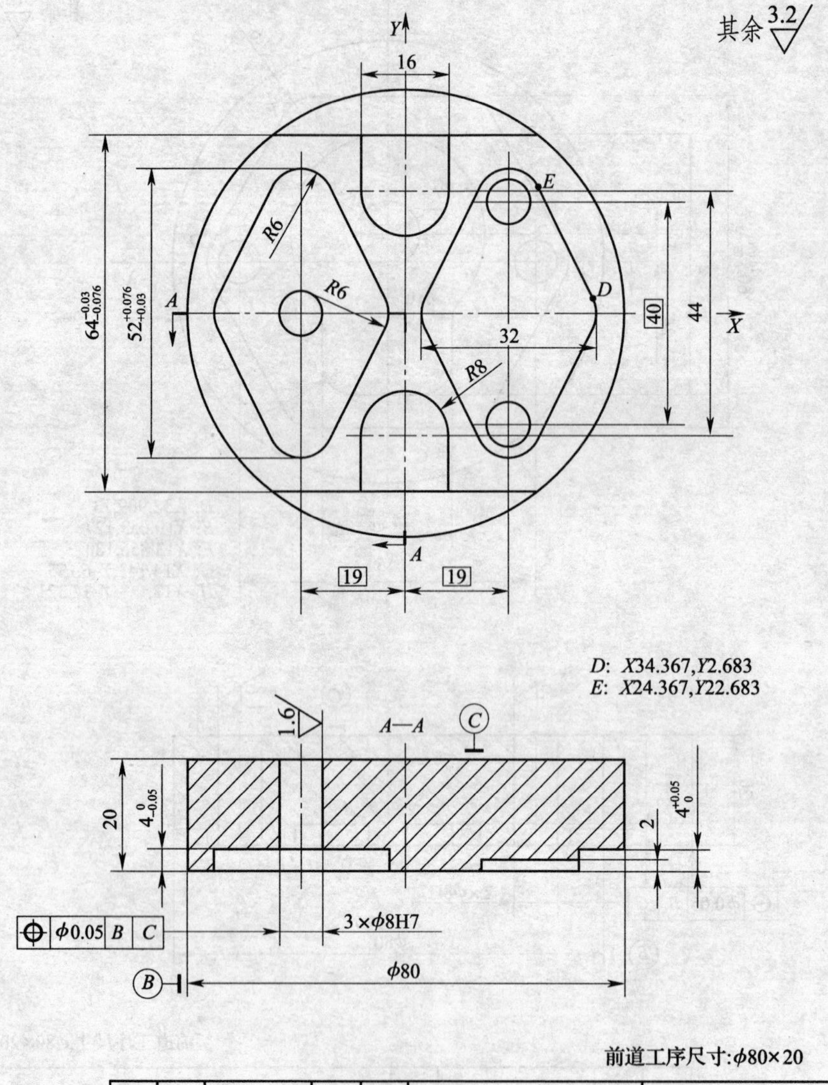

					45钢			盘类零件加工
标记	处数	更改文件号	签字	日期				
设计			标准化		图样标记	质量	比例	2.2.7
校对			审定				1:1	
审核								加工中心四级试题
工艺			日期		共　页	第　页		

图 4—83　盘类零件加工图 13